教育部职业院校文秘类专业教学指导委员会规划教材

办公自动化教程

（第2版）

主　编　李强华

副主编　戚兆川　董丽娟　陈卿　韦志国

编写人员：（按姓氏笔画排序）

王　强　王优芳　王思佳　韦志国　李宝军

李强华　杨宏伟　陈　卿　戚兆川　董丽娟

协助编写单位：

西安弛卓电子科技有限公司

上海泛微网络科技股份有限公司

重庆大学出版社

内容提要

本书基于办公室日常工作需要，以办公室最常处理的任务为主线编写而成。内容注重应用性和实用性，采用以技能操作为主、理论教学为辅的教学模式，一方面从理论上以最简洁的方式将知识阐述清楚，另一方面强化实际操作环节，重在突出技能训练的系统性、实景操作性和实效性。各章节以实际工作任务为驱动，着重介绍了各项任务处理的方法以及提高处理效率的技巧，同时对网络环境下的移动办公进行了系统的介绍。实例操作训练内容既可作为教师授课案例，亦可供学生实验、训练，特别适合秘书学专业、文秘专业及高校其他非计算机专业学生学习，也可作为职场中工作人员提升办公技能的辅助资料。

图书在版编目(CIP)数据

办公自动化教程/李强化主编.—2版.—重庆：重庆大学出版社，2015.10(2020.8重印)

教育部职业院校文秘类专业教学指导委员会规划教材

ISBN 978-7-5624-5404-5

Ⅰ.①办… Ⅱ.①李… Ⅲ.①办公自动化—应用软件—高等职业教育—教材 Ⅳ.①TP317.1

中国版本图书馆CIP数据核字(2015)第234561号

教育部职业院校文秘类专业教学指导委员会规划教材

办公自动化教程

(第2版)

主　编　李强华

副主编　戚兆川　董丽娟

陈　卿　韦志国

策划编辑：贾　曼　雷少波　唐启秀

责任编辑：文　鹏　　版式设计：雷少波

责任校对：张红梅　　责任印制：张　策

*

重庆大学出版社出版发行

出版人：饶帮华

社址：重庆市沙坪坝区大学城西路21号

邮编：401331

电话：(023) 88617190　88617185(中小学)

传真：(023) 88617186　88617166

网址：http://www.cqup.com.cn

邮箱：fxk@cqup.com.cn (营销中心)

全国新华书店经销

POD：重庆新生代彩印技术有限公司

*

开本：787mm×1092mm　1/16　印张：15　字数：320千

2015年10月第2版　2020年8月第10次印刷

ISBN 978-7-5624-5404-5　定价：42.00元

总序

2005年12月，教育部发文成立了“教育部高职高专文秘类专业教学指导委员会”。2012年12月该委员会届满，教育部又发文成立了“教育部职业院校文秘类专业教学指导委员会”（以下简称“职业院校文秘教指委”）。我先后担任这两个委员会的主任委员，组织、参与并见证了文秘专业教材建设的发展历程。从“高职高专文秘教指委”到“职业院校文秘教指委”，都非常重视文秘专业的教材建设。“高职高专文秘教指委”时期，我们在委员会内部先是成立了专业建设组、师资培训组、实训基地建设组，后来由于工作需要，将其扩容为专业建设分委员会、师资培训分委员会、实训基地建设分委员会。在历次委员会会议、文秘专业骨干教师培训、文秘专家库学术活动、教育部课题“文秘专业规范研制”、文秘专业精品课程建设、文秘专业课题立项、文秘技能大赛等活动中，始终贯穿文秘专业教材建设这条主线。在认真调查、反复论证的基础上，我们决定组织编写教育部高职高专文秘类专业教学指导委员会“十二五”规划教材34种，由笔者任总主编。经过网上公开招标，由国家一级出版社重庆大学出版社出版。

2009年8月24—27日，由本委员会主办、重庆大学出版社承办的系列教材主编会议在重庆大学召开。与会者就高职高专文秘专业课程设置、教学目标以及教材编写的指导思想、编写原则、编写体例、编写队伍组成等问题进行了认真而热烈的讨论，并达成以下共识：

1）根据我国高职高专文秘类专业各方向的培养目标、专业设置、课程建设的发展规律与发展趋势以及国家秘书职业资格证书的考证要求、用人单位对文秘专业人才的需求，构建编写大纲、选择编写内容、设置编写栏目。

2）教材编写以文秘类专业学生应具备的基本素质、基础知识、基本职业能力、核心职业能力为依据。

3）教材针对高职本科职业院校文秘类专业以及一线秘书的社会需求，注重不同层次职业教育的衔接。

4）教材内容以“够用为度，适用为则，实用为标”为原则，给课堂教学留有发挥空间，突出主要知识点，实训举一反三，紧扣文秘岗位实际，用例典型，表达流畅。

5）教材由两个板块组成：秘书职业技术、职业技能训练课程板块教材 18 种；秘书职业基础、文化素质课程板块教材 16 种。

6）保证教材内容的稳定性和适度前沿性。

7）教材采用立体开发的方式出版，除了纸质教材外，还配套教学资源包。

会后，本套系列教材主编积极组织，遴选副主编和参编者，形成实力较强的编写队伍，并以每本教材为单位，分别组织研讨和开展教材编写工作。

经过一年多的组织编写工作，丛书绝大多数品种于 2010 年 9 月出版。出版近 4 年来，全套教材在全国一百余所院校使用，在文秘专业教育以及高职文化素质教育领域产生广泛影响。2012 年 12 月，“教育部高职高专文秘类专业教学指导委员会”更名为“教育部职业院校文秘类专业教学指导委员会”，服务对象由原来的高职高专文秘专业扩展到全国中高职院校和本科职业院校文秘专业。委员会一以贯之高度重视与重庆大学出版社合作出版的这套文秘系列教材，双方商定，在适当的时机，对 34 种初版教材中影响较大的品种进行修订。

2013 年 11 月 1—3 日，本委员会与重庆大学出版社在苏州联合举办“全国职业院校文秘类专业目录修订暨重庆大学出版社文秘专业系列教材修订会”。在广泛吸收意见的基础上，笔者作为该套教材的总主编提出了修订原则，重庆大学出版社社文分社贾曼副社长就初版教材的修订提出了具体要求，与会代表就初版教材的修订提出了具体建议。会议根据初版教材的学术质量、社会影响和发行情况，决定对以下 27 种教材进行修订。

针对我国职业教育进行新一轮改革的具体要求，在坚持初版编写基本原则的情况下，提出了此次修订的新要求：

1）对 2010 年初版教材内容老化的部分进行系统更新；

2）系列教材要考虑与中高职院校本科职业院校的衔接；

3）修订版教材要与教育部新确定的课程名称相一致；

4）为了使教材的受众更加明确，将此次修订的 27 种教材（其中国家“十二五”规划教材 5 种）分为两个系列：“教育部职业院校文秘类专业教学指导委员会规划教材”和“高等院校文化素质教育系列教材”。

具体书目如下：

教育部职业院校文秘类专业教学指导委员会规划教材（国家“十二五”规划教材 3 种）

档案管理实务（第 2 版）（国家“十二五”规划教材）

商务秘书实务（第 2 版）（国家“十二五”规划教材）

商务写作与实训(第2版)
秘书理论与实务(第2版)
秘书职业概论(第2版)
秘书心理与行为(第2版)
秘书写作实务(第2版)(国家“十二五”规划教材)
企业管理基础(第2版)
秘书岗位综合实训(第2版)
秘书语文基础(第2版)
秘书信息工作实务(第2版)
会议策划与组织(第2版)
办公室事务管理实务(第2版)
市场营销理论与实务(第2版)
人力资源管理理论与实务(第2版)
社会调查实务(第2版)
新闻写作(第2版)
办公自动化教程(第2版)

高等院校文化素质教育系列教材(国家“十二五”规划教材两种)
职业礼仪(国家“十二五”规划教材)
毕业设计(论文)写作指导(第2版)(国家“十二五”规划教材)
公共关系实务(第2版)
口语交际与人际沟通(第2版)
形体塑造与艺术修养(第2版)
规范汉字与书法艺术(第2版)
实用美学(第2版)
文学艺术鉴赏(第2版)
文化产业管理概论

以上27种教材的主编、副主编、参编者也作了适度调整,教材名称与教育部公布的文秘类专业目录和公共基础课程名称相一致。该套教材的使用对象为中高职院校和本科职业院校文秘专业或其他专业学生,与教材相配套的教学资源在“中国文秘教育网”(本委员会网站)发布,供教学参考。

2014年6月,国务院召开“全国职业教育工作会议”,国家主席习近平、国务院总理李克强对我国职业教育提出新的发展战略,教育部具体部署了我国职业教育改革的工作重点。把职业教育改革发展的新思路融进本套系列教材的编写,是这套新版系列教材始终追求的目标。

本套系列教材是编写者长期探索的成果结晶，也凝聚着初版教材编写者、使用者、出版者的智慧和心血。这套系列教材的参编者由200多位专家学者以及有丰富教学经验的一线教师组成，他们来自150多所学校，在本套教材出版之际，对各校和编写者给予的支持表示诚挚的谢意。同时，重庆大学出版社从领导到该项目负责人，对教材的编写与出版给予了高度重视和大力支持，特别是邱慧、贾曼两位老师几年来为教材辛苦奔走、精心策划、辛勤付出，其敬业精神令我们感动。

在教材使用过程中，我们欢迎广大师生进一步提出修改意见，使之不断完善。

教育部职业院校文秘类专业教学指导委员会主任委员
华侨大学文学院院长、教授、硕士研究生导师　孙汝建

2014年7月4日

再版前言

《办公自动化教程》自2010年出版以来，深受广大读者的喜爱，其应用性、实践性对广大使用者处理具体工作事务具有很强的指导作用。

相对于第1版，本次修订主要作了如下调整：

第1版编写的办公软件部分基于Microsoft Office 2003，修订版应广大读者的需要调整为目前主流使用的办公软件Microsoft Office 2010，这也符合目前国家组织的计算机等级考试等使用的版本。两个版本的操作界面完全不同，本书从软件的基本操作和日常办公实务处理的角度清晰地讲述了每一项任务的操作步骤及技巧，对初步使用Microsoft Office 2010的用户来说具有很强的指导作用。

此次修订，增加了办公室工作环境下“电子政务”的相关内容，同时为了满足很多工作人员在外出时间能随时随地处理公务的要求，编写了“移动办公”内容。此部分系统介绍了移动签阅、移动审批、移动签到等简单易用的多模式移动办公平台；删减了“相关链接”等内容，把相关的主要内容均编入了具体操作部分。

本书由李强华负责内容框架、编写体例的统筹和细化，以及全书的统稿工作。韦志国、陈卿、戚兆川、董丽娟参加了部分篇目初稿的审改工作。具体编写分工如下：

第1章Microsoft Office 2010基本操作（陈卿、李强华）；第2章日常事务（韦志国）；第3章管理工作（韦志国）；第4章教育培训（韦志国、李强华）；第5章个人应用（李强华）；第6章移动办公（戚兆川）；第7章办公设备的使用与维护（董丽娟）。

王优芳参加了第1章的编写，王思佳参加了第3章的编写，王强参加了第5章的编写。

西安弛卓电子科技有限公司、上海泛微网络科技股份有限公司协助编写了本书第6章的内容。

因编者水平所限，本书在理论和训练环节还存在诸多不足，恳请同行专家批评、指正。

编　者

2015年6月

目录

CONTESTS

基础操作篇

2 第1章 Microsoft Office 2010 基本操作
2 1.1 Word 2010 文本编辑
19 实训一
24 1.2 Excel 2010 数据处理
46 实训二
52 1.3 Word 和 Excel 的综合应用
62 实训三
63 1.4 PowerPoint 2010 演示文稿制作
75 实训四

实景操作篇

78 第2章 日常事务
78 2.1 制作请柬
86 2.2 制订工作计划
89 2.3 商务信函的批量制作
95 2.4 绘制组织结构图和工作流程图
101 实训五
103 第3章 管理工作
103 3.1 电子公文
108 3.2 财务分析
113 3.3 项目预测分析
116 3.4 产品宣传
135 实训六
136 第4章 教育培训
136 4.1 电子教案制作
140 4.2 试卷设计
143 4.3 成绩统计分析
146 4.4 绘制曲线
148 实训七

150 第5章 个人应用
150 5.1 制作贺卡
153 5.2 设计个人画册
156 5.3 设计求职简历
158 5.4 名片制作
163 实训八

网络办公篇

166 第6章 网络办公
166 6.1 电子政务与政府网上办公
193 6.2 移动办公
201 实训九

办公设备篇

204 第7章 办公设备的使用与维护
204 7.1 计算机硬件维护基础
209 7.2 计算机外设备及办公设备的使用与维护
224 实训十
226 参考文献

基础操作篇

第1章 Microsoft Office 2010 基本操作

学习目标：

- ➢ 掌握 Microsoft Office 2010 的基本功能；
- ➢ 熟练掌握 Word 2010、Excel 2010 和 PowerPoint 2010 的基本操作方法。

1.1 Word 2010 文本编辑

知识目标：

- ➢ 熟悉 Word 2010 的基础知识；
- ➢ 掌握常用的文稿编辑方法。

能力目标：

- ➢ 熟练掌握 Word 2010 文本格式化的基本操作；
- ➢ 熟练掌握 Word 2010 中各种元素的插入与编辑。

1.1.1 Word 2010 工作界面介绍

Word 2010 的工作界面主要由标题栏、快速访问工具栏、选项卡、功能区、编辑区、状态栏、显示按钮、缩放滑条等组成，如图 1-1-1 所示。

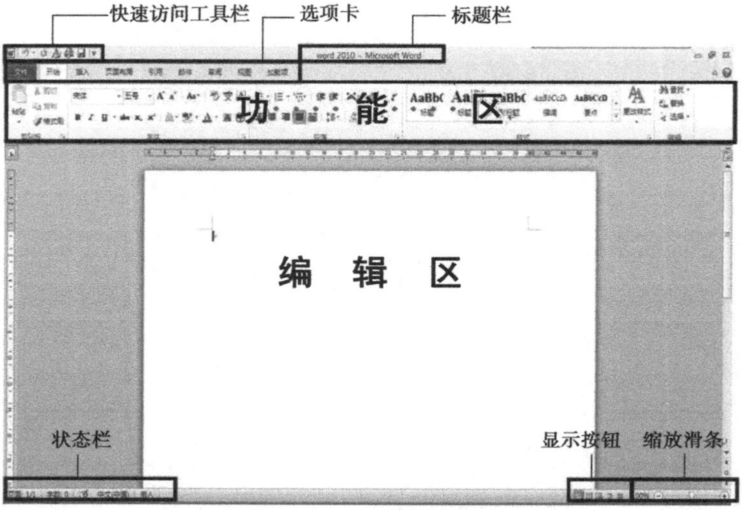

图 1-1-1 Word 2010 工作界面

1）标题栏

标题栏显示正在编辑的文件名。

2）快速访问工具栏

常用命令位于快速访问工具栏，可以通过快速访问工具栏中右侧下拉箭头添加个人常用命令。

3）选项卡

选项卡包含了“文件”选项中的基本命令，如“新建”“打开”“关闭”“另存为…”和“打印”等以及功能区的选项按钮。

4）功能区

工作时需要用到的功能位于功能区。用户工作所需的功能将分组在一起，且位于选项卡中，可以通过单击选项卡来切换显示的功能区。

①“开始”。“开始”功能区包括“剪贴板”“字体”“段落”“样式”和“编辑”五个组，主要用于对文字进行编辑和格式设置，是用户最常用的功能区，如图 1-1-2 所示。

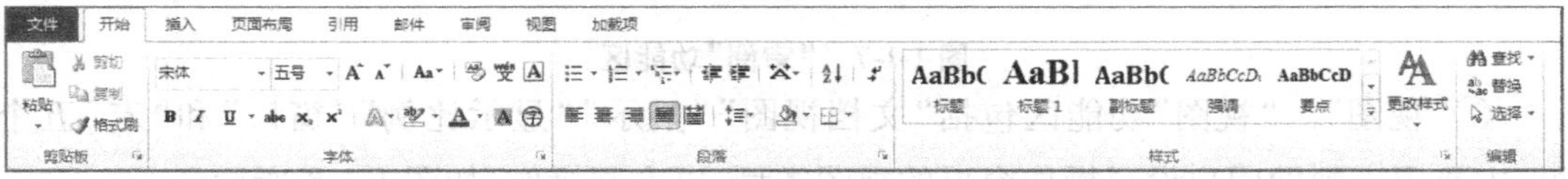

图 1-1-2　“开始”功能区

②“插入”。“插入”功能区包括“页”“表格”“插图”“链接”“页眉和页脚”“文本”“符号”七个组，主要用于在文档中插入各种元素，如图 1-1-3 所示。

图 1-1-3　“插入”功能区

③“页面布局”。“页面布局”功能区包括“主题”“页面设置”“稿纸”“页面背景”“段落”“排列”六个组，用于帮助用户设置文档页面样式，如图 1-1-4 所示。

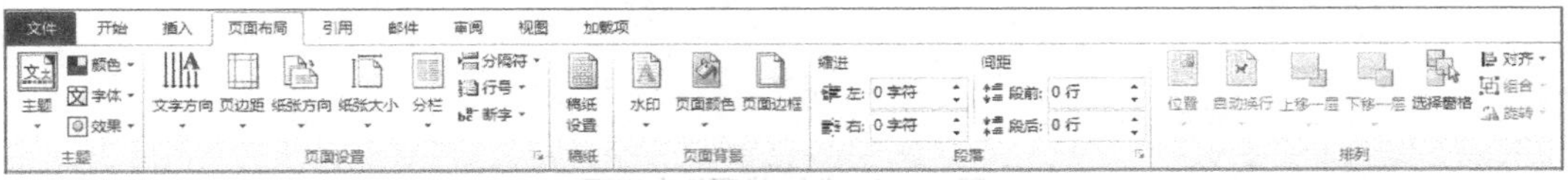

图 1-1-4　“页面布局”功能区

④“引用”。“引用”功能区包括“目录”“脚注”“引文与书目”“题注”“索引”和“引文”目录六个组，用于实现在文档中插入目录等比较高级的编辑功能，如图 1-1-5 所示。

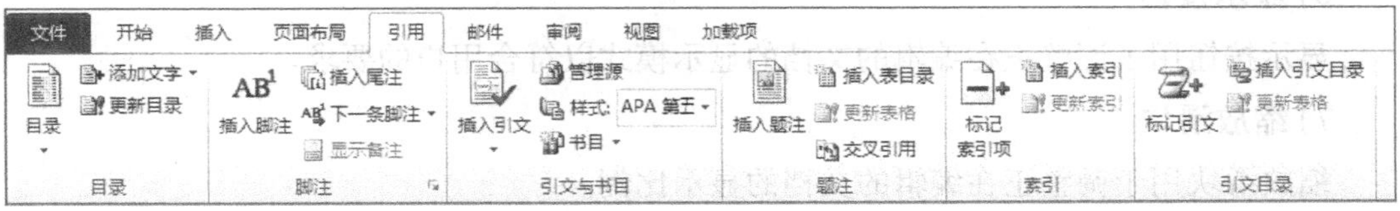

图 1-1-5　“引用”功能区

⑤“邮件”。“邮件”功能区包括“创建”“开始邮件合并”“编写和插入域”“预览结果”和“完成”五个组。该功能区的作用比较专一，专门用于在文档中进行邮件合并方面的操

作,如图 1-1-6 所示。

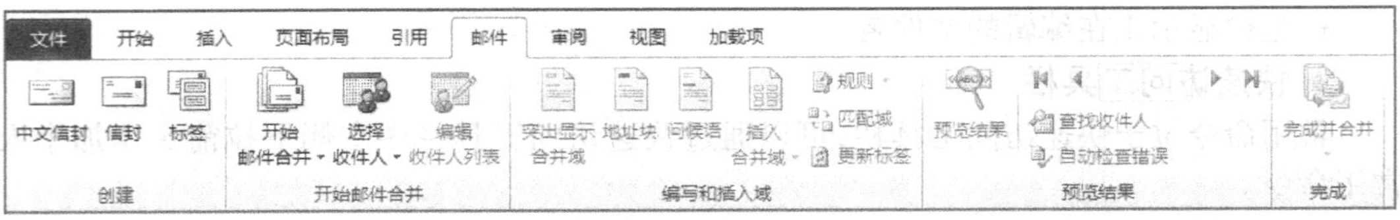

图 1-1-6 **“邮件”功能区**

⑥“审阅”。“审阅”功能区包括“校对”“语言”“中文简繁转换”“批注”“修订”“更改”“比较”和“保护”八个组,主要用于对文档进行校对和修订等操作,适用于多人协作处理文档,如图 1-1-7 所示。

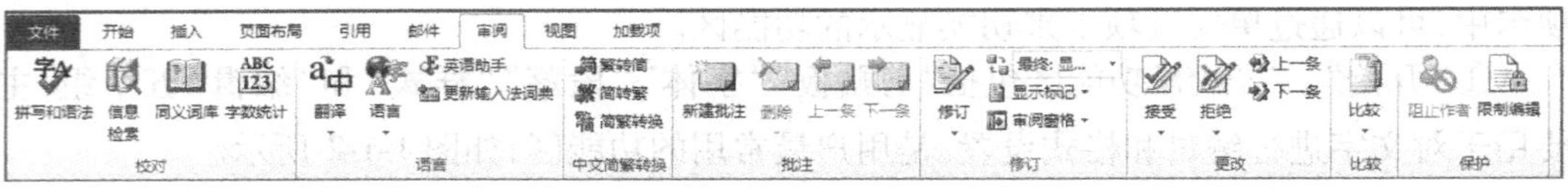

图 1-1-7 **“审阅”功能区**

⑦“视图”。“视图”功能区包括“文档视图”“显示”“显示比例”“窗口”和“宏”五个组,主要用于帮助用户设置操作窗口的视图类型,以方便操作,如图 1-1-8 所示。

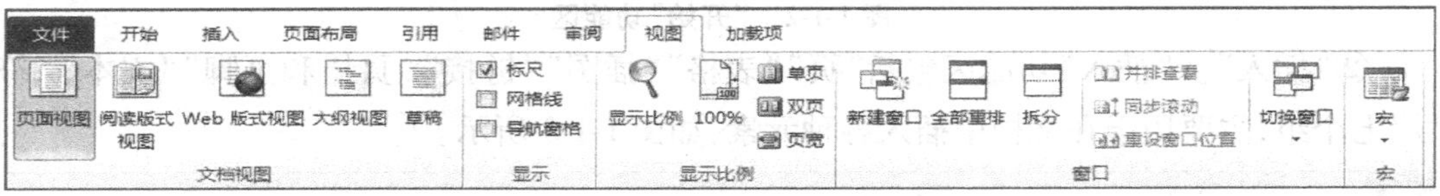

图 1-1-8 **“视图”功能区**

⑧“加载项”。“加载项”功能区包括菜单命令一个分组,加载项是可以为 Word 2010 安装的附加属性,如自定义的工具栏或其他命令扩展,可以添加或删除加载项,如图 1-1-9 所示。

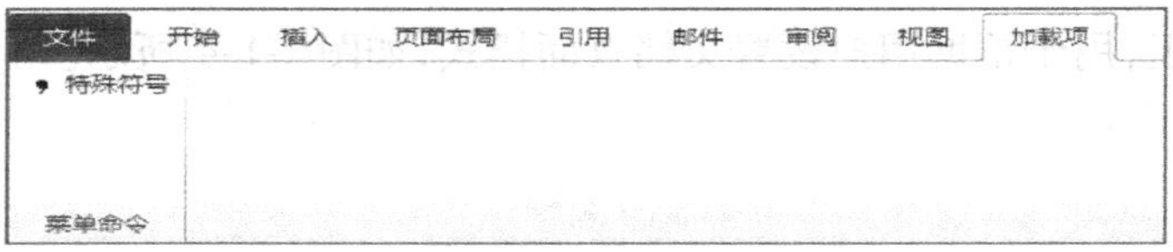

图 1-1-9 **“加载项”功能区**

5)编辑区

编辑区显示正在编辑的文档。除了编辑的页面区域外,也包含标尺以及滚动条。

6)显示按钮

显示按钮用于调整正在编辑的文档的显示模式以符合用户的要求。

7)缩放滑块

缩放滑块用于调整正在编辑的文档的显示比例。

8)状态栏

状态栏显示正在编辑的文档的相关信息。

1.1.2　文本格式化

1）文本选择

①选择矩形区域。拖动鼠标的同时按下【Alt】键可以选择矩形区域内的文本。

②选择字或词。当光标放置某字或词上成“I”状时，双击鼠标左键可选择该字或该词。

③选择连续的文字。光标定位到要选取的文字首（或末），按住【Shift】键不放，然后将光标移到要选取的文字末（或首）并单击，即可快速选中这段连续的文字。

④选取一行文字。将光标移到该行的行首，当光标成“↗”状时，单击鼠标左键即可选择该行。

⑤选取一段文字。将光标移到该段左侧空白区域，当光标成“↗”状时，双击鼠标左键；或者当光标成“I”状时，在目标段落上任意位置左键快速单击 3 次即可选择该段。

⑥选取整个文件内容。将光标移动到文件左侧空白区域的任意位置，当光标成“↗”状时，快速单击鼠标左键三次便可选中整个文件内容。也可以利用组合键【Ctrl】+【A】快速选定整个文件的内容。

2）字符的格式化

字符格式可通过“开始”—“字体”功能来操作，如图 1-1-10 所示；也可通过单击“字体”功能区右下角的下拉箭头弹出“字体”对话框来操作，如图 1-1-11 所示。

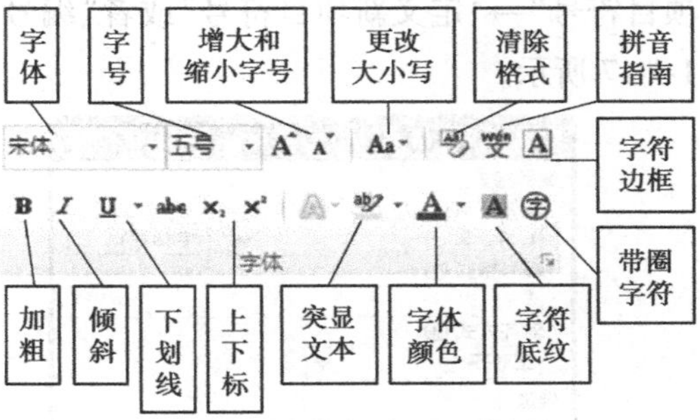

图 1-1-10　“字体”功能区

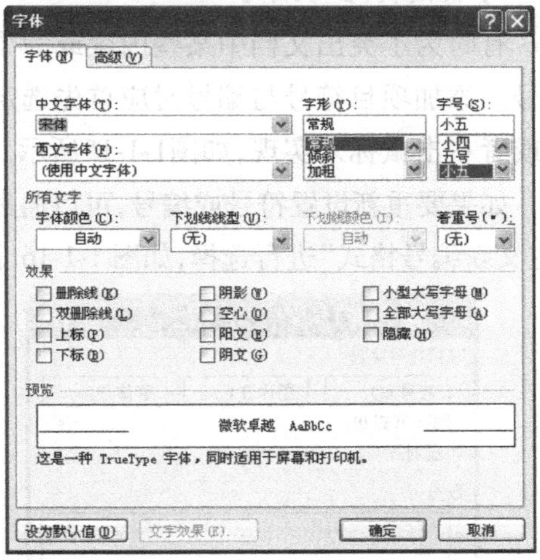

图 1-1-11　“字体”选项卡

3）段落的格式化

段落的格式化包括段落对齐方式、段内行间距、段间距、段落缩排和制表位等，可以通过“开始”→“段落”功能（图 1-1-12）和“页面布局”→“段落”功能（图 1-1-13）来操作，也可以通过单击“段落”右下角的下拉箭头弹出“段落”对话框（图 1-1-14）来操作。

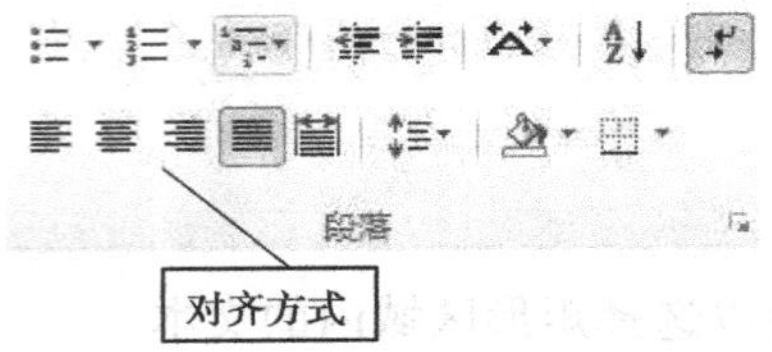

图 1-1-12 “开始”选项卡中的“段落”功能区

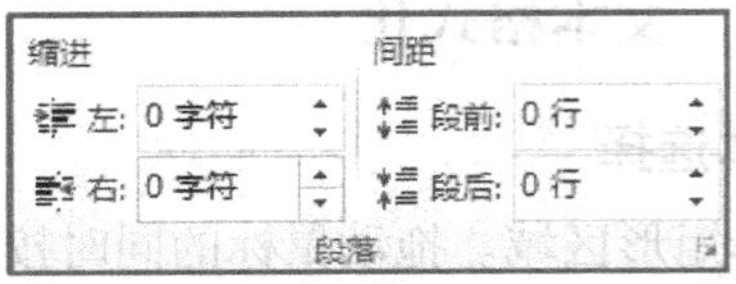

图 1-1-13 “页面布局”选项卡中的“段落”功能

图 1-1-14 “段落”对话框

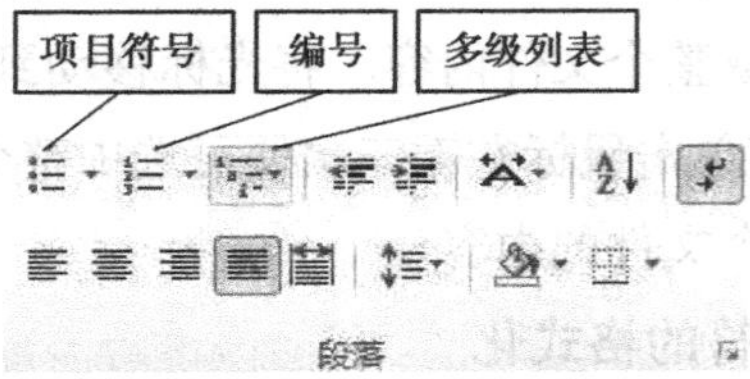

图 1-1-15 “段落”功能区中的项目符号

4)项目符号与编号

有时为了突出文档中某些内容或为了整个文档的美观，可在 Word 中添加项目符号与编号。添加项目符号与编号时应首先选定需要操作的段落，然后通过“开始”→“段落”功能或者右击鼠标来实现，如图1-1-15所示。

如果要重新设置符号或编号，可以通过“项目符号”→“定义新项目符号”或者“编号”→“定义新编号格式”进行选择，如图 1-1-16、图 1-1-17 所示。

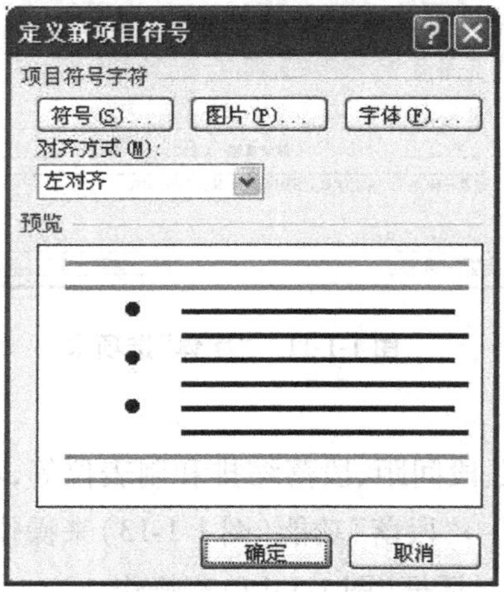

图 1-1-16 定义新的项目符号

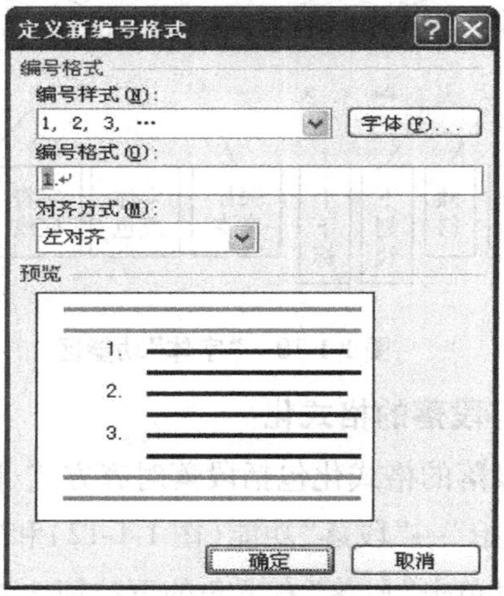

图 1-1-17 定义新的编号格式

5）分栏

分栏主要用于报纸、期刊或其他特殊排版中，即将一段文字分为几栏并排打印，便于阅读。操作步骤如下：

①选定需要分栏的文本，如果未选定文本，则分栏设置将应用于整个文档。

②依次单击“页面布局”→“页面设置”→“分栏”，如图 1-1-18 所示。

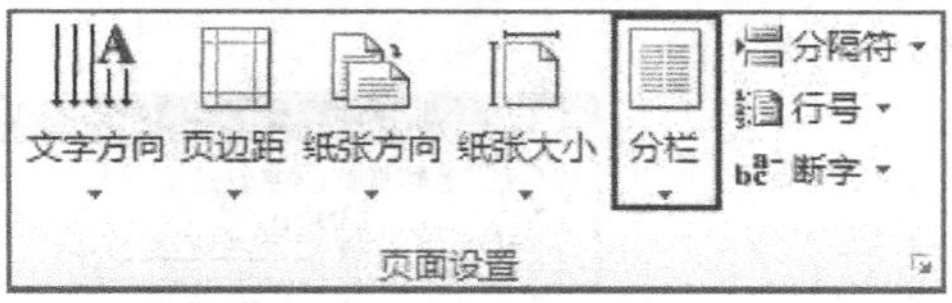

图 1-1-18 “分栏”按钮

在弹出的下拉列表中，可选择分栏数量或样式；如有其他需要，可单击“更多分栏”，在“分栏”对话框中进行详细设置，如图 1-1-19、图 1-1-20 所示。

图 1-1-19 “分栏”按钮的下拉列表

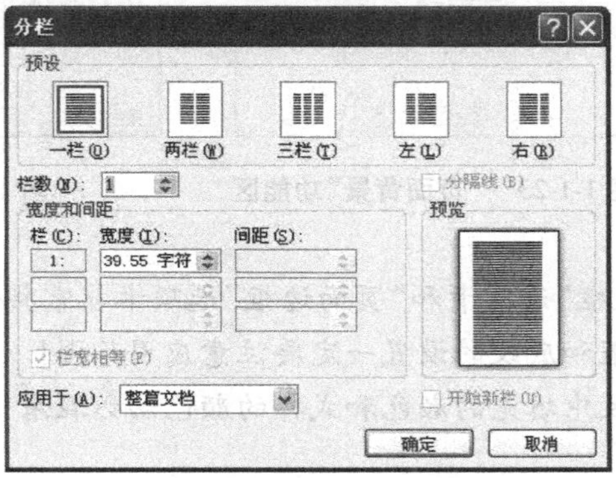

图 1-1-20 “分栏”对话框

若要删除分栏，则将选定的文本设置成“一栏”即可。

6）页面设置

页面设置可使文档布局更加合理，结构更为清晰。

选择“页面布局”→“页面设置”功能，如图 1-1-21 所示，或单击“页面设置”功能区下拉箭头打开“页面设置”对话框，如图 1-1-22 所示进行设置。

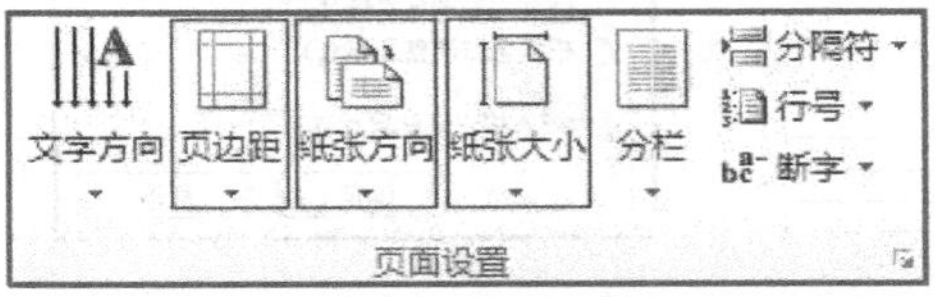

图 1-1-21 “页面设置”功能区

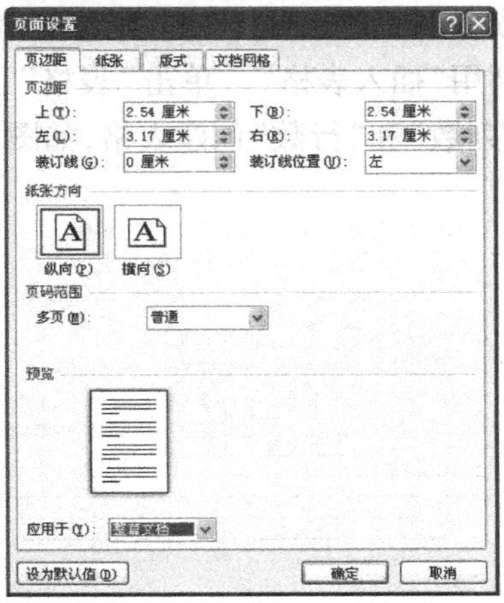

图 1-1-22 “页面设置”对话框

7)边框和底纹

有时为了突出文本中某些内容或为了整个文档的美观,可以给文字或段落加上边框和底纹。单击“页面布局”→“页面背景”→“页面边框”(图 1-1-23),弹出“边框和底纹”对话框(图 1-1-24)。在“边框”选项卡中可以给文字或段落添加各种样式的边框;在“底纹”选项卡中可以给文字或段落添加各种颜色和样式的底纹;在“页面边框”选项卡中可以给页面添加各种样式的边框。

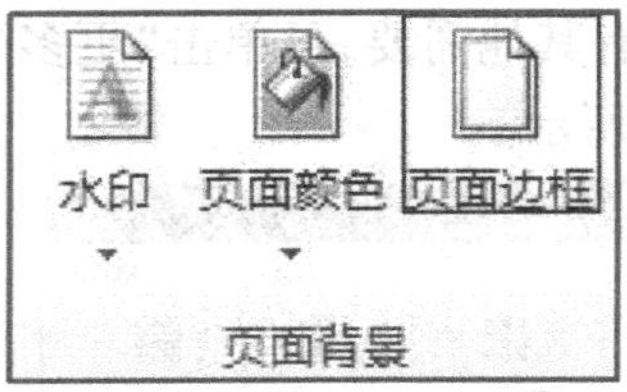

图 1-1-23 “页面背景”功能区

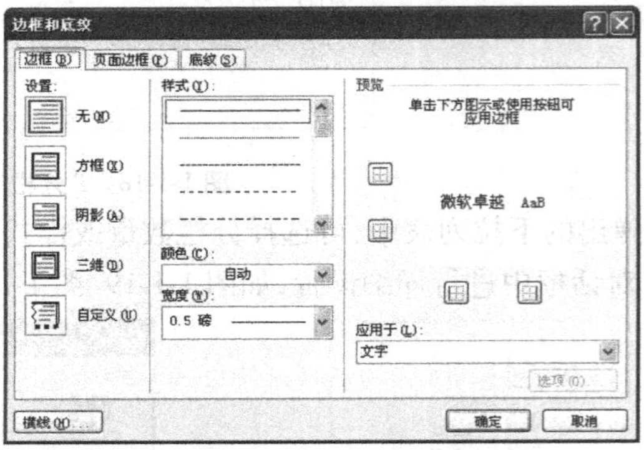

图 1-1-24 “边框和底纹”对话框

注意:

- “边框”选项卡和“页面边框”选项卡非常相似,切勿选择错误!
- 边框和底纹的设置一定要注意应用范围!
- 底纹中填充的颜色和式样的颜色切勿混淆!

1.1.3 表格处理

用 Word 2010 制作表格简单快捷,在表格样式的处理上有很大的优势,适用于快速创建表格,并能输出格式多样的打印效果。

1)表格的基本操作

(1)创建表格

①利用“ ”按钮。定位创建表格的位置,单击“插入”—“表格”中“ ”按钮,选定行数和列数。如创建 4 行 5 列的表格,如图 1-1-25 所示。

②利用“插入表格”。单击“表格”下拉列表中的“插入表格(I)...”按钮,在弹出的对话框中输入“列数”和“行数”创建表格,如图 1-1-26 所示。

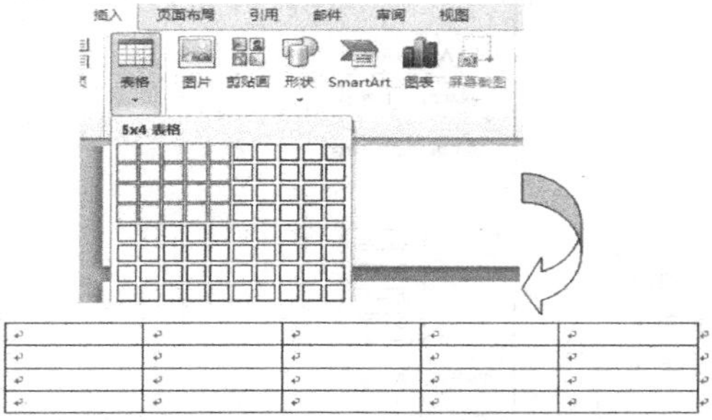

图 1-1-25 利用功能区“ ”按钮插入表格

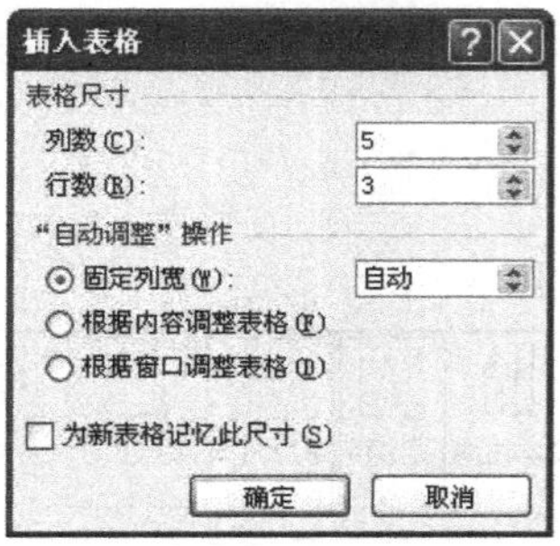

图 1-1-26 “插入表格”对话框

③手动绘制表格。单击“表格”下拉列表中的“绘制表格(D)”按钮，鼠标变成绘图笔的形状。此时可通过拖动绘图笔绘制出表格的外边框，然后再绘制表格内的横线和竖线，直至表格完成。完成后再次单击“绘制表格(D)”按钮可释放绘图功能。

(2)表格的移动和缩放

单击表格，使表格处于编辑状态。将光标移向表格左上角的移动控点“⊞”，按下鼠标左键进行拖动，可将表格移动到文档的任何位置，如图 1-1-27 所示。

单击表格，将光标移向表格右下角的缩放控点“□”，按下鼠标左键进行拖动，可将表格放大或者缩小，如图 1-1-28 所示。

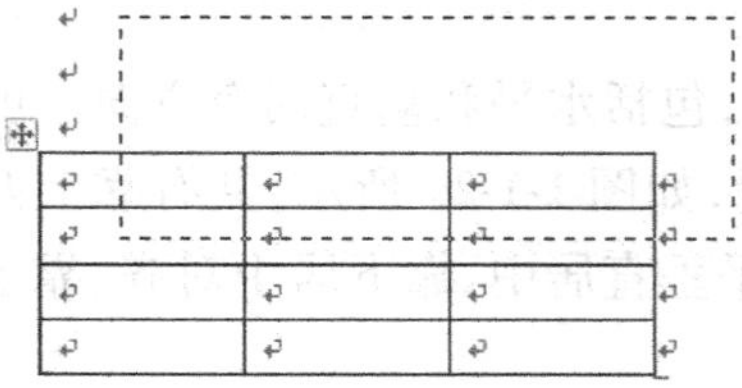

图 1-1-27　**移动表格**

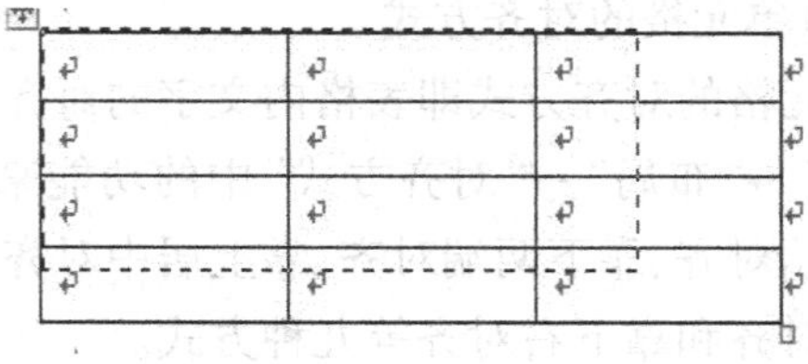

图 1-1-28　**缩放表格**

(3)表格拆分

单击表格，使表格处于编辑状态，选项卡中自动出现“表格工具”，如图 1-1-29 所示。

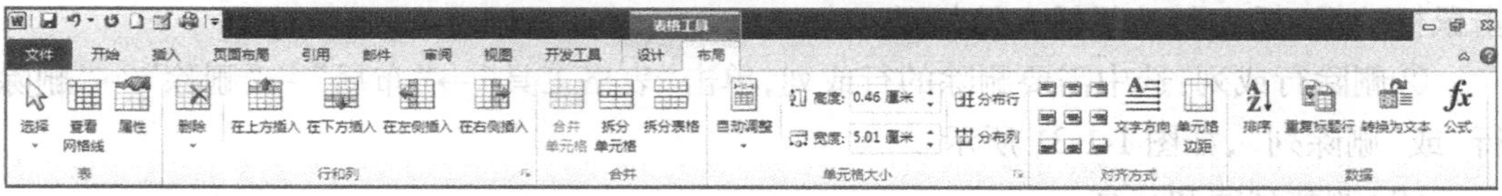

图 1-1-29　“表格工具”选项卡“布局”功能区

定位拆分表格的行，依次单击“布局”→“合并”→“拆分表格”，则把一个表格拆分成两个，重复此操作可将表格拆分成多个。

2)单元格的基本操作

(1)插入、删除单元格

定位插入单元格的位置，单击“行和列”下拉箭头，或右击鼠标选择“插入”→“插入单元格”，弹出“插入单元格”对话框，如图 1-1-30 所示。

定位要删除的单元格，选择“表格工具”→“布局”→“删除”→“删除单元格”，如图 1-1-31所示；或右击鼠标选择“删除单元格”，弹出“删除单元格”对话框，如图 1-1-32 所示。

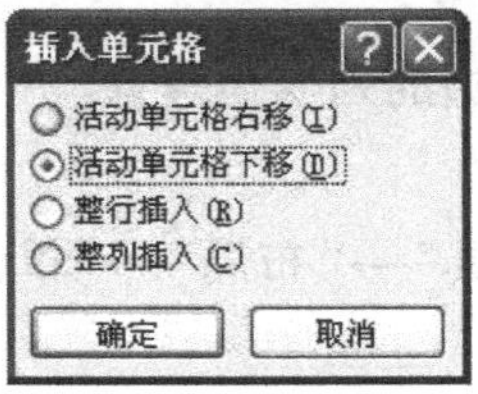

图 1-1-30　“插入单元格”

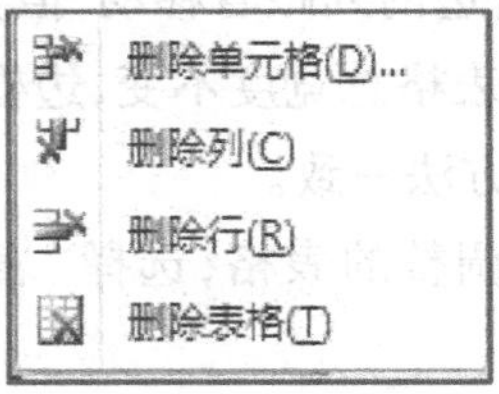

图 1-1-31　“删除”下拉列表

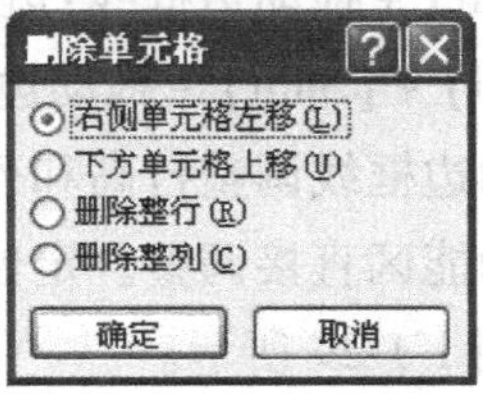

图 1-1-32　“删除单元格”

(2)单元格的合并和拆分

①合并单元格：选择需要进行合并的连续单元格，选择“表格工具”→“布局”→“合并”→“合并单元格”，如图 1-1-33 所示。

②拆分单元格：定位要拆分的单元格，选择“表格工具”→“布局”→“合并”→“拆分单

元格”。在弹出的对话框中输入需要拆分的列数和行数，单击“确定”即可，如图 1-1-34 所示。

图 1-1-33 合并和拆分单元格

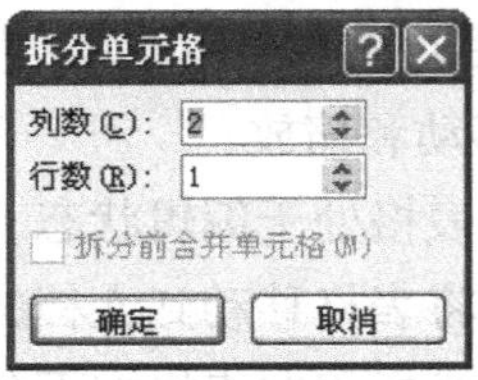

图 1-1-34 “拆分单元格”对话框

(3)单元格的对齐方式

单元格的对齐方式即表格内文字的对齐方式，包括水平和垂直两个方向。可通过“表格工具”→“布局”→“对齐方式”中的功能来设置，如图 1-1-29 所示，共有靠上两端对齐、中部两端对齐、靠下两端对齐、靠上居中对齐、水平垂直居中、靠下居中对齐、靠上右对齐、中部右对齐和靠下右对齐等九种方式。

3)行、列的基本操作

(1)插入、删除行或列

①插入行或列：定位插入行或列的位置，在“行和列”功能区中选择插入的位置，或右击鼠标选择“插入”，选择插入的位置。

②删除行或列：选中需要删除的行或列，单击“表格工具”→“布局”→“删除”→“删除行”或“删除列”，如图 1-1-31 所示。

(2)调整列宽和行高

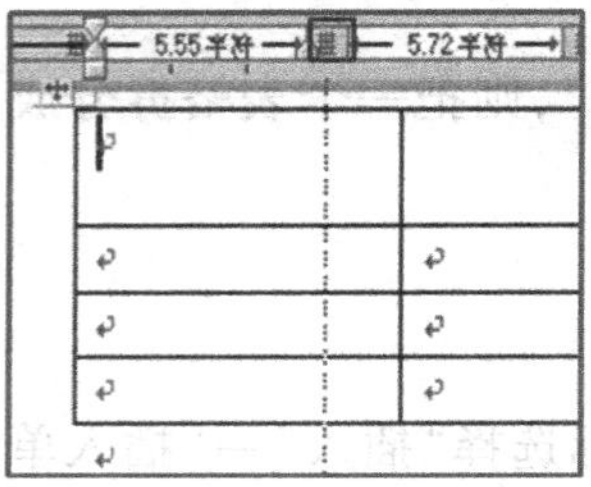

图 1-1-35 标尺的拖动

①拖动标尺。单击“视图”→“显示”→“□ 标尺”，则在编辑区的上方和左侧出现标尺。定位需要调整列宽的单元格，拖动上方标尺左右移动即可调整列宽，如图 1-1-35 所示。拖动左侧标尺可调整行高。

②拖动行、列表格线。将光标对准列的边框线直至改变光标形状，可以开始拖动。

直接拖动边框线：仅改变相邻两列的宽度，其他列不变。

【Ctrl】+拖动边框线：表格总宽度不变，边框线右边的列按比例变化。

【Shift】+拖动边框线：边框线右边的列跟着移动，但宽度不变。

【Ctrl】+【Shift】+拖动边框线：表格总宽度不变，边框线右边的列变为等宽。

拖动边框线调整行高和列宽的方法一致。

③功能区直接调整。定位需要调整的表格，选择“表格工具”→“布局”→“单元格大小”，如图 1-1-29 所示。

“高度”和“宽度”可精确设置行高和列宽。

“分布行”可平均分布各行。

“分布列”可平均分布各列。

“自动调整”可设置固定列宽，或根据内容调整表格，或根据窗口调整表格。

④“表格属性”对话框。定位表格后，选择“表格工具”→“布局”→“表”→“属性”，或

单击“单元格大小”功能区的下拉箭头，或右击鼠标后选择“表格属性”，均可出现“表格属性”对话框，如图 1-1-36 所示。在该对话框中可以精确设置行高和列宽。

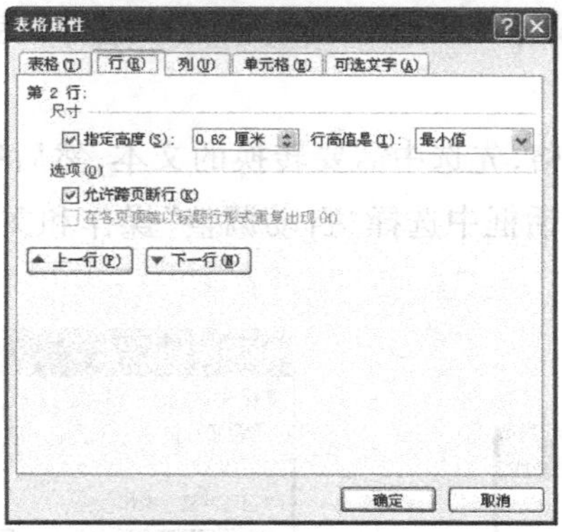

图 1-1-36 “表格属性”对话框

4）表格的其他操作

（1）表格中的边框和底纹

表格中边框、底纹的设置和字符中边框、底纹的设置方法相同。另外，表格的边框和底纹还可在“表格工具”→“设计”→“表格样式”→“边框”和“底纹”中分别设置，也可在“绘图边框”功能区中直接绘制，如图 1-1-37 所示。

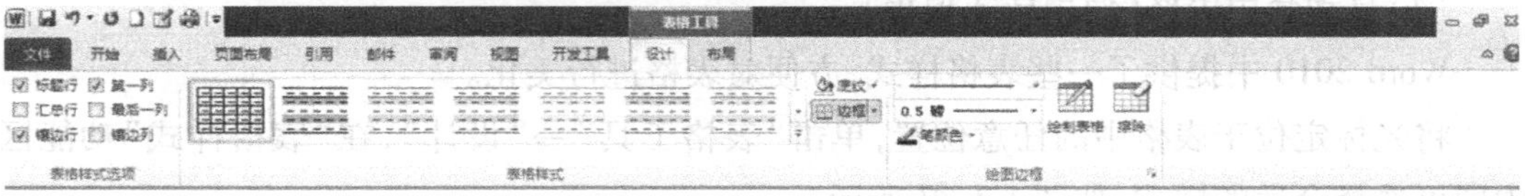

图 1-1-37 “表格工具”选项卡中“设计”功能区

（2）表格的对齐方式

将光标定位于表格中的任意位置，依次单击“表格工具”→“布局”→“表”→“属性”，弹出“表格属性”对话框“表格”选项卡，如图 1-1-38 所示。

在该选项卡中可以设置整张表格的“固定宽度”，以及表格在页面中的“对齐方式”和“文字环绕”。当选择“环绕”时，可以单击“定位”按钮弹出表格“定位”选项卡，通过其中的各项设定将表格定位到页面的具体位置，如图 1-1-39 所示。

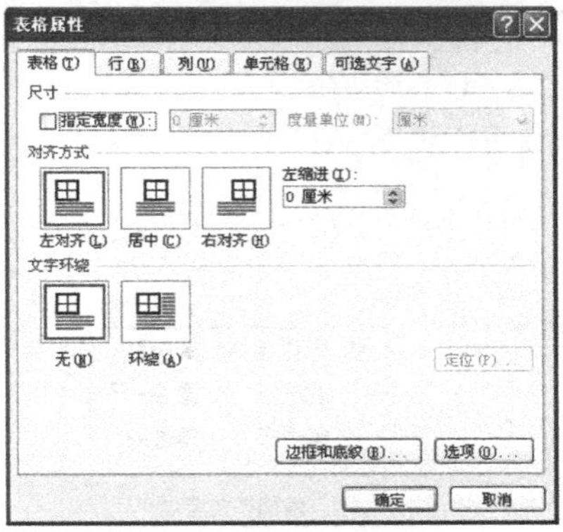

图 1-1-38 “表格”选项卡

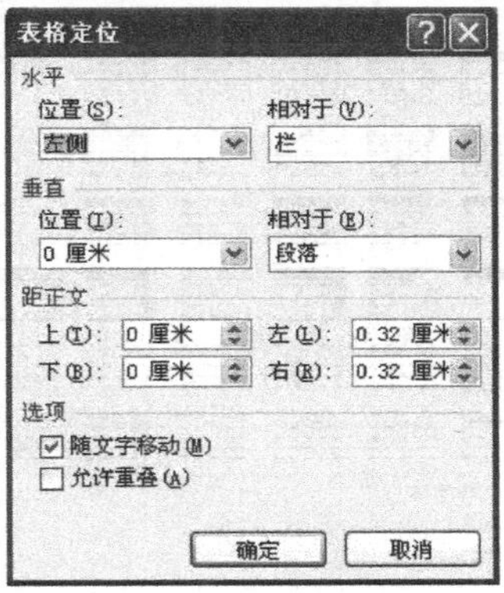

图 1-1-39 “表格定位”对话框

(3)表格与文本的转换

如果要将表格转换成文本,可将光标定位在表格中或者选中表格后单击“表格工具”→“布局”→“数据”→“转换为文本”,在弹出的对话框中进行文字分隔符的选取后,单击“确定”即可,如图 1-1-40 所示。

如果要将文字转换成表格,先选中需要转换的文本,然后单击“插入”→“表格”→“文本转换成表格”,在弹出的对话框中选择“自动调整”操作和文字分隔的位置,单击“确定”即可,如图 1-1-41 所示。

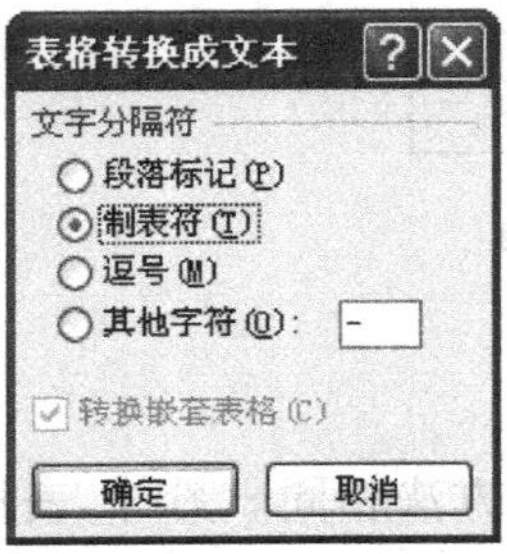

图 1-1-40 “表格转换成文本”对话框

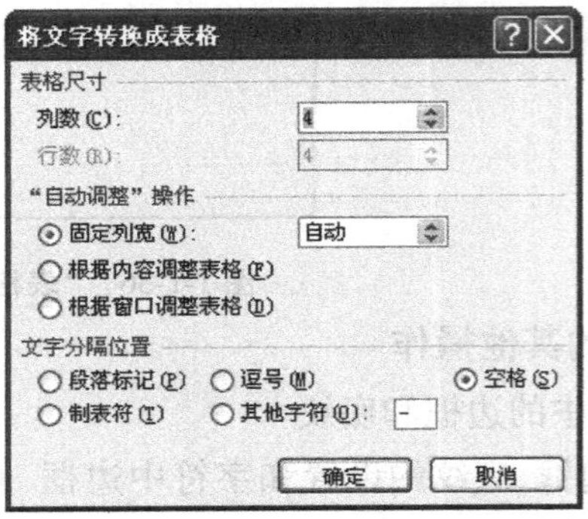

图 1-1-41 “将文字转换成表格”对话框

(4)自动套用表格(使用样式模板)

Word 2010 中提供了一些表格样式,方便对表格进行美化。

将光标定位于表格中的任意位置,单击“表格工具”→“设计”,在“表格样式”功能区中即可选择合适的样式,如图 1-1-37 所示。

在“表格样式”功能区的下拉列表中选择“修改表格样式”“清除”和“新建表样式”等功能按钮可以增加或减少“表格样式”,如图 1-1-42 所示。

在“表格工具”→“设计”→“表格样式选项”功能区中可以选择应用表格样式的部分式样如图 1-1-43 所示,为表格套用样式可以节约很多时间。

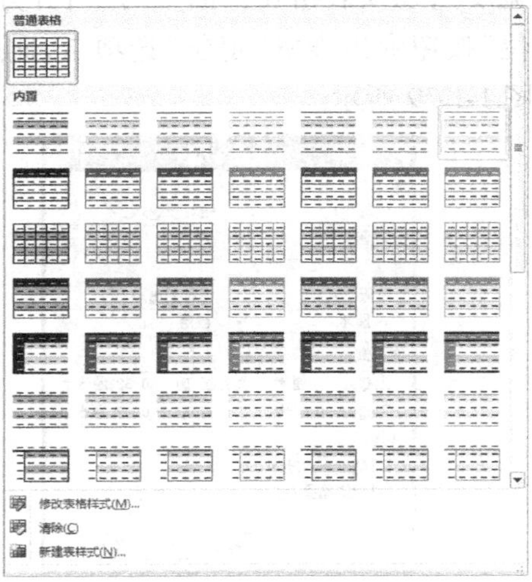

图 1-1-42 “表格样式”功能下拉列表

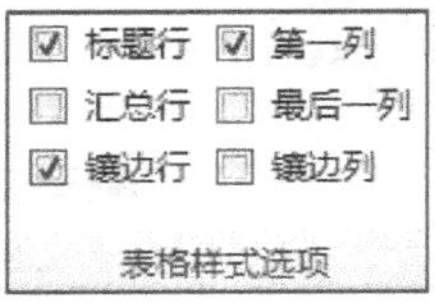

图 1-1-43 “表格样式选项”功能区

(5)表格数据的计算

①计算行或列的数据总和。

先定位存放计算结果的单元格,依次单击“表格工具”→“布局”→“公式”,弹出“公式”对话框(图 1-1-44),可在公式栏中修改计算数据的方向。

②表中数据的其他计算。

对较为复杂的数据计算可使用函数,定位存放计算结果的单元格后,依次单击“表格工具”→“布局”→“公式”→“粘贴函数”,在下拉菜单中选择对应函数即可。

(6)表中数据的排序

选择表格,依次单击“表格工具”→“布局”→“排序”,弹出“排序”对话框,如图 1-1-45 所示,根据要求设置排序的关键字、类型等属性后,即可实现对表中数据的排序。

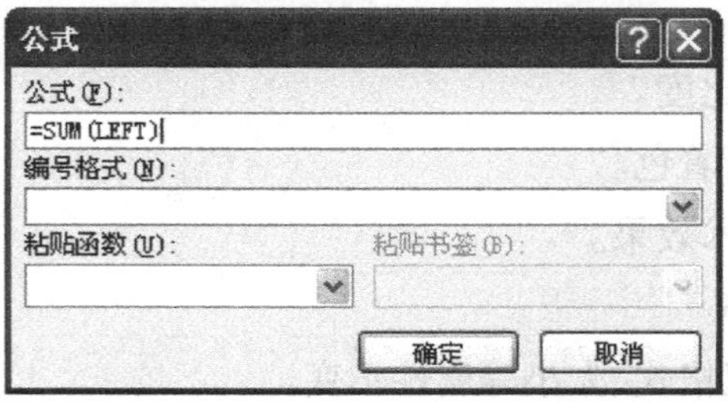

图 1-1-44　“公式”对话框

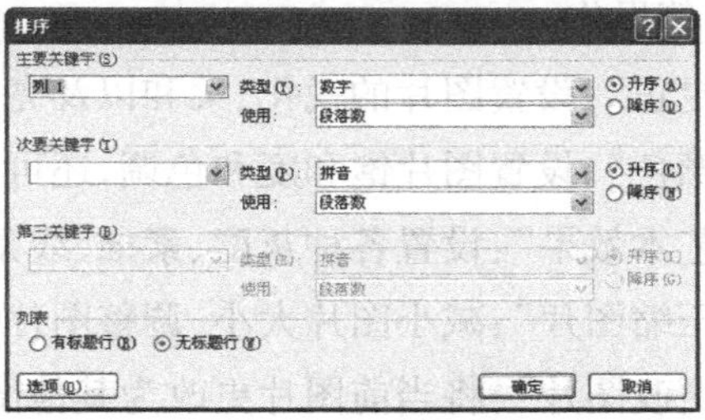

图 1-1-45　“排序”对话框

1.1.4　插入对象

通过在 Word 文档中插入各种图片、艺术字、SmartArt 图形和文本框、自选图形等元素,可以使文档的内容更丰富,形式更漂亮。

1)插入和编辑图片

如果 Word 文档中所有的内容都是文字,在阅读的时候会比较枯燥。为了使文档内容更加丰富,在文档编辑过程中插入与文档主题相关的图片能使文档显得更加美观。

(1)插入图片

①将光标定位到文档中需要插入图片的地方,依次单击“插入”→“插图”→“图片”,如图 1-1-46 所示。

②在弹出的“插入图片”对话框中选择需要插入的图片,单击“插入”按钮即可在文档中插入图片,如图 1-1-47 所示。

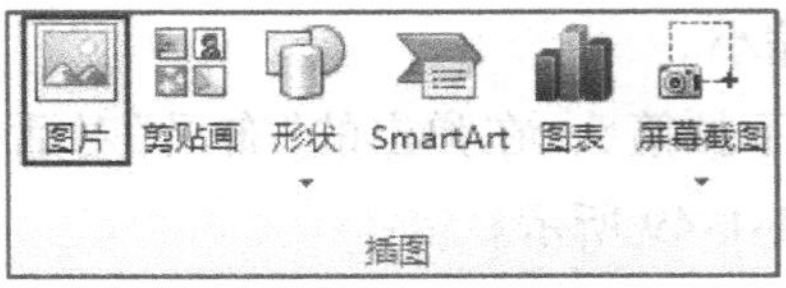

图 1-1-46　插入图片

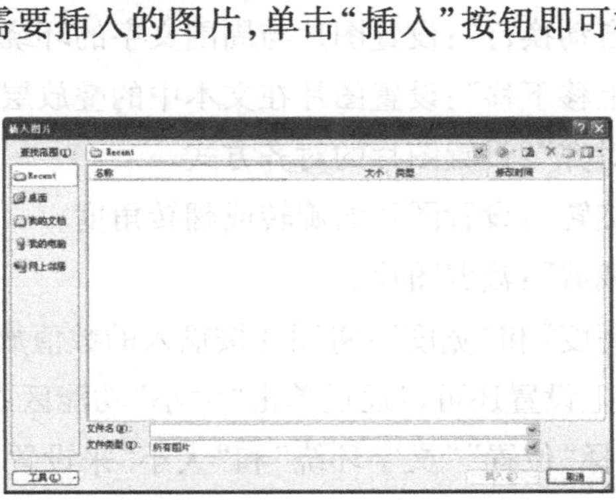

图 1-1-47　“插入图片”对话框

（2）编辑图片

插入图片后，通常还需要一定的编辑和调整才能使图片满足要求。单击插入的图片，激活“图片工具”选项卡，单击“格式”打开图片工具按钮（图 1-1-48），可对插入的图片进行编辑。

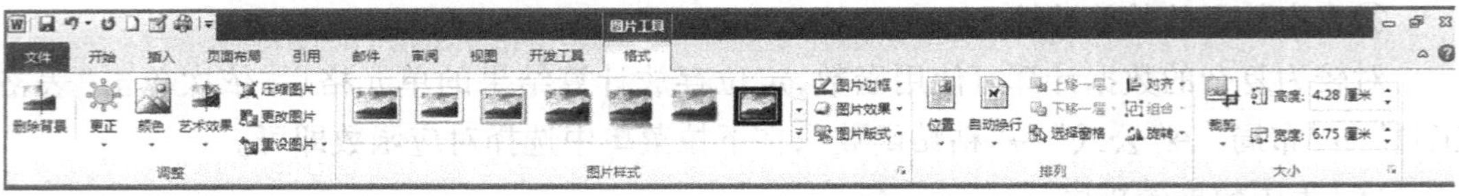

图 1-1-48 “图片工具”选项卡

①调整图片。选择“调整”功能区的按钮对图片进行亮度、对比度等调整以及压缩、更改图片等操作。

“更正”：设置图片的锐化、柔和以及亮度、对比度。

“颜色”：设置图片饱和度和色调，还可以重新着色。

“艺术效果”：设置各种灰度、素描、线条等艺术效果。

“压缩图片”：减小图片大小，调整图片分辨率。

“更改图片”：将当前图片更改为其他图片，但格式、大小等属性不变。

“重设图片”：撤销对图片做的所有修改使其恢复到原图片样式。

“删除背景”：删除或保留已标记的部分。

②设置图片样式。选择“图片样式”功能区来进行图片效果的设置。在列表框中选择所需的样式直接应用于图片，还可以通过单击“图片边框”“图片效果”和“图片版式”按钮自定义图片样式。

“图片边框”：为图片设置边框线的样式及颜色。

“图片效果”：为图片设置预设、阴影、映像和发光等特殊效果。

“图片版式”：设置图片与文本的混排方式。

③调整图片的排列方式和大小。在“排列”功能区中可调整文档中已插入图片的排列位置；在“大小”功能区中可改变图片的大小。

“位置”：设置图片在文本中放置的位置。

“自动换行”：设置图片与周围文字的环绕方式。

“上移下移”：设置图片在文本中的叠放层次。

“对齐”：设置图片的对齐方式。

“旋转”：设置图片的旋转或翻转角度。

“裁剪”：裁剪图片。

“高度”和“宽度”：将图片按输入的数值放大或缩小。

以上设置还可以通过单击“大小”功能区右下角下拉箭头，在弹出的“布局”对话框中分别选择“位置”“文字环绕”和“大小”来设置，如图 1-1-49 所示。

2）插入和编辑文本框

利用文本框可以制作特殊的文档排版，在文本框中可以输入文本、插入图片等。

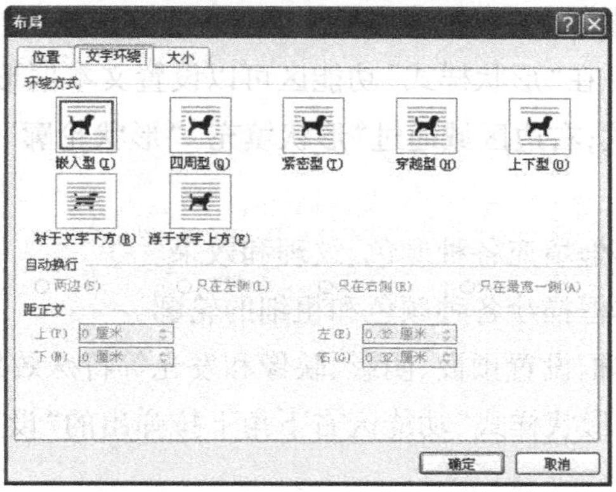

图 1-1-49　“布局”对话框

（1）插入文本框

①首先定位需要插入文本框的位置，单击“插入”→“文本”→“文本框”，如图 1-1-50 所示。

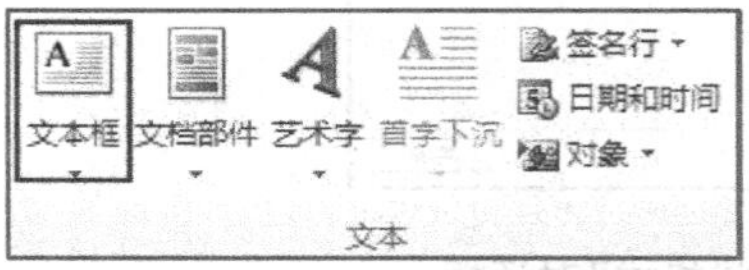

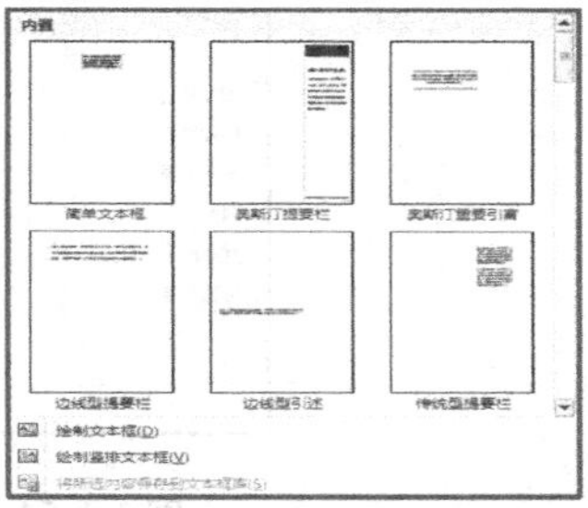

图 1-1-50　插入“文本框”　　图 1-1-51　插入文本框下拉列表

②在弹出的下拉列表中选择文本框的类型，如图 1-1-51 所示，即可在指定位置插入文本框。单击文本框内的文字可进行文本编辑，如图 1-1-52 所示。

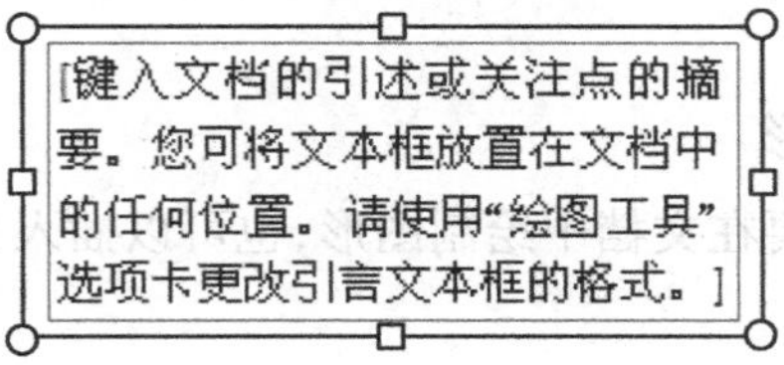

图 1-1-52　已插入的文本框

（2）编辑文本框

①修改文本框的形状。单击已插入的文本框，自动激活“绘图工具”选项卡，单击“格式”，打开绘图工具按钮，如图 1-1-53 所示，可在“插入形状”功能区中对文本框进行编辑。

图 1-1-53　“绘图工具”选项卡

“编辑形状”：更改文本框的形状和修改文本框的顶点。

“文本框”:手动绘制横排文本框或竖排文本框。

②设置文本框样式。在“形状样式”功能区可以设置文本框形状格式。左边区域可以套用系统自带的形状样式;右边区域通过“形状填充”“形状轮廓”和“形状效果”功能来自定义形状样式。

“形状填充”:为文本框填充各种颜色、纹理和效果。

“形状轮廓”:为文本框描绘各种颜色和粗细的轮廓。

“形状效果”:为文本框设置预设、阴影、映像和发光等特殊效果。

以上设置也可以由“形状样式”功能区右下角下拉弹出的“设置形状格式”对话框来完成,如图 1-1-54 所示。

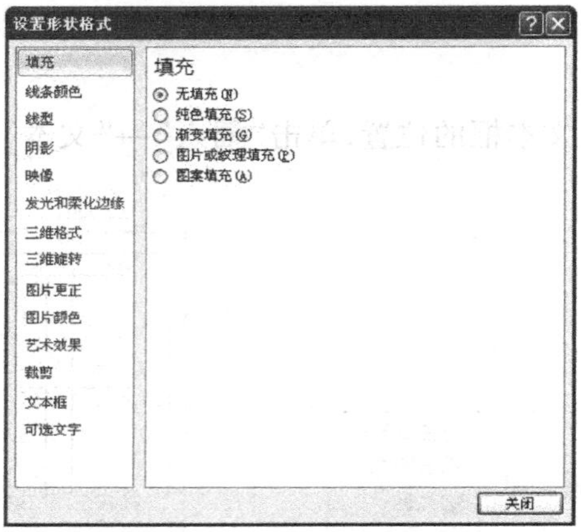

图 1-1-54 “设置形状格式”对话框

③设置文本框的对齐方式。在“文本”功能区可以设置文本框中文字的排列方式及对齐方式。

④设置文本框的排列和大小。在“排列”和“大小”功能区,可设置文本框的排列方式、高度和宽度等属性。

3)插入和编辑自选图形

编辑文档时,可根据需要在文档中绘制图形,也可以插入自选图形。

(1)插入自选图形

首先定位需要插入图形的位置,依次单击“插入”→“插图”→“形状”,如图 1-1-55 所示,在弹出的下拉列表中选择需要的形状。

图 1-1-55 插入自选图形

如需要绘制组合图形,可在“插入”选项卡中进行操作,也可在“绘图工具”→“格式”→“插入形状”功能区中进行操作,如图 1-1-53 所示。

(2)编辑自选图形

①编辑文本。如需要在自选图形中添加文字,可鼠标右击该自选图形,选择“

”按钮。

②更改形状、样式、对齐方式、排列和大小。自选图形的形状、样式、文字方向和对齐方式、图形大小及排列方式的设置方法与文本框的设置相同。

4)插入和编辑艺术字

在一些广告、海报等文档,经常能够看见一些颜色漂亮、形状奇特的文字,这些文字可以通过 Word 的艺术字功能制作出来。

(1)插入艺术字

首先定位需要插入艺术字的位置,单击“插入”→“文本”→“艺术字”,如图 1-1-56 所示。在下拉弹出的“艺术字样式”列表中选择满意的样式,如图 1-1-57 所示。

图 1-1-56 插入“艺术字”

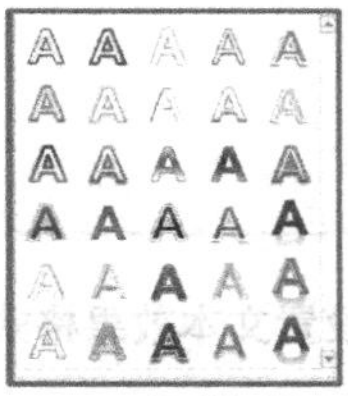

图 1-1-57 艺术字样式

选择样式后,在文本中出现艺术字编辑框,在框中输入艺术字内容,如图 1-1-58 所示。

图 1-1-58 艺术字编辑框

(2)编辑艺术字

艺术字内容插入完成后,为美化效果,还应根据需求对艺术字进行“形状”“方向”“排列”“大小”等属性的设置。

①更改艺术字样式。选择艺术字,单击“绘图工具”→“格式”,如图 1-1-53 所示。在“艺术字样式”功能区中,左边区域为系统自带样式,可直接应用;右边区域通过“文本填充”“文本轮廓”和“文本效果”功能来自定义艺术字样式。

“文本填充”:为艺术字字体内部填充各种颜色、纹理和效果。

“文本轮廓”:为艺术字字体设置各种颜色和粗细的轮廓。

“文本效果”:为艺术字设置预设、阴影、映像和发光等特殊效果。

以上设置也可以由“艺术字样式”功能区右下角下拉弹出的“设置文本效果格式”对话框来完成,如图 1-1-59 所示。

②艺术字的形状样式、文字方向、对齐方式、大小及排列方式的设置方法同文本框。

5)插入和编辑 SmartArt 图形

Word 除了在文字处理上表现十分出色以外,使用 SmartArt 图形功能也可以创建出具有设计师水准的插图。特别是制作公司组织机构图、产品生产流程图、采购流程图时，SmartArt 图形功能可以将各层次结构之间的关系表述得很清晰。

(1)插入 SmartArt 图形

将光标定位到文本中需要插入 SmartArt 图形的地方，单击“插入”→“插图”→“SmartArt”，如图 1-1-60 所示。

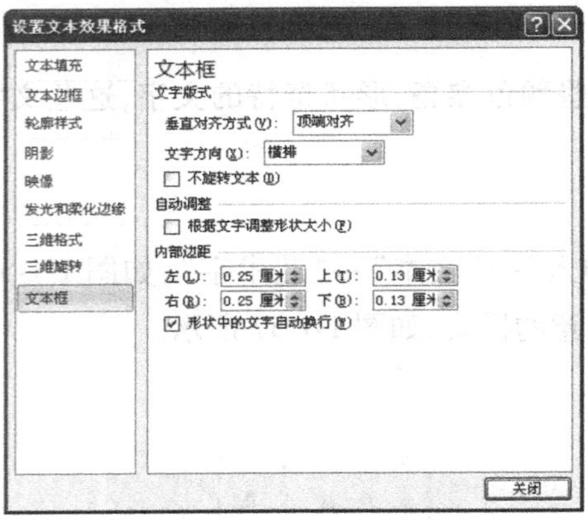

图 1-1-59 “设置文本效果格式”对话框

图 1-1-60 插入 SmartArt 图形

在下拉弹出的“选择 SmartArt 图形”对话框中选择满意的图形，如图 1-1-61 所示。以基本列表为例，如图 1-1-62 所示，已插入 SmartArt 图形。

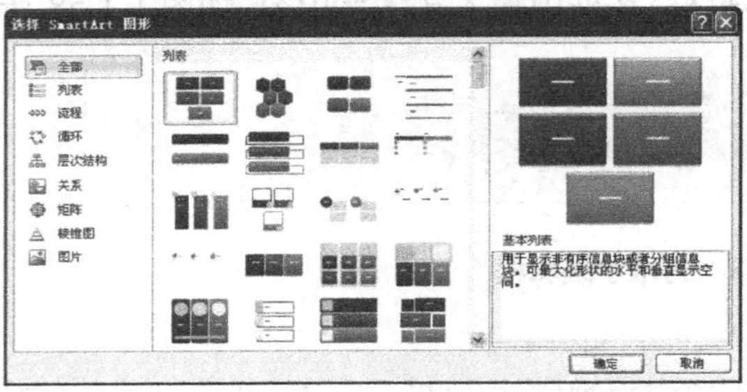

图 1-1-61 “选择 SmartArt 图形”对话框

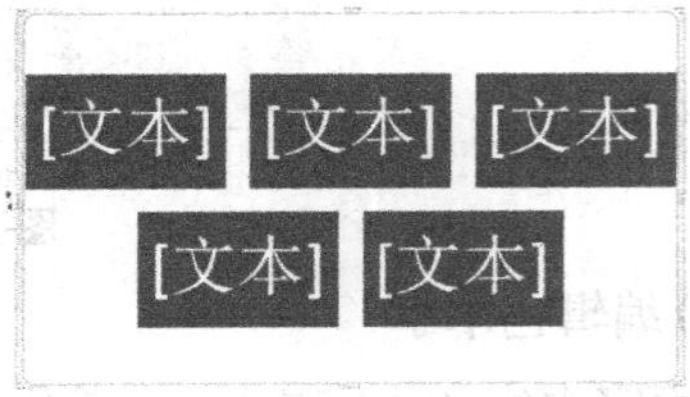

图 1-1-62 SmartArt 图形的基本列表

(2)编辑 SmartArt 图形

①文本的输入。如图 1-1-63 所示，可以在 SmartArt 图形内直接输入文本，也可以在图形左侧弹出的文本任务窗格中输入文本。

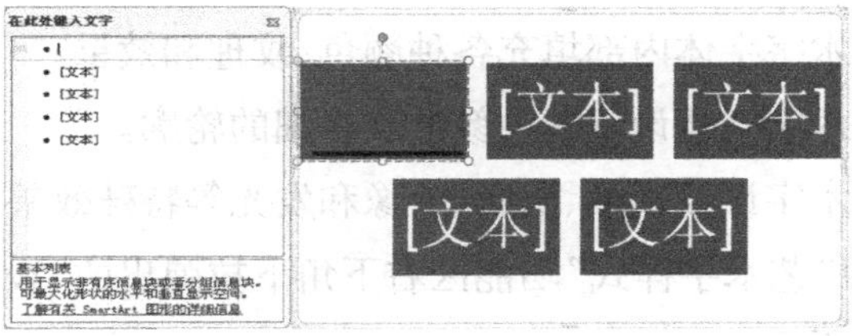

图 1-1-63 SmartArt 图形输入文本

②“创建图形”功能区。插入 SmartArt 图形后，Word 自动激活“SmartArt 工具”选项卡，在“设计“选项中可选择“创建图形”功能区中的各个按钮，对图形进行形状等方面的设

置，如图 1-1-64 所示。

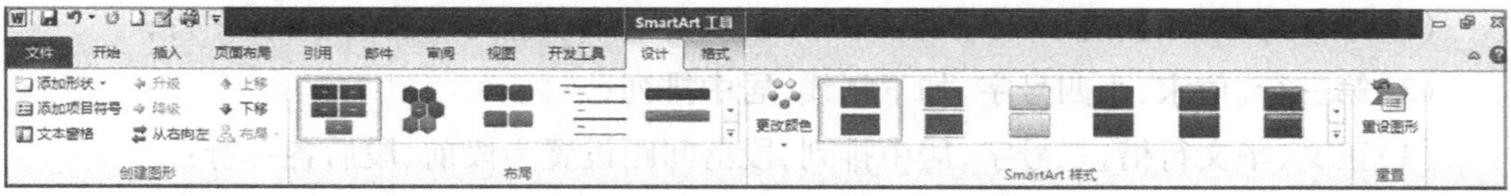

图 1-1-64　“SmartArt 工具”选项卡“设计”功能

“添加形状”：为选中的文本框的前后左右添加相同的文本框。

“添加项目符号”：为选中的文本框中的文字添加项目符号。

“文本窗格”：弹出图 1-1-63 左边的文本窗格，可在其中编辑文本。

“升级/降级”：调整文本框中文字的项目符号等级。

“上移/下移”：可将某个文本框与其边上的文本框互调位置。

“从右向左”：从左到右和从右到左切换图形的布局。

“布局”：更改所选形状的分支布局。

③“布局”功能区。通过“布局”功能区可更改所选形状的分支布局。

④“SmartArt 样式”功能区和“重设”功能。利用“SmartArt 样式”功能区中的各按钮可以为 SmartArt 图形套用 SmartArt 样式，也可以通过更改色彩来自定义 SmartArt 样式。如果对所做的格式修饰不满意，可以选择“重设图形”按钮来放弃对 SmartArt 图形所做的格式修改。

⑤SmartArt 图形的格式设置。SmartArt 图形的形状设置、形状样式设置、艺术字样式设置、对齐方式设置、排列设置以及大小设置的方法与文本框和艺术字的设置方法相同。

实训一

1. 文本的编辑与格式化（结果如图 1-1-65 所示）。

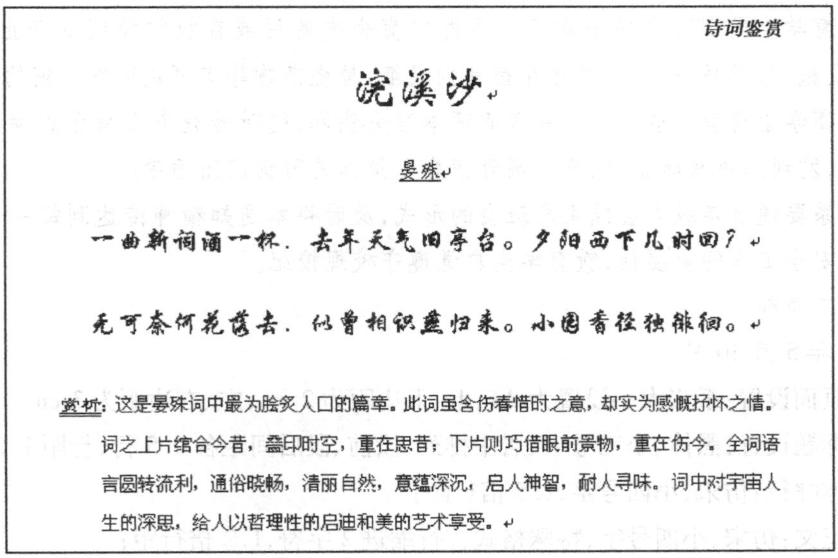

诗词鉴赏

浣溪沙

晏殊

一曲新词酒一杯，去年天气旧亭台。夕阳西下几时回？

无可奈何花落去，似曾相识燕归来。小园香径独徘徊。

赏析：这是晏殊词中最为脍炙人口的篇章。此词虽含伤春惜时之意，却实为感慨抒怀之情。词之上片绾合今昔，叠印时空，重在思昔；下片则巧借眼前景物，重在伤今。全词语言圆转流利，通俗晓畅，清丽自然，意蕴深沉，启人神智，耐人寻味。词中对宇宙人生的深思，给人以哲理性的启迪和美的艺术享受。

图 1-1-65　文本的编辑与格式化

(1)第一行,方正姚体、小四号字、倾斜、右对齐;

(2)第二行,华文新魏、一号字、居中排列,段落间距设置为段前、段后各一行;

(3)第三行,仿宋,小四号字,加下划线,居中排列;

(4)正文,华文行楷、三号字,居中排列,段落间距设置为段前、段后各一行;

(5)最后一段,前两字"赏析"设置为隶书、小四号字、加双下划线,其余宋体五号字。将段落缩进格式设置为悬挂缩进2字符,行距设置为固定值22磅。

2."通知"的制作——按要求对下面文本进行格式编辑。

关于加强学生安全教育工作的通知

各院系:

为进一步做好全校安全稳定工作,不断提高在校大学生的安全防范意识和能力,现就进一步加强大学生安全教育的有关工作通知如下:

一、提高重视程度,贯彻落实好各项安全工作要求

各单位要把学生的安全管理工作放在突出的位置,增强学生安全工作的紧迫意识和责任意识,积极落实好学校的各项安全制度和措施,建立学生安全工作目标责任制,完善学生安全工作机制,为学校正常教学工作的开展提供有力保障。

二、各院系要高度重视实习、求职等外出学生的安全教育与管理工作

学生个人因事确需外出,要严格执行请销假制度,院系要动态掌握外出学生的有关情况。学生未经批准外出,要按照相关规定予以处理。教育外出学生要严格遵守外出地点的各项安全规定,保证自身安全;增强毕业求职学生群体的防骗意识,维护好自身权益。

三、做好节假日的学生安全管理工作

节假日期间,要严格执行学生工作信息报告制度、大型活动申报制度、学生请销假制度等,及时了解和掌握学生动向。

四、加强学生住宿安全教育和管理工作

要教育学生提高防火安全意识。不得在宿舍内使用或存放学校明令禁止的违章电器、明火设施、易燃易爆物品,禁止在宿舍内吸烟、焚烧杂物等有可能引发火灾的行为。

要提高学生宿舍防盗意识。妥善管理本宿舍钥匙,随时检查个人宿舍的锁具、门窗等安全设施,发现隐患及时报修;学生离开宿舍要做到关窗锁门闭插销。

各院系要通过年级大会或主题班会的形式,及时将本通知精神传达到每一位学生,向学生讲明安全工作的重要性,教育学生自觉遵守校规校纪。

学生工作部

2015年5月30日

(1)页面设置:纸张大小设置为A4,上、下边距为2 cm,左、右边距为3 cm;

(2)标题设置:黑体、小三号字、居中排列,段前、段后间距各0.5行,行距1.5倍;

(3)称呼行:仿宋、小四号字、1.5倍行距;

(4)正文:仿宋、小四号字,特殊格式首行缩进2字符,1.2倍行距;

(5)落款与时间:仿宋、小四号字,左缩进20字符。

3. 表格简单格式化——按图 1-1-66 所示，编辑《初三年级课程表》的格式。要求：

(1)合并第 1 列第 2—5 单元格、第 6—7 单元格；

(2)删除第 4 列(空列)，调换“星期四”和“星期五”所在列的位置；

(3)第 1 列宽度为 3 cm，其他列平均分布(不改变表格宽度)；

(4)将表格中单元格的对齐方式设置为中部居中；

(5)将第 1 列的底纹设置为浅蓝色，将 2、4、6 列的底纹设置为绿色，将 3、5 两列的底纹设置为橙色；

(6)将表格的外边框设置为如图 1-1-66 所示的线型，将网格线设置为 0.5 磅的细实线；

	星期一	星期二		星期三	星期五	星期四
上午	语文	英语		数学	语文	物理
	英语	英语		语文	语文	英语
	数学	数学		化学	政治	语文
	数学	化学		政治	历史	数学
下午	化学	语文		历史	数学	政治
	物理	物理		物理	化学	历史
	计算机	体育		美术	计算机	音乐

初三年级课程表

	星期一	星期二	星期三	星期四	星期五
上午	语文	英语	数学	物理	语文
	英语	英语	语文	英语	语文
	数学	数学	化学	语文	政治
	数学	化学	政治	数学	历史
下午	化学	语文	历史	政治	数学
	物理	物理	物理	历史	化学
	计算机	体育	美术	音乐	计算机

图 1-1-66　简单表格格式化

(7)添加表格标题“初三年级课程表”，楷体三号字、黑色、居中。

4. 复杂表格的制作(图 1-1-67)：

(1)标题：2 号楷体居中，表格中文字：5 号宋体，1.2 倍行距；

(2)页面左边距 3.67 cm，右边距 1.67 cm，照片单元格大小为 34 mm×26 mm；

(3)按图创建表格与文本。

5. 流程图的绘制(图 1-1-68)：

(1)如图插入文本框与各种自选图形；

(2)修改文本框与各种自选图形的格式。

6. 插入艺术字和 SmartArt 图形：

(1)将“欢迎新同学”设置为艺术字，艺术字样式为第 3 行第 2 列“填充橙色，强调文字颜色 6，简便轮廓-强调文字颜色 6”；字体华文新魏，字号选择初号。阴影选择“外部-向右上斜偏移”；形状样式选择第 4 行第 4 列“细微效果，橄榄枝，强调颜色 3”；对齐方式为左右居中。结果如图 1-1-69 所示。

学生信息登记表

<table>
<tr><td>姓名</td><td></td><td>性别</td><td></td><td>出生年月</td><td></td><td rowspan="5">照片</td></tr>
<tr><td>身份证号码</td><td colspan="5"></td></tr>
<tr><td>分院</td><td></td><td>专业</td><td></td><td>学号</td><td></td></tr>
<tr><td>政治面貌</td><td></td><td>籍贯</td><td></td><td>寝室号</td><td></td></tr>
<tr><td>家庭地址</td><td colspan="3"></td><td>邮编</td><td></td></tr>
<tr><td>来源地区</td><td colspan="6">省（市/自治区） 市（县/区） 中学</td></tr>
<tr><td colspan="7">本人学历及社会经历</td></tr>
<tr><td colspan="2">自何年何月起
至何年何月止</td><td colspan="4">在何地、何校（或单位）学习（或任何职）</td><td>证明人</td></tr>
<tr><td colspan="2"></td><td colspan="4"></td><td></td></tr>
<tr><td colspan="2"></td><td colspan="4"></td><td></td></tr>
<tr><td colspan="2"></td><td colspan="4"></td><td></td></tr>
<tr><td colspan="2"></td><td colspan="4"></td><td></td></tr>
<tr><td colspan="2"></td><td colspan="4"></td><td></td></tr>
<tr><td rowspan="6">家庭主要成员</td><td>姓名</td><td>关系</td><td>出生年月</td><td colspan="3">工作（学习）单位</td></tr>
<tr><td></td><td></td><td></td><td colspan="3"></td></tr>
<tr><td></td><td></td><td></td><td colspan="3"></td></tr>
<tr><td></td><td></td><td></td><td colspan="3"></td></tr>
<tr><td></td><td></td><td></td><td colspan="3"></td></tr>
<tr><td></td><td></td><td></td><td colspan="3"></td></tr>
<tr><td colspan="2">担任学生干部
和社会工作情况</td><td colspan="5"></td></tr>
<tr><td>自我评价及特长</td><td colspan="6"></td></tr>
</table>

图 1-1-67 复杂表格的制作

（2）按图插入 SmartArt 图形，布局选择“循环”→“块循环”。将填充颜色依次修改为红色、浅绿色、紫色、浅蓝色、橙色，SmartArt 样式选择白色轮廓，如图 1-1-70 所示。

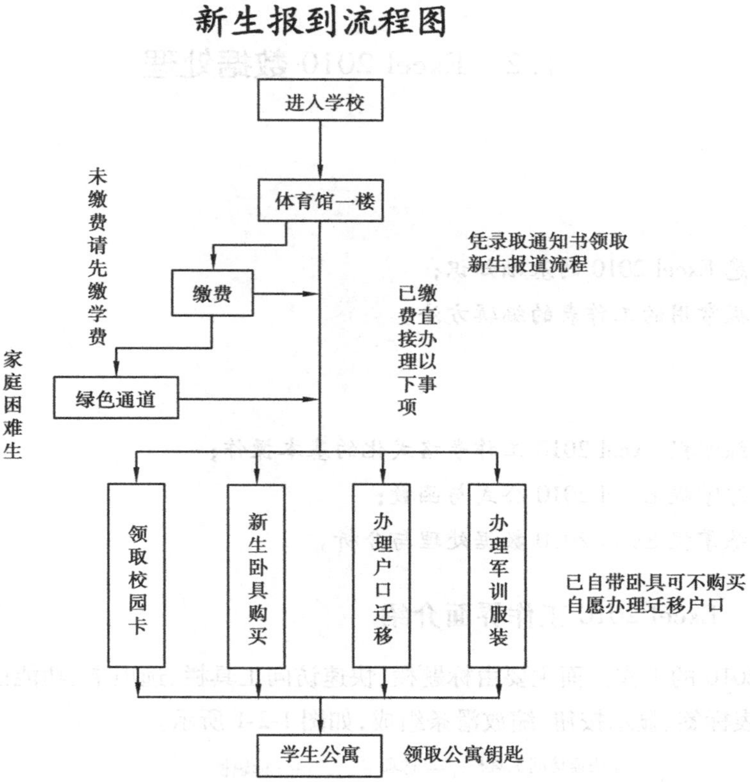

图 1-1-68　流程图

图 1-1-69　艺术字

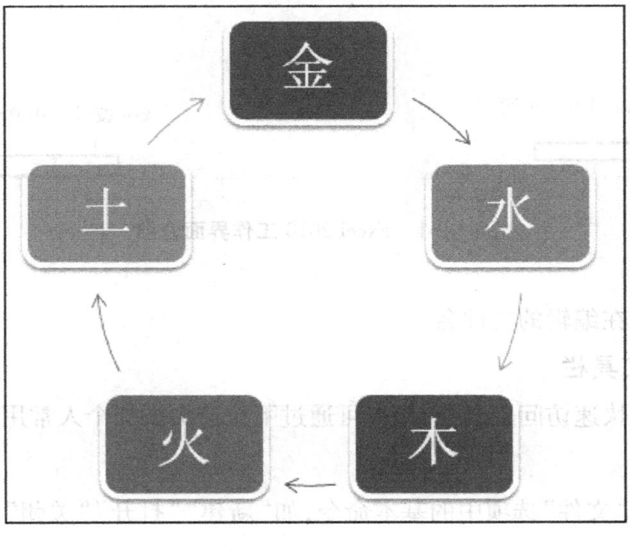

图 1-1-70　SmartArt 图形

1.2 Excel 2010 数据处理

知识目标:

- ➢ 熟悉 Excel 2010 的基础知识;
- ➢ 掌握常用的工作表的编辑方法。

能力目标:

- ➢ 熟练掌握 Excel 2010 工作表格式化的基本操作;
- ➢ 熟练掌握 Excel 2010 公式与函数;
- ➢ 熟练掌握 Excel 2010 数据处理与分析。

1.2.1 Excel 2010 工作界面介绍

Excel 2010 的工作界面主要由标题栏、快速访问工具栏、选项卡、功能区、工作表区、状态栏、工作表标签、显示按钮、缩放滑条组成,如图 1-2-1 所示。

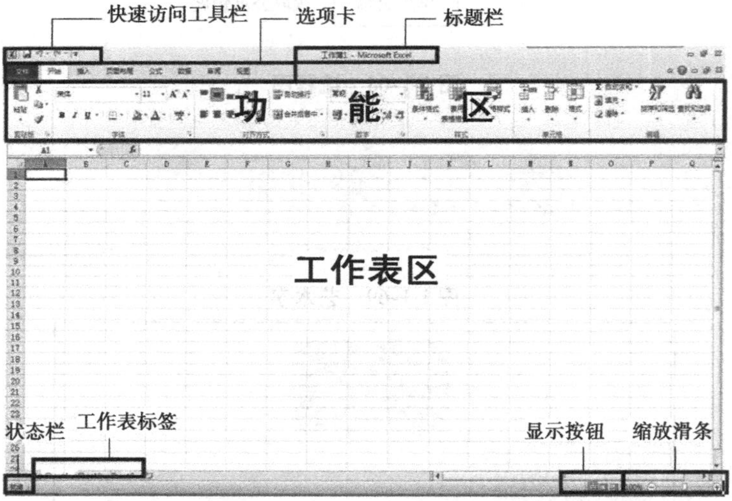

图 1-2-1 Excel 2010 工作界面介绍

1)标题栏

标题栏显示正在编辑的文件名。

2)快速访问工具栏

常用命令位于快速访问工具栏,用户可通过下拉箭头添加个人常用命令。

3)选项卡

选项卡包含了"文件"选项中的基本命令,如"新建""打开""关闭""另存为..."和"打印”等以及功能区的选项按钮。

4) **功能区**

工作时需要用到的功能位于功能区。用户工作所需的功能将分组在一起，且位于选项卡中，可以通过单击选项卡来切换显示的功能区。

①“开始”。“开始”功能区包括“剪贴板”“字体”“对齐方式”“数字”“样式”“单元格”“编辑”7 个组。该功能区主要用于帮助用户对数据进行编辑和格式设置，是用户最常用的功能区，如图 1-2-2 所示。

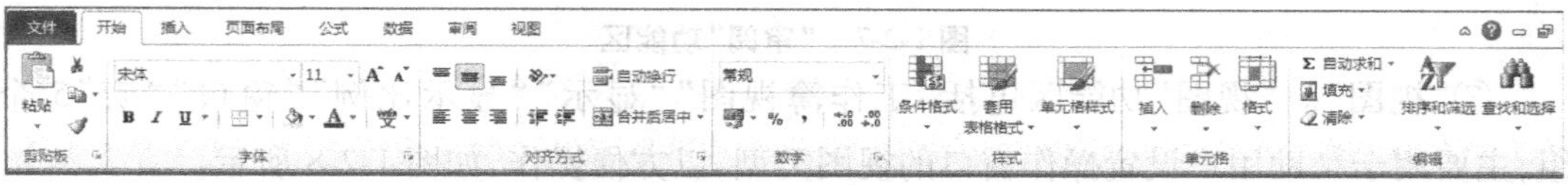

图 1-2-2　“开始”功能区

②“插入”。“插入”功能区包括“表格”“插图”“图标”“迷你图”“筛选器”“衔接”“文本”“符号”8 个组，主要用于插入各种元素，如图 1-2-3 所示。

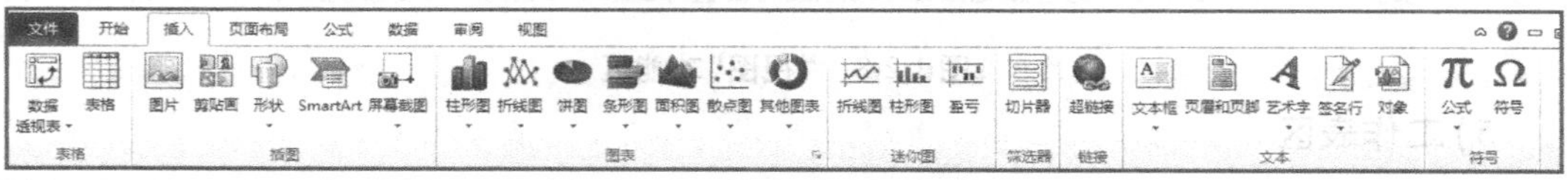

图 1-2-3　“插入”功能区

③“页面布局”。“页面布局”功能区包括“主题”“页面设置”“调整为合适大小”“工作表选项”“排列”5 个组，用于帮助用户设置页面样式，如图 1-2-4 所示。

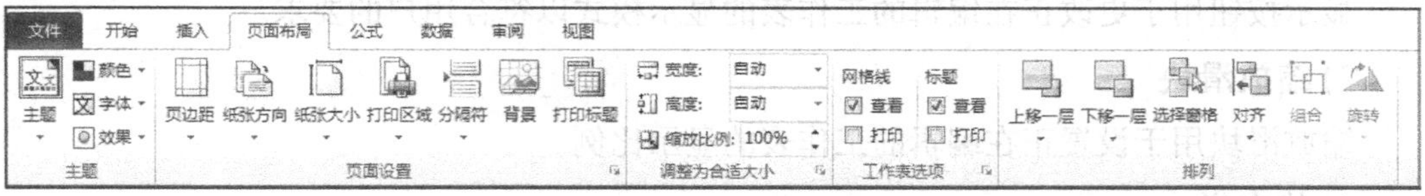

图 1-2-4　“页面布局”功能区

④“公式”。“公式”功能区包括“函数库”“定义的名称”“公式审核”“计算”4 个组，该功能区的作用比较专一，主要用于对数据进行公式和函数计算，如图 1-2-5 所示。

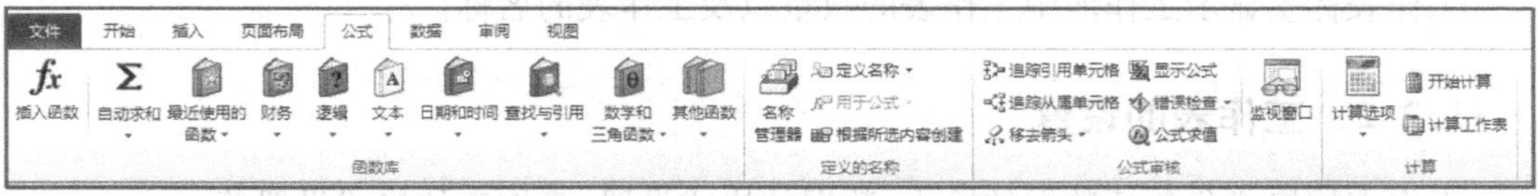

图 1-2-5　“公式”功能区

⑤“数据”。“数据”功能区包括“获取外部数据”“连接”“排序和筛选”“数据工具”“分级显示”5 个组，主要用于在工作表中实现外部数据的获取和对数据的分析，如图 1-2-6 所示。

图 1-2-6　“数据”功能区

⑥“审阅”。“审阅”功能区包括“校对”“语言”“中文简繁转换”“批注”“修订”“更改”6个组，主要用于对工作表中的数据进行校对、保护和修订等操作，适用于多人协同工作，如图1-2-7所示。

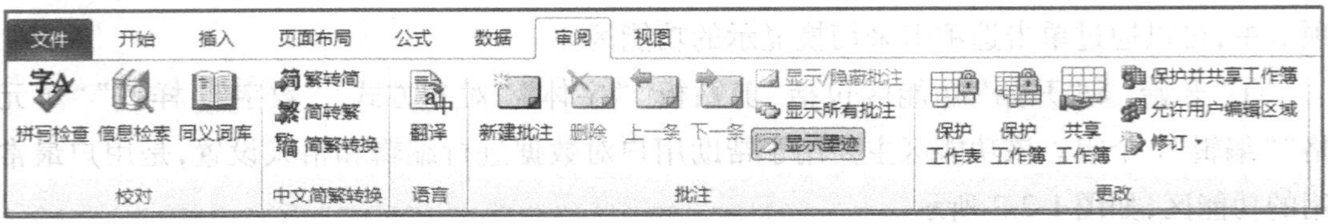

图1-2-7 “审阅”功能区

⑦“视图”。“视图”功能区包括“工作簿视图”“显示”“显示比例”“窗口”“宏”5个组，主要用于帮助用户设置操作窗口的视图类型，以方便操作，如图1-2-8所示。

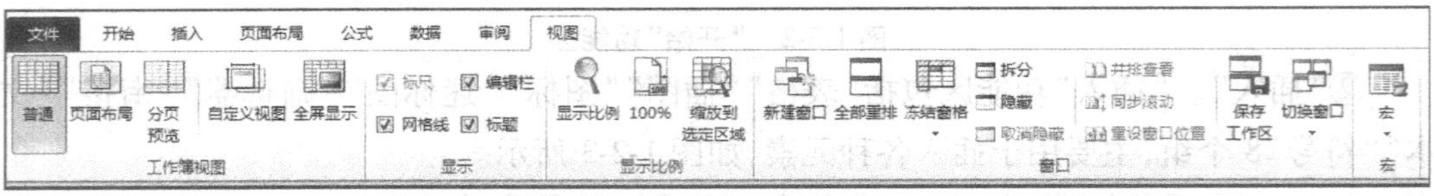

图1-2-8 “视图”功能区

5)工作表区

工作表区显示正在编辑的数据，包括单元格、列标、行号、水平和垂直滚动条、名称框以及编辑栏。

6)显示按钮

显示按钮用于更改正在编辑的工作表的显示模式以符合用户的要求。

7)缩放滑块

缩放滑块用于设置正在编辑的工作表的显示比例。

8)状态栏

状态栏显示正在编辑文档的相关信息。

9)工作表标签

工作表标签显示工作簿中工作表的数量以及工作表的名称。

1.2.2 工作表的设置

工作表的格式化包括数据的输入、数据的格式设置、工作表的格式设置等。

1)数据的输入与填充

(1)数据的输入

①常规数据输入。在Excel中输入内容时，既可以在选择的单元格中输入，也可以在“编辑栏”中输入。输入的内容会同时显示在单元格和编辑栏中，如图1-2-9所示。

输入时可以用【Tab】键、回车键和→、←、↑、↓键在各单元格之间切换。

②特殊数据输入。这里主要介绍经常用到的三类特殊的数据，即“首字符为‘0’的数据”“身份证号”“分数”。

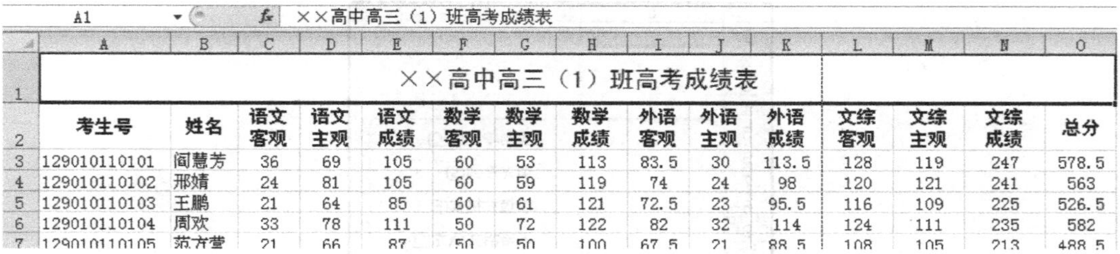

A1　　×× 高中高三（1）班高考成绩表

	A	B	C	D	E	F	G	H	I	J	K	L	M	N	O
1	××高中高三（1）班高考成绩表														
2	考生号	姓名	语文客观	语文主观	语文成绩	数学客观	数学主观	数学成绩	外语客观	外语主观	外语成绩	文综客观	文综主观	文综成绩	总分
3	129010110101	阎慧芳	36	69	105	60	53	113	83.5	30	113.5	128	119	247	578.5
4	129010110102	邢婧	24	81	105	60	59	119	74	24	98	120	121	241	563
5	129010110103	王鹏	21	64	85	60	61	121	72.5	23	95.5	116	109	225	526.5
6	129010110104	周欢	33	78	111	50	72	122	82	32	114	124	111	235	582
7	129010110105	[illegible]	21	66	87	50	50	100	67.5	21	88.5	108	105	213	488.5

图 1-2-9　数据输入

"首字符为'0'的数据"和"身份证号"：在常规状态下，系统自动隐藏首字符"0"。当数据字符数超过 11 位时则以科学计数法的方式来显示，如输入"12345678900001"时，则会显示为"1.23457E+14"。实现这两类数据的正确输入，首先要进行数据格式的设定。即定位输入数据的行、列或单元格后，选择"开始"→"数字"，在数字功能区把数据格式设为"文本"（图 1-2-2）；或定位后右击鼠标，单击"设置单元格格式"，弹出如图 1-2-10 对话框，选择"文本"。

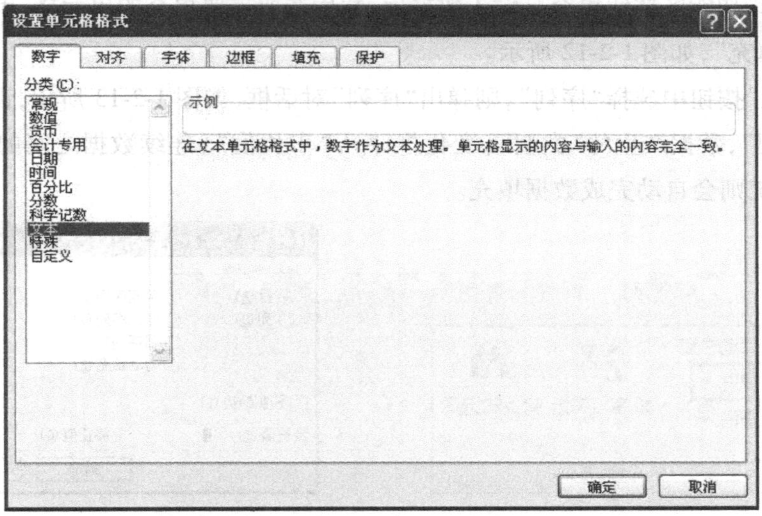

图 1-2-10　"设置单元格格式"对话框

分数：如果在单元格中输入"1/4"，则会显示成日期样式"1 月 4 日"，所以首先要把数据格式改为"分数"。也可以采用分数预设的放法：如果是真分数或者假分数，先输入 0，再输入空格，然后输入分数；如果是带分数，先输入整数部分，再输入空格，然后输入分数部分。

(2)数据的填充

①鼠标左键拖动填充。输入数据后，将鼠标移向该单元格区域的右下角，光标呈"十"状时，按下鼠标左键拖动到数据填充的最后一个单元格后释放鼠标即可。

②鼠标右键拖动填充。当光标呈"十"状时，按下鼠标右键，拖动到数据填充的最后一个单元格，释放鼠标后在弹出的菜单中选择相应的命令即可，如图 1-2-11 所示。

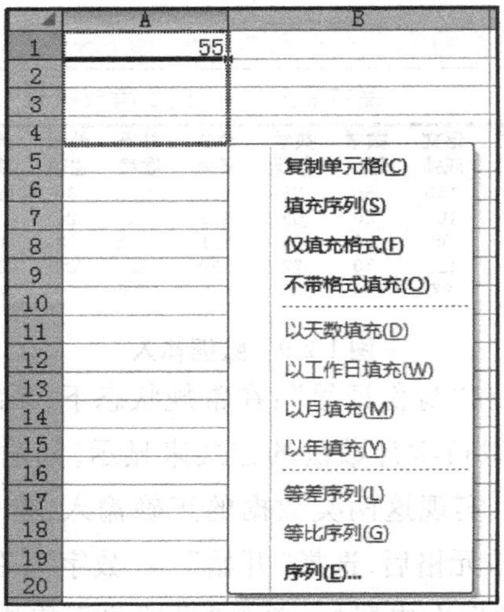

图 1-2-11　拖动鼠标右键填充数据

③“编辑”功能区按钮填充。输入数据后，然后选取需要填充的单元格，单击“开始”→“编辑”→“填充”，如图 1-2-12 所示。

在“填充”按钮中选择“序列”，则弹出“序列”对话框，如图 1-2-13 所示，设置数据填充在“行”或“列”，数据产生的“类型”（变化规律），“步长值”（连续数据之间的差）和“终止数据”后，系统则会自动完成数据填充。

图 1-2-12　“编辑”功能区“填充”按钮

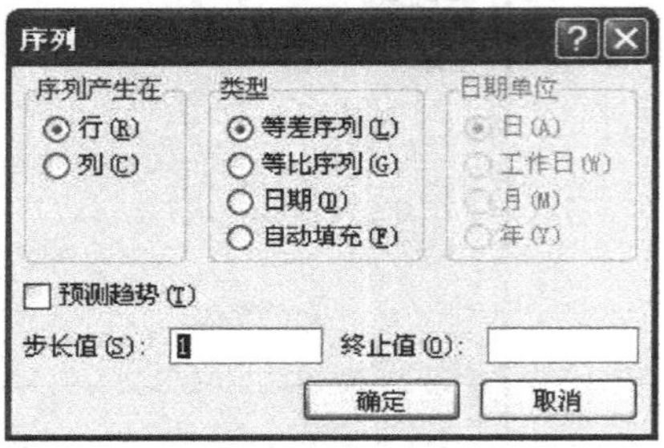

图 1-2-13　“序列”对话框

（3）单元格的数据格式设置

设置数据格式，通常有两种途径：

①使用“开始”选项卡中的“数字”功能区，如图 1-2-2 所示。

②选定数据后右击鼠标，选择“设置单元格格式”，如图 1-2-10 所示。

“常规”：不包含任何特定的数字格式。

“数值”：用于一般数字的显示，可定义“小数位数”，也可用功能区中“ ”按钮来定义小数位数。还可设置“使用千位分隔符”或负数的显示方式。

“货币”：用于表示一般货币，可定义显示“小数位数”和“货币符号”。定义了“货币”格式后，会自动添加千位分隔符，而且相似格式的整数或者负数列中的小数点会对齐显示。

“会计专用”：可对一列数值进行货币和小数点对齐，可定义显示“小数位数”和“货币符号”。

"日期":将日期的系列数值显示为日期值。

"时间":将时间的系列数值显示为时间值(以"＊"开头的日期/时间格式响应操作系统特定的区域日期/时间设置,不带"＊"的格式不受操作系统的影响)。

"百分比":将单元格中数值乘以 100 并以百分数形式显示,可由"数字"功能区"%"按钮来实现操作。在"百分比"格式对话框中可设置百分比的小数位数。

"分数":将单元格以分数形式显示,可设置分母显示的数值。如选择了"以 8 为分母",那么在单元格中输入数字"12.25"将显示为"12 2/8"。

"科学计数":使用指数形式显示数字。如"1234567890"使用 2 位小数的科学计数显示结果是"1.23E+09"。

"文本":将数字作为文本来处理。此时单元格默认为文本的排列顺序是左对齐。

"特殊":包含邮政编码、中文小学数字和中文大写数字。使用这些特殊格式可以快速地输入数字,并转换成相应的形式来显示。

2)表格格式设置

(1)单元格的格式设置

单元格的格式包括单元格的对齐方式、文本的字体字号、单元格边框和单元格填充效果等。

①对齐方式:"开始"选项卡的"对齐方式"功能可设置"顶端对齐""垂直居中""底端对齐""文本左对齐""居中""文本右对齐""减少/增加缩进量""自动换行""合并后居中""文字方向"等。

单击"对齐方式"右下角的下拉箭头,弹出如图 1-2-14 所示的"设置单元格格式"对话框"对齐"选项卡。在此可以设置文本的对齐方式、文本的控制以及文字方向。

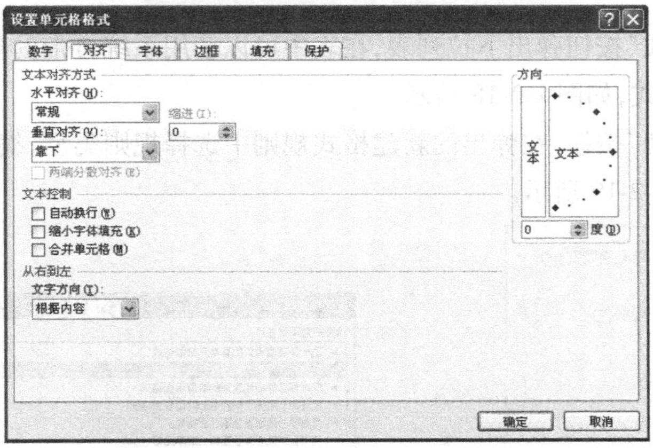

图 1-2-14　单元格格式"对齐"选项卡

同样,右击单元格,在弹出列表中选择"设置单元格格式(F)…",也可弹出图 1-2-14 所示的窗口。

②字体设置:单元格的字体、字号等设置与 Word 2010 相同。

③边框设置:选择"边框"选项卡(图 1-2-15),则可以设置单元格边框的线条样式、粗细和颜色。

④填充设置:选择“填充”选项卡(图 1-2-16),可设置单元格的背景颜色、图案等。

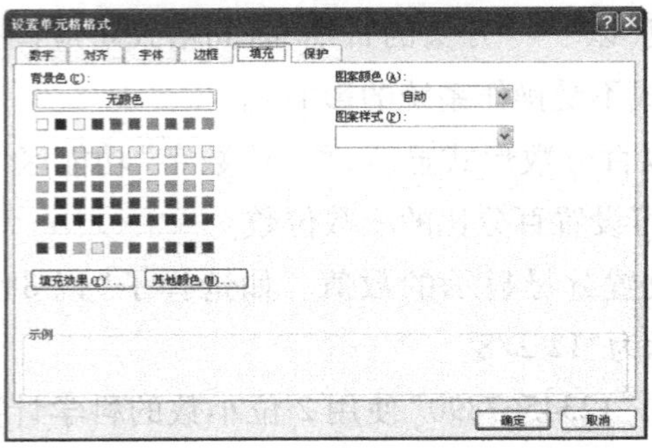

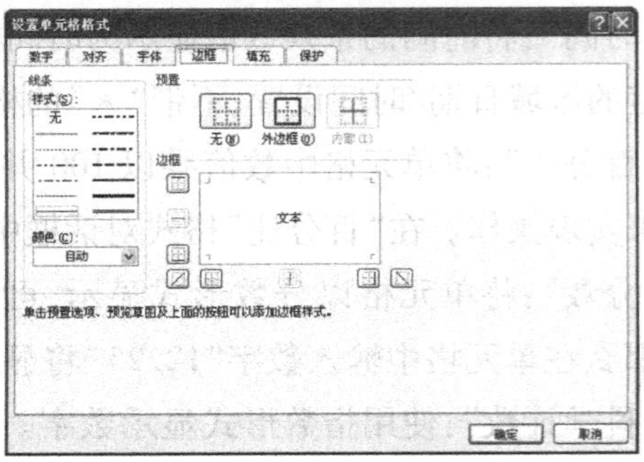

图 1-2-15　单元格格式“边框”选项卡　　　　图 1-2-16　单元格格式“填充”选项卡

(2)套用表格样式

单击“开始”→“样式”→“套用表格格式”,为表格或表格区域添加系统自带的格式,也可单击“单元格样式”来为表格或表格区域添加单元格样式,如图 1-2-17 所示。

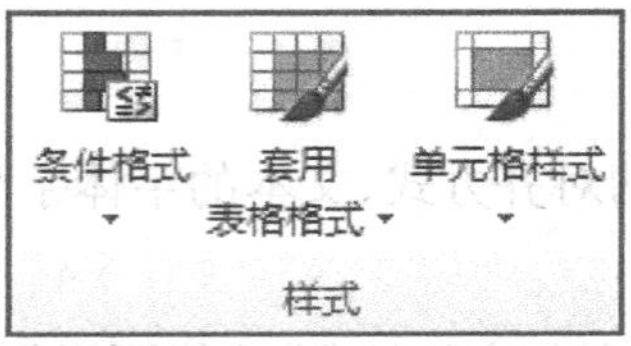

图 1-2-17　“样式”功能区

(3)条件格式

条件格式是指对单元格或者单元格区域设置特殊的条件以便于突出显示满足特定条件的单元格及其内容。选中单元格或单元格区域,单击“条件格式”如图 1-2-17 所示,即可设置条件格式。

单击“条件格式”按钮弹出下拉列表,在表中可以套用系统自带的条件格式,也可以自己设置新的条件格式,如图 1-2-18 所示。

单击“新建规则”按钮,在弹出的新建格式规则中选择规则类型,编辑规则说明即可新建条件格式,如图 1-2-19 所示。

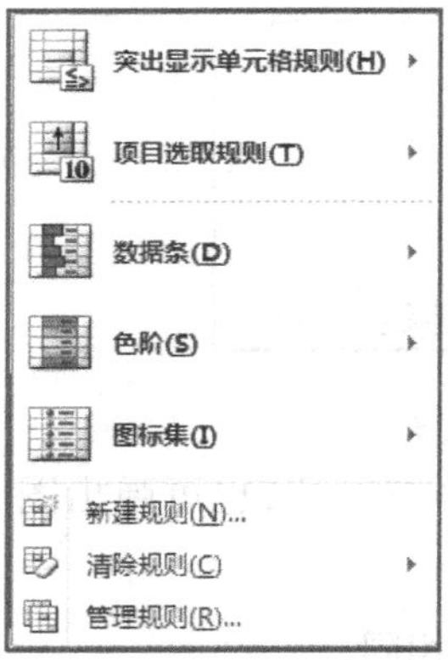

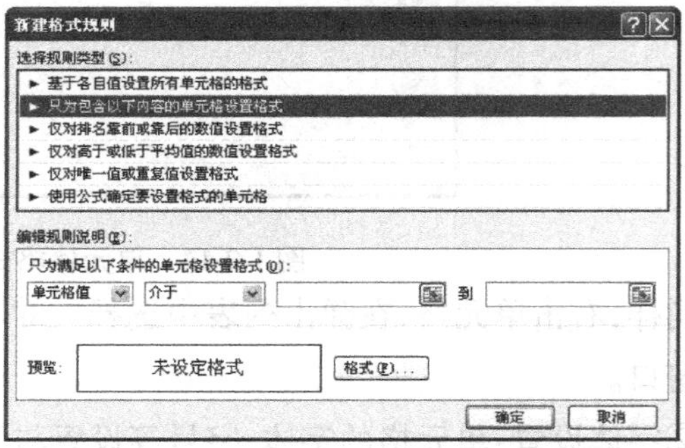

图 1-2-18　“条件格式”下拉列表　　　　图 1-2-19　“条件格式”新建格式规则

也可以在“条件格式”按钮的下拉列表选择“清除规则”按钮来删除条件格式，选择“管理规则”来修改条件格式。

3）表格的行、列设置

（1）行高、列宽的调整

有些单元格中包含了很多的数据，通过默认的单元格大小无法全部显示出来，此时需要调整单元格的行高和列宽。

①随意调整：光标置于行（列）间隔线上，成“$\updownarrow$”“$\leftrightarrow$”状时，按左键拖动。

②精确调整：选中行（列），右击鼠标，在弹出的列表中选择“行高”或“列宽”，设置数值，精确调整。

③根据内容调整：光标置于行（列）间隔线上，成“$\updownarrow$”“$\leftrightarrow$”状时双击左键，则自动根据单元格内容的需要进行调整。

（2）行、列的隐藏和显示

①单击“开始”→“单元格”→“格式”下拉列表中的“隐藏和取消隐藏(U)”，可选择隐藏和取消隐藏行（列），如图1-2-20所示。

②鼠标右击被选中的行（列），选择“隐藏”或“取消隐藏”按钮，也可以隐藏或显示行（列），如图1-2-21所示。

图1-2-20 “格式”下拉列表

图1-2-21 选中行、列右击列表

③将某行的行高或者某列的列宽设置为0，则隐藏某行或某列；行高或列宽设置成大于0的数值，则可显示。

（3）行、列的插入和删除

单击“开始”→“单元格”→“插入”和“删除”来插入或删除行、列。

选中需要操作的行（列）或单元格，单击“插入（删除）”按钮，在弹出的对话框中即可选择“插入（删除）单元格”“插入（删除）工作表行”“插入（删除）工作表列”和“插入（删除）工作表”。

在插入或删除行（列）时，可选择需要操作的行（列），右击鼠标，选择“插入”或“删除”按钮即可。系统默认在选中的行（列）的上（左）方插入。

(4)行、列的移动

选定需要移动的行(列),将鼠标移动到行(列)边框,光标成“✣”状时按住左键拖动鼠标,到达指定位置释放鼠标,行(列)即被移动到当前位置,并且原来的行(列)区域的数据会被移来的行(列)区域的数据替代。

若需要将该行(列)区域的数据插入到某位置,则在拖动鼠标时按住【Shift】键即可。若在拖动鼠标时按住【Ctrl】键,则为复制该行(列)区域的数据。

4)窗口的冻结和拆分

窗口的拆分、冻结经常使用于内容较多、一屏不能全部浏览的文档,为便于数据浏览和编辑而使用此方法。

(1)冻结

选中某一单元格,单击“视图”→“窗口”→“冻结窗口”(图 1-2-22),以此单元格为基点把屏幕划分成四部分,上方和左边的区域是固定的。如图 1-2-23 所示是以 B2 单元格为基点的冻结效果。

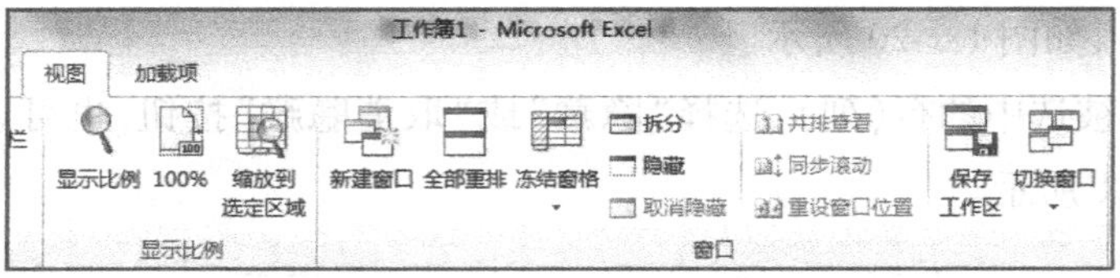

图 1-2-22 冻结、拆分窗口功能

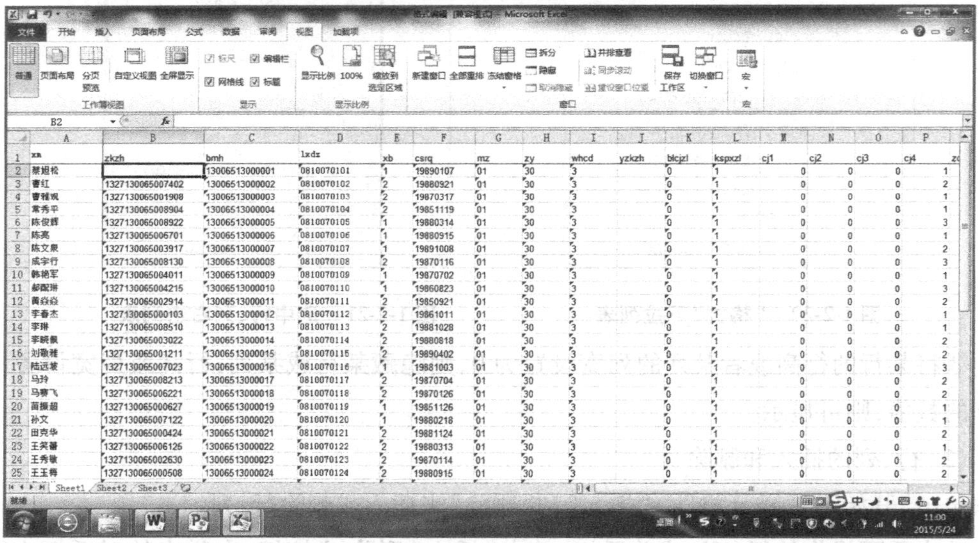

图 1-2-23 以 B2 单元格为基点的冻结效果

(2)拆分

选中某一单元格,单击“视图”→“窗口”→“拆分”(图 1-2-22),则在此处把窗口拆成四个(或两个)部分。如图 1-2-24 所示是以 B2 单元格为基点的拆分效果。

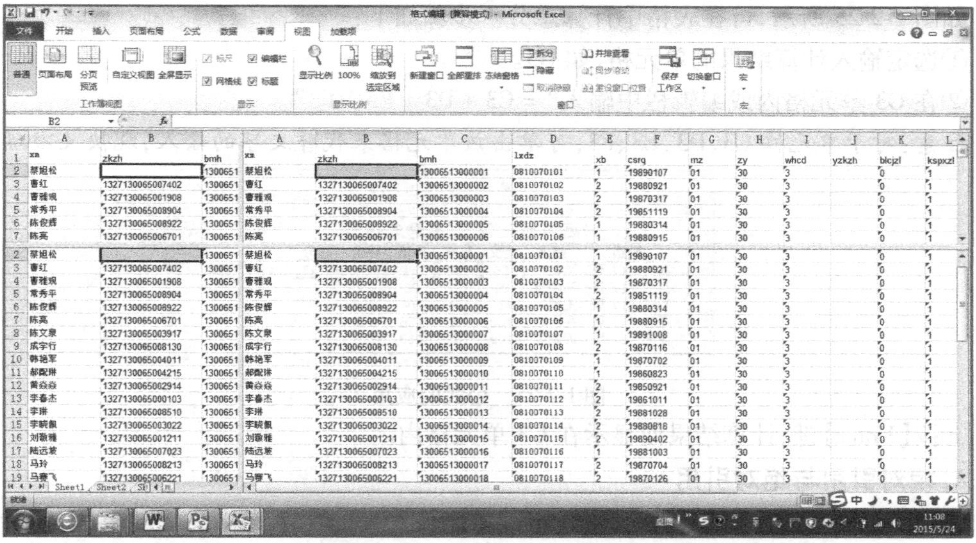

图 1-2-24　以 B2 单元格为基点的拆分效果

注意：冻结是把窗口拆成四部分，基点单元格的上方和左侧窗口内容固定；拆分是把窗口拆成两个或四个活动的窗口，每个窗口的内容都可移动。

1.2.3　公式与函数

Excel 具有强大的数据处理能力，一般是通过公式和函数的应用来实现的。

1）公式的输入

公式是对数据进行分析与计算的等式，可以对数据进行加、减、乘、除等运算。

输入公式通常以"＝"开始，语法格式为：＝＜表达式＞。表达式是由常量、单元格引用和函数等通过运算符连接起来的式子。

Excel 包含了 4 种运算符，分别为算术运算符、比较运算符、文本运算符和引用运算符。

（1）算术运算符

算术运算符能够完成基本的运算，常用的有：＋（加）、－（减）、＊（乘）、／（除）、％（百分号）和∧（次幂）。

（2）比较运算符

比较运算符能比较两个或多个数字、文本、单元格内容或函数结果的大小，比较运算符有：＞（大于）、＜（小于）、＞＝（大于等于）、＜＝（小于等于）、＝（等于）和＜＞（不等于），其返回逻辑值 TRUE（真）或 FALSE（假）。

（3）文本运算符

文本运算符用来将多个文本连接组成一个文本，只有一个运算符"&"。

（4）引用运算符

引用运算符用来对单元格和单元格区域进行合并运算，包含：冒号、逗号、顿号、叹号和空格等。

在混合运算的公式里，运算符的运算优先级与数学中的相同。若想改变运算次序，可以用括号将需要优先运算的公式括起来。

常用的输入公式的方法有两种，即在编辑栏中输入和在单元格中输入。

如图 1-2-25 所示,可在表格中计算总分。步骤如下:

①选定输入计算结果的单元格,如 G3。

②在 G3 单元格内或编辑栏中输入"=C3+D3+E3+F3"。

注意:对于单元格 C3、D3、E3、F3,可单击该单元格来代替文字的输入,既快又准确

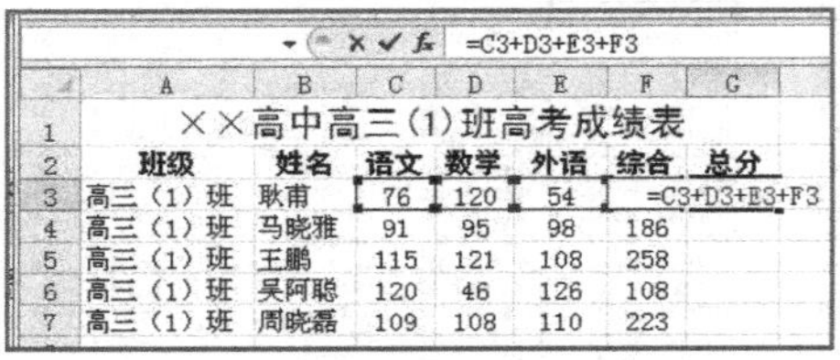

=C3+D3+E3+F3

	A	B	C	D	E	F	G
1	××高中高三(1)班高考成绩表						
2	班级	姓名	语文	数学	外语	综合	总分
3	高三(1)班	耿甫	76	120	54		=C3+D3+E3+F3
4	高三(1)班	马晓雅	91	95	98	186	
5	高三(1)班	王鹏	115	121	108	258	
6	高三(1)班	吴阿聪	120	46	126	108	
7	高三(1)班	周晓磊	109	108	110	223	

图 1-2-25 公式的应用

③按【Enter】键,计算结果便显示在 G3 单元格内。

2)相对引用与绝对引用

通常在计算公式中,都将单元格地址作为计算元素。在单元格公式的复制或者填充过程中,所引用的单元格的地址会随计算结果存放位置的变化而变化。然而,工作中有时需要使用固定单元格内的数据,这就要用到相对引用和绝对引用的知识了。

(1)相对引用

相对引用是将公式复制到另一个单元格后,公式所引用的单元格地址会随之发生改变。在默认情况下,公式使用的都是相对引用。

如图 1-2-25 所示,G3 单元格中的计算公式为"=C3+D3+E3+F3",由 G3 依次向 G4:G7 单元格内复制或填充公式后,则 G4=C4+D4+E4+F4、……、G7=C7+D7+E7+F7,当目标单元格下移一行时,取值区域随之下移一行,如图 1-2-26 所示。

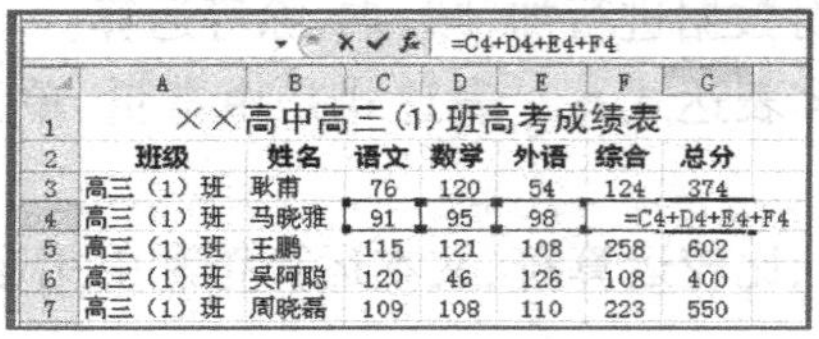

=C4+D4+E4+F4

	A	B	C	D	E	F	G
1	××高中高三(1)班高考成绩表						
2	班级	姓名	语文	数学	外语	综合	总分
3	高三(1)班	耿甫	76	120	54	124	374
4	高三(1)班	马晓雅	91	95	98		=C4+D4+E4+F4
5	高三(1)班	王鹏	115	121	108	258	602
6	高三(1)班	吴阿聪	120	46	126	108	400
7	高三(1)班	周晓磊	109	108	110	223	550

图 1-2-26 相对引用

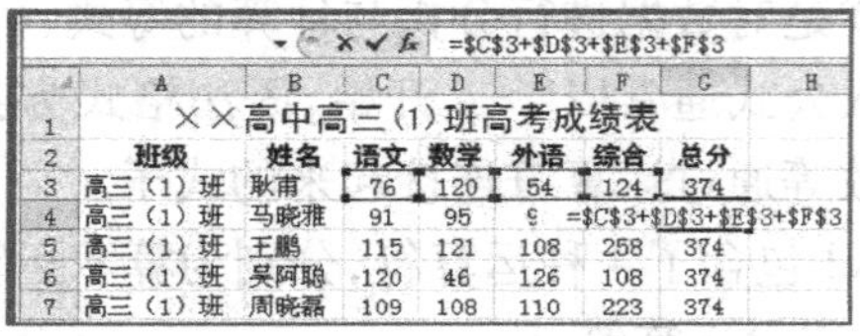

=$C$3+$D$3+$E$3+$F$3

	A	B	C	D	E	F	G	H
1	××高中高三(1)班高考成绩表							
2	班级	姓名	语文	数学	外语	综合	总分	
3	高三(1)班	耿甫	76	120	54	124	374	
4	高三(1)班	马晓雅	91	95	9	=$C$3+$D$3+$E$3+$F$3		
5	高三(1)班	王鹏	115	121	108	258	374	
6	高三(1)班	吴阿聪	120	46	126	108	374	
7	高三(1)班	周晓磊	109	108	110	223	374	

图 1-2-27 绝对引用

(2)绝对引用

绝对引用是指当把公式复制或者填充到一个新的位置时,公式中的单元格引用区域不会发生变化。在引用的单元格的列号和行号之前分别添加"$"即可成为绝对引用。如 $C $3 表示单元格 C3 的绝对引用,$D $3:$F $3 表示区域 D3:F3 的绝对引用。

若将 G3 中的计算公式改为"=$C $3+$D $3+$E $3+$F $3",其中的单元格 C3、D3、E3、F3 即为绝对引用。当将 G3 复制或填充到 G4:G7 时依然是"=$C $3+$D $3+$E $3+$F$3",且 G4:G7 中的值与 G3 相同,如图 1-2-27 所示。

(3)混合引用

混合引用指一个单元格地址中既有相对引用又有绝对引用。如单元格地址$C3 是指对列绝对引用、对行相对引用,C $3 是指对列相对引用、对行绝对引用。选定引用单元格,可按 F4 键进行引用之间的切换,如 C3—$C $3—C $3—$C3—C3。

3)常用函数

Excel 中设有许多已经赋予特定计算功能的函数,可以对一个或多个数据执行运算,

并返回一个或多个值。在进行复杂的运算时，若完全使用公式进行计算，会使整个算式很长而且容易出现问题，如果使用函数就可以避免此类问题。

单击“公式”→“函数”，可打开“插入函数”对话框，如图 1-2-28 所示。

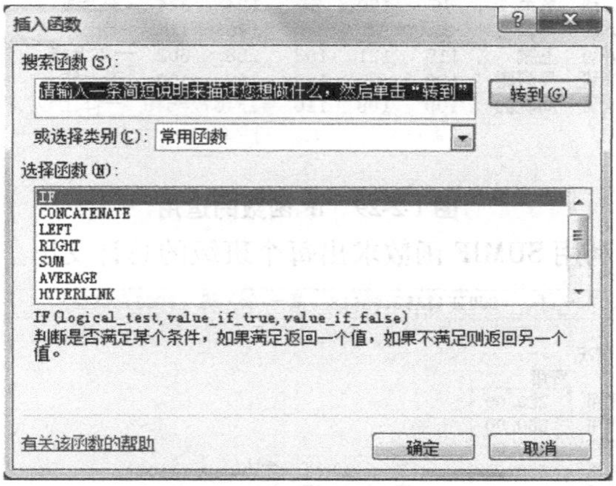

图 1-2-28　“插入函数”对话框

①SUM 函数。SUM 函数可用来计算所选区域中所有数字的和。

表达式：“ = SUM(number1 , number2 , . . .)”。

②AVERAGE 函数。AVERAGE 函数是返回参数的算术平均值，参数可以是数值或包含数值的名称、数组或引用。

表达式：“ = AVERAGE(number1 , number2 , . . .)”。

③COUNT 函数。COUNT 函数可用来计算所选区域中包含数字的单元格的个数。

表达式：“ = COUNT(value1 , value2 , ……)”。

④MAX 函数。MAX 函数是返回一组数值中的最大值，忽略逻辑值及文本。

表达式：“ = MAX(number1 , number2 , . . .)”。

⑤MIN 函数。MIN 函数是返回一组数值中的最小值，忽略逻辑值及文本。

表达式：“ = MIN(number1 , number2 , ...)”。

⑥IF 函数。IF 函数的作用是先判断是否满足某个条件，如果满足返回一个值，如果不满足则返回另一个值。

表达式：“ = IF(logical_test , value_if_true , value_if_false ,)”

logical_test：任何可能被计算为 TRUE 或 FALSE 的数值或表达式。

value_if_true：Logical_test 为 TRUE 时的返回值。如果忽略，则返回 TRUE。

value_if_false：Logical_test 为 FALSE 时的返回值。如果忽略，则返回 FALSE。

如图 1-2-29 所示，在 H 列，若总分大于等于 548 分，表示为一本上线，否则未上线。

⑦SUMIF 函数。SUMIF 函数可用来对满足条件的单元格求和。

表达式：“ = SUMIF(range , criteria , sum_range)”

Range：要进行计算的单元格区域。

Criteria：以数字、表达式或文本形式定义的条件。

Sum_range：用于求和计算的实际单元格，如省略将使用区域中的单元格。

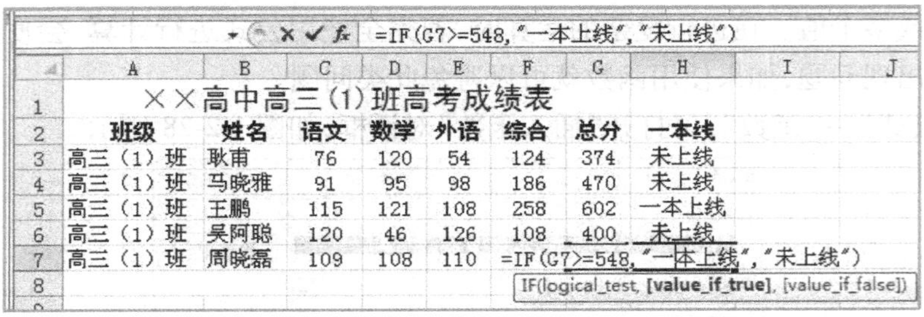

=IF(G7>=548,"一本上线","未上线")

	A	B	C	D	E	F	G	H
1	××高中高三(1)班高考成绩表							
2	班级	姓名	语文	数学	外语	综合	总分	一本线
3	高三（1）班	耿甫	76	120	54	124	374	未上线
4	高三（1）班	马晓雅	91	95	98	186	470	未上线
5	高三（1）班	王鹏	115	121	108	258	602	一本上线
6	高三（1）班	吴阿聪	120	46	126	108	400	未上线
7	高三（1）班	周晓磊	109	108	110	=IF(G7>=548,"一本上线","未上线")		

IF(logical_test, [value_if_true], [value_if_false])

图 1-2-29　IF 函数的运用

如图 1-2-30 所示，利用 SUMIF 函数求出每个班级的总计支出。

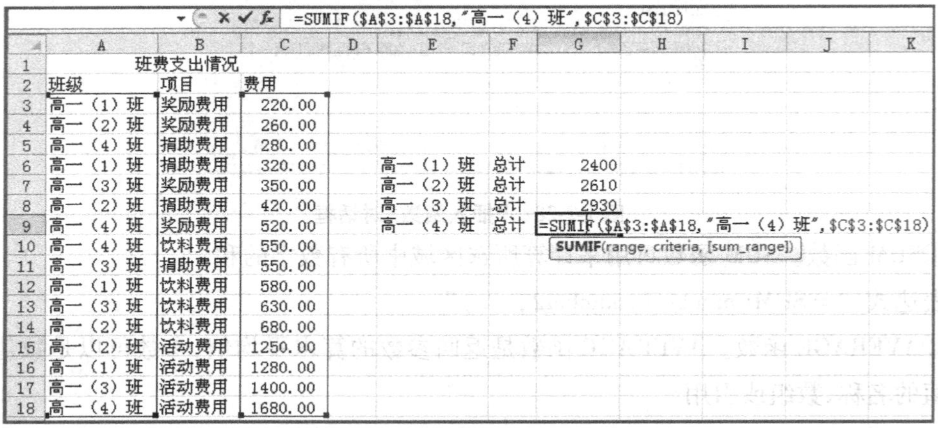

=SUMIF($A$3:$A$18,"高一（4）班",$C$3:$C$18)

	A	B	C	D	E	F	G
1		班费支出情况					
2	班级	项目	费用				
3	高一（1）班	奖励费用	220.00				
4	高一（2）班	奖励费用	260.00				
5	高一（4）班	捐助费用	280.00				
6	高一（1）班	捐助费用	320.00		高一（1）班	总计	2400
7	高一（3）班	奖励费用	350.00		高一（2）班	总计	2610
8	高一（2）班	捐助费用	420.00		高一（3）班	总计	2930
9	高一（4）班	奖励费用	520.00		高一（4）班	总计	=SUMIF($A$3:$A$18,"高一（4）班",$C$3:$C$18)
10	高一（4）班	饮料费用	550.00				
11	高一（3）班	捐助费用	550.00				
12	高一（1）班	饮料费用	580.00				
13	高一（3）班	饮料费用	630.00				
14	高一（2）班	饮料费用	680.00				
15	高一（2）班	活动费用	1250.00				
16	高一（1）班	活动费用	1280.00				
17	高一（3）班	活动费用	1400.00				
18	高一（4）班	活动费用	1680.00				

SUMIF(range, criteria, [sum_range])

图 1-2-30　SUMIF 函数的运用

⑧COUNTIF 函数。COUNTIF 函数可用来计算某个区域中满足给定条件的单元格的数目。

表达式："=COUNTIF(range,criteria)"

range：要计算其中非空单元格数目的区域。

criteria：以数字、表达式或文本形式定义的条件。

如图 1-2-31 所示，一本分数线为 548 分，统计上线人数。

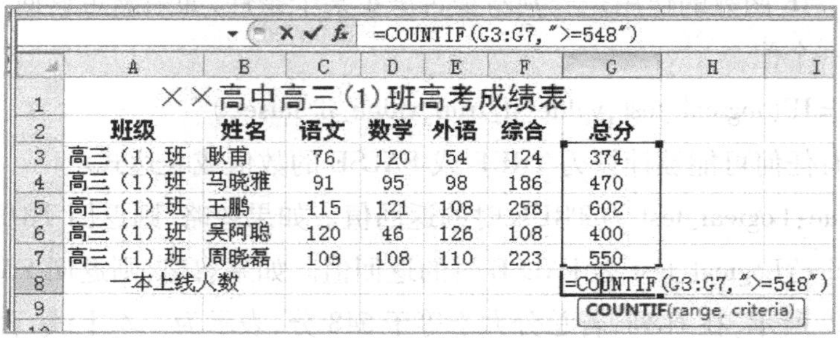

=COUNTIF(G3:G7,">=548")

	A	B	C	D	E	F	G
1	××高中高三(1)班高考成绩表						
2	班级	姓名	语文	数学	外语	综合	总分
3	高三（1）班	耿甫	76	120	54	124	374
4	高三（1）班	马晓雅	91	95	98	186	470
5	高三（1）班	王鹏	115	121	108	258	602
6	高三（1）班	吴阿聪	120	46	126	108	400
7	高三（1）班	周晓磊	109	108	110	223	550
8	一本上线人数						=COUNTIF(G3:G7,">=548")

COUNTIF(range, criteria)

图 1-2-31　COUNTIF 函数的运用

⑨RANK 函数。RANK 函数的作用是返回某一数字在一列数字中相对于其他数值的大小排名。

表达式："=RANK(number,ref,order)"

number：要查找排名的数字。

ref：一组数或对一个数据列表的引用。非数字值将被忽略。

order：在列表中排名的数字。如果是 0 或忽略，降序；非 0 值，升序。

⑩MID 函数。MID 函数的作用是从文本字符串中指定的起始位置起返回指定长度的字符。

表达式："=MID(text,start_num,num_chars)"

text：准备从中提取字符串的文本字符串。

start_num：准备提取的第一个字符的位置。

num_chars：指定所要提取的字符串长度。

如图 1-2-32 所示，A 列考生号中第 10 个数字代表的是班级，"1"代表 1 班，"2"代表 2 班，……，"5"代表 5 班，在 B 列中表现出来。

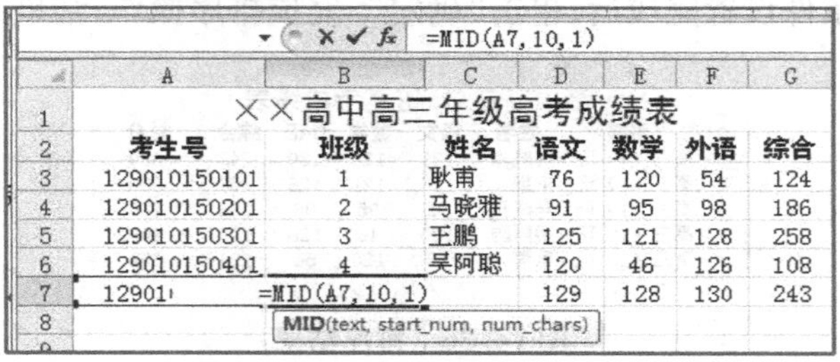

	A	B	C	D	E	F	G
1	××高中高三年级高考成绩表						
2	考生号	班级	姓名	语文	数学	外语	综合
3	129010150101	1	耿甫	76	120	54	124
4	129010150201	2	马晓雅	91	95	98	186
5	129010150301	3	王鹏	125	121	128	258
6	129010150401	4	吴阿聪	120	46	126	108
7	12901	=MID(A7,10,1)		129	128	130	243

图 1-2-32　MID 函数的运用

1.2.4　数据处理与分析

数据处理是 Excel 最重要的功能之一，主要是对数据进行排序、筛选、分类汇总、合并计算以及创建图表等。

1）数据排序

数据排序是指对指定区域中的数据按一定的顺序进行排列，便于浏览信息。

以"××高中高三(1)班高考成绩表"为例，要求以总分为主要关键字，外语为次要关键字进行降序排列。

①选定内容。将表中进行排序的所有数据选中，如图 1-2-33 所示。

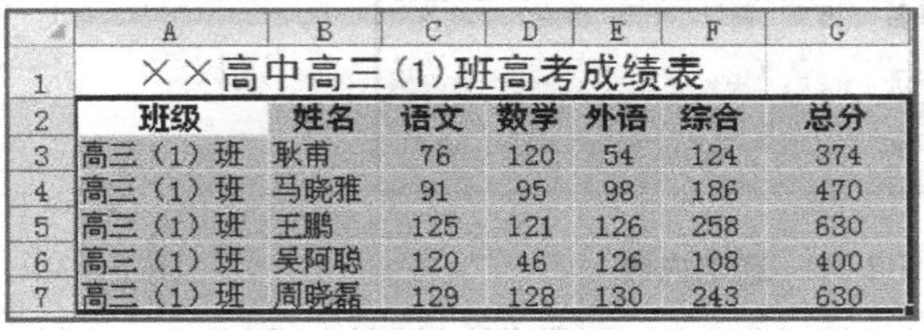

	A	B	C	D	E	F	G
1	××高中高三(1)班高考成绩表						
2	班级	姓名	语文	数学	外语	综合	总分
3	高三（1）班	耿甫	76	120	54	124	374
4	高三（1）班	马晓雅	91	95	98	186	470
5	高三（1）班	王鹏	125	121	126	258	630
6	高三（1）班	吴阿聪	120	46	126	108	400
7	高三（1）班	周晓磊	129	128	130	243	630

图 1-2-33　选定数据

②选择排序功能。单击"数据"→"排序和筛选"→"排序"，如图 1-2-34 所示。

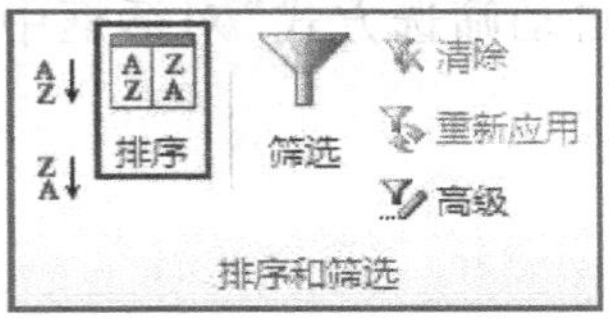

图 1-2-34　"排序"功能

③设定条件。在“排序”对话框中，主要关键字选择“总分”，次序为“降序”；单击“添加条件”后，次要关键字选择“外语”，次序为“降序”，如图 1-2-35 所示。

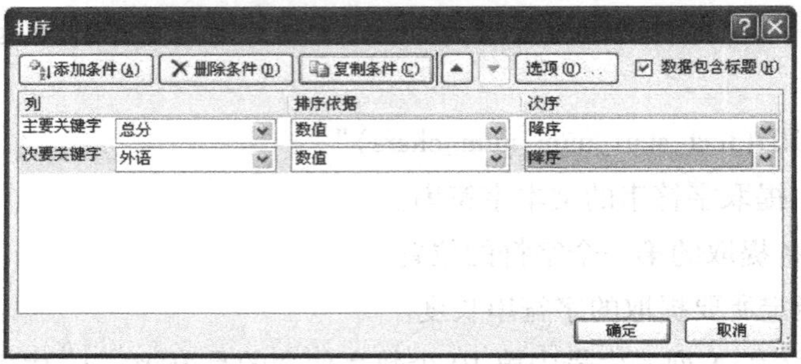

图 1-2-35　设定排序条件

④排序完成。条件设置完成后，单击“确定”，完成排序操作，结果如图 1-2-36 所示。

	A	B	C	D	E	F	G
1	××高中高三(1)班高考成绩表						
2	班级	姓名	语文	数学	外语	综合	总分
3	高三（1）班	周晓磊	129	128	130	243	630
4	高三（1）班	王鹏	125	121	126	258	630
5	高三（1）班	马晓雅	91	95	98	186	470
6	高三（1）班	吴阿聪	120	46	126	108	400
7	高三（1）班	耿甫	76	120	54	124	374

图 1-2-36　排序结果

2）数据筛选

数据筛选是指在工作表中仅显示符合条件的数据，将不符合条件的数据隐藏起来。数据筛选功能有自动筛选和高级筛选两种。

（1）自动筛选

自动筛选一般用于简单的条件筛选。

以“××高中高三(1)班高考成绩表”为例，要求筛选出语文、数学和外语成绩大于等于 120 分且综合成绩大于等于 240 分的数据。

①选定内容。将表中需要进行筛选的所有数据选中，如图 1-2-37 所示。

②筛选功能。单击“数据”→“排序和筛选”→“筛选”，如图 1-2-38 所示。

	A	B	C	D	E	F	G
1	××高中高三(1)班高考成绩表						
2	班级	姓名	语文	数学	外语	综合	总分
3	高三（1）班	耿甫	76	120	54	124	374
4	高三（1）班	马晓雅	91	95	98	186	470
5	高三（1）班	王鹏	125	121	126	258	630
6	高三（1）班	吴阿聪	120	46	126	108	400
7	高三（1）班	周晓磊	129	128	130	243	630

图 1-2-37　选定内容

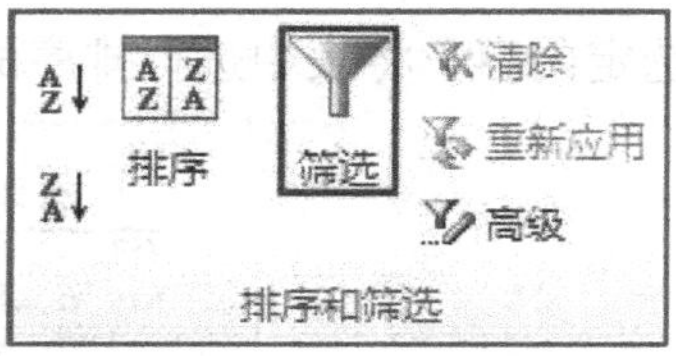

图 1-2-38　筛选功能

③设定条件。单击“筛选”按钮后，数据区域的标题项出现下拉按钮。单击要求进行筛选的标题的下拉按钮，选择“数字筛选”→“大于或等于”，如“综合”科目的成绩，如图 1-2-39所示。在弹出的“自定义自动筛选方式”对话框中输入“240”，单击“确定”，如图 1-2-40所示。

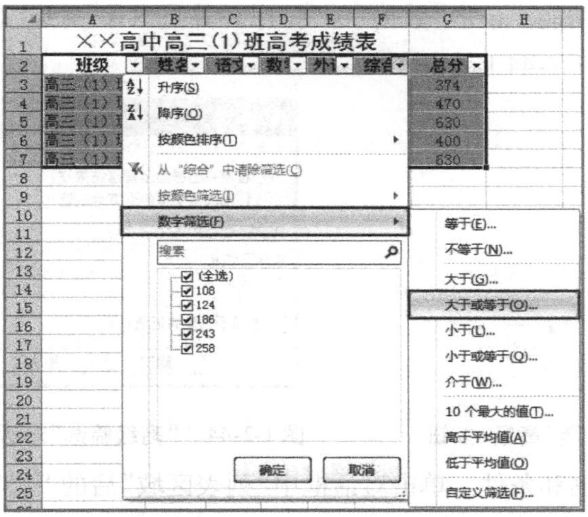

图 1-2-39　"综合"项下拉列表

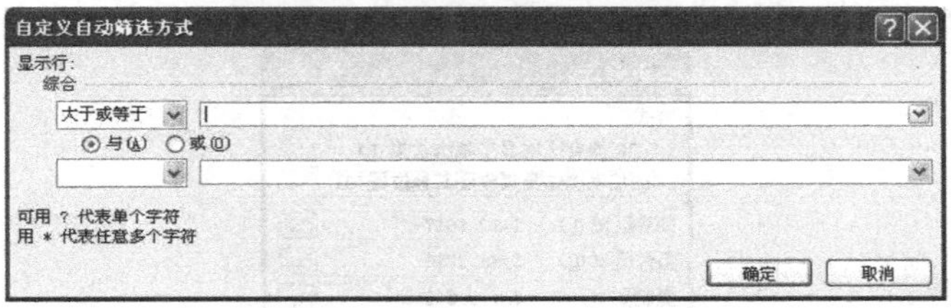

图 1-2-40　"自定义自动筛选方式"对话框

④筛选完成。按上述方法依次操作"语文""数学""外语""综合",完成筛选操作,结果如图 1-2-41 所示。

	A	B	C	D	E	F	G
1	××高中高三(1)班高考成绩表						
2	班级	姓名	语文	数学	外语	综合	总分
5	高三（1）班	王鹏	125	121	126	258	630
7	高三（1）班	周晓磊	129	128	130	243	630

图 1-2-41　筛选结果

(2)高级筛选

可以自行设置条件对工作表的数据进行筛选,适用于条件比较复杂的情况。高级筛选结果的显示方式分为两种:在原有的区域内显示结果和将筛选结果复制到其他位置。

以"××高中高三(1)班高考成绩表"为例,要求筛选出高考成绩中出现不及格情况的考生。

①条件区域设置。在表中空白区域输入筛选条件,要求同时具备的条件输入在同一行,否则,在不同行输入,如图 1-2-42 所示。

	A	B	C	D	E	F	G	H	I	J	K	L	M
1	××高中高三(1)班高考成绩表												
2	班级	姓名	语文	数学	外语	综合	总分			语文	数学	外语	综合
3	高三（1）班	耿甫	76	120	54	124	374			<90			
4	高三（1）班	马晓雅	91	95	98	186	470				<90		
5	高三（1）班	王鹏	125	121	126	258	630					<90	
6	高三（1）班	吴阿聪	120	45	126	108	400						<180
7	高三（1）班	周晓磊	129	128	120	243	630						

图 1-2-42　设置筛选条件

②选择高级筛选功能。单击“数据”→“排序和筛选”→“高级”(图 1-2-43),弹出“高级筛选”对话框,如图 1-2-44 所示。

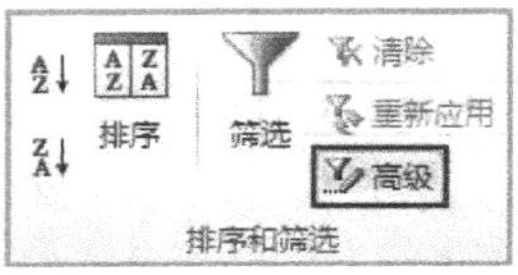

图 1-2-43 筛选“高级”按钮

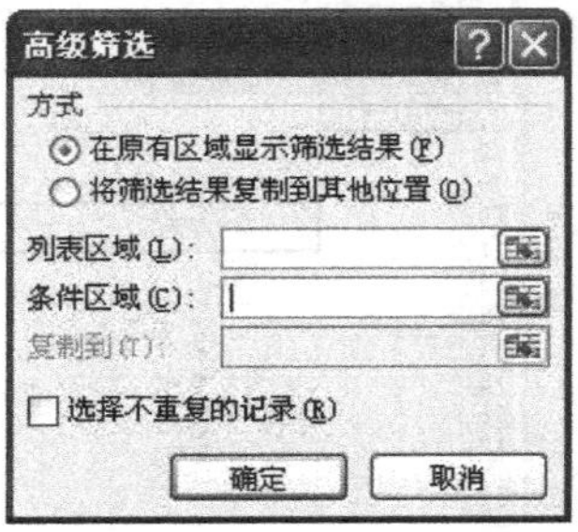

图 1-2-44 “高级筛选”对话框

③选择筛选的数据和条件。单击对话框中“列表区域”后的“▦”,光标选择 A2:G7 区域;单击“条件区域”后的“▦”,光标选择 J2:M6 区域。区域选择则自动填充到对话框中,如图 1-2-45 所示。

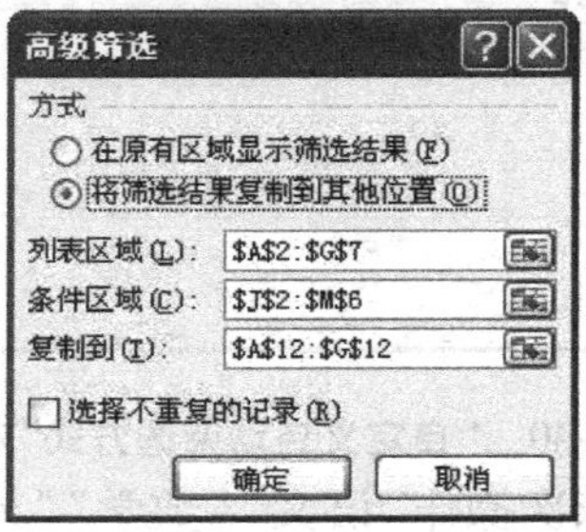

图 1-2-45 选择区域

④显示筛选结果。选择结果显示方式,单击“确定”后,即可得到筛选结果,如图 1-2-46所示。

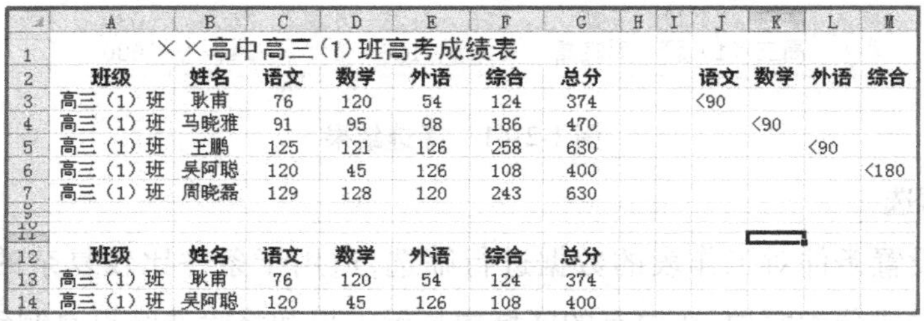

	A	B	C	D	E	F	G	H	I	J	K	L	M
1	××高中高三(1)班高考成绩表												
2	班级	姓名	语文	数学	外语	综合	总分			语文	数学	外语	综合
3	高三(1)班	耿甫	76	120	54	124	374			<90			
4	高三(1)班	马晓雅	91	95	98	186	470				<90		
5	高三(1)班	王鹏	125	121	126	258	630					<90	
6	高三(1)班	吴阿聪	120	45	126	108	400						<180
7	高三(1)班	周晓磊	129	128	120	243	630						
12	班级	姓名	语文	数学	外语	综合	总分						
13	高三(1)班	耿甫	76	120	54	124	374						
14	高三(1)班	吴阿聪	120	45	126	108	400						

图 1-2-46 筛选结果

3)合并计算

使用“××高中高三年级高考成绩表”中的数据,如图 1-2-47 所示,在“各班各科平均成绩表”中进行“平均值”的合并计算。

操作步骤如下:

(1)光标定位

将光标置于“各班各科平均成绩表”中的“J3”单元格,如图 1-2-48 所示。

××高中高三年级高考成绩表

姓名	班级	语文	数学	外语	综合	总分
蔡倩	高三（3）班	88	99	60	198	445
曹军清	高三（3）班	79	30	45	102	256
耿彪	高三（3）班	97	26	55	202	380
耿甫	高三（1）班	81	92	81.5	174	428.5
韩冷	高三（4）班	99	57	48	202	406
菅敏坤	高三（2）班	106	115	96.5	246	563.5
李鹏	高三（2）班	97	148	121.5	242	608.5
柳芳	高三（4）班	100	101	63	186	450
马蕾	高三（2）班	100	90	111	212	513
马晓雅	高三（1）班	91	83	77.5	208	459.5
王建朴	高三（3）班	96	111	92.5	222	521.5
王鹏	高三（1）班	85	121	95.5	218	519.5
吴阿聪	高三（1）班	95	76	54.5	224	449.5
邢鹏远	高三（4）班	71	30	47	90	238
许伟华	高三（4）班	100	35	48	168	351
杨宏敏	高三（3）班	92	99	72	208	471
杨晓焕	高三（2）班	103	107	110.5	210	530.5
张佳	高三（4）班	98	33	27	188	346
张英蕊	高三（2）班	93	126	105	194	518
周晓磊	高三（1）班	109	108	108.5	198	523.5

图 1-2-47　××高中高三年级高考成绩表

(2)选择工具

单击“数据”→“数据工具”→“合并计算”，如图 1-2-49 所示。

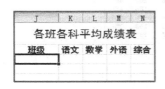

各班各科平均成绩表

班级	语文	数学	外语	综合

图 1-2-48　各班各科平均成绩表

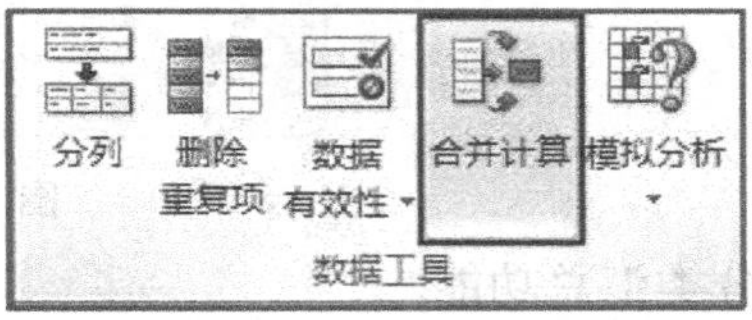

图 1-2-49　“合并计算”按钮

(3)计算设置

在弹出的“合并计算”对话框中：函数选择“平均值”；引用位置浏览需要计算的“班级”“语文”“数学”“外语”“综合”5 列数据并且添加到“所有引用位置”中；标签位置选择“最左列”，如图 1-2-50 所示。

(4)完成

单击“确定”，完成合并计算操作，结果如图 1-2-51 所示。

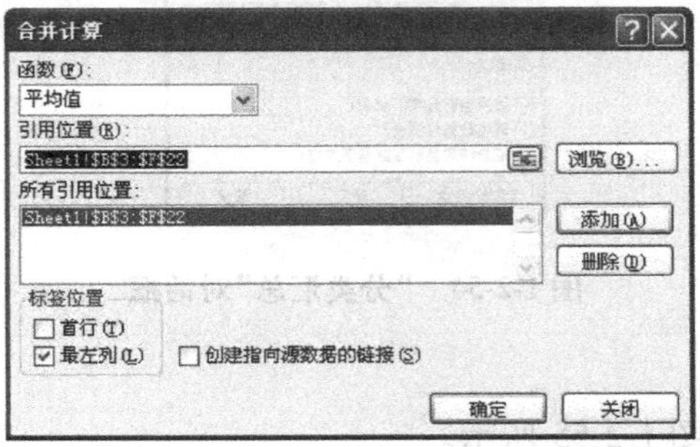

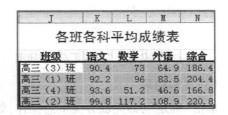

图 1-2-50　“合并计算”对话框

各班各科平均成绩表

班级	语文	数学	外语	综合
高三（3）班	90.4	73	64.9	186.4
高三（1）班	92.2	96	83.5	204.4
高三（4）班	93.6	51.2	46.6	166.8
高三（2）班	99.8	117.2	108.9	220.8

图 1-2-51　“合并计算”结果

4)分类汇总

在 Excel 中，为了使表格的结构更加清晰，可以使用分类汇总的方法把相关数据汇总到一起显示，还可以在对某一类型的数据进行排序的同时进行统计运算等。

使用“××高中高三年级高考成绩表”中的数据，如图 1-2-47 所示，以“班级”为分类字段，将各科成绩进行“平均值”分类汇总，汇总结果显示在数据下方。

操作步骤如下：

（1）排序

选中数据以“分类字段（班级）”为主要关键字进行升序或者降序排列，结果如图1-2-52所示。

	A	B	C	D	E	F	G
1	××高中高三年级高考成绩表						
2	姓名	班级	语文	数学	外语	综合	总分
3	耿甫	高三（1）班	81	92	81.5	174	428.5
4	马晓雅	高三（1）班	91	83	77.5	208	459.5
5	王鹏	高三（1）班	85	121	95.5	218	519.5
6	吴阿聪	高三（1）班	95	76	54.5	224	449.5
7	周晓磊	高三（1）班	109	108	108.5	198	523.5
8	曹敏坤	高三（2）班	106	115	96.5	246	563.5
9	李鹏	高三（2）班	97	148	121.5	242	608.5
10	马蕾	高三（2）班	100	90	111	212	513
11	杨晓焕	高三（2）班	103	107	110.5	210	530.5
12	张英蕊	高三（2）班	93	126	105	194	518
13	蔡倩	高三（3）班	88	99	60	198	445
14	曹军清	高三（3）班	79	30	45	102	256
15	耿彪	高三（3）班	97	26	55	202	380
16	王建朴	高三（3）班	96	111	92.5	222	521.5
17	杨宏敏	高三（3）班	92	99	72	208	471
18	韩冷	高三（4）班	99	57	48	202	406
19	柳芳	高三（4）班	100	101	63	186	450
20	邢鹏远	高三（4）班	71	30	47	90	238
21	许伟华	高三（4）班	100	35	48	168	351
22	张佳	高三（4）班	98	33	27	188	346

图 1-2-52　排序

（2）分类汇总功能

选中数据，单击“数据”→“分级显示”→“分类汇总”，如图 1-2-53 所示。在弹出的对话框中：“分类字段”选择“班级”；“汇总方式”选择“平均值”；“选定汇总项”选择各个科目，如图 1-2-54 所示。还可以选择是否“替换当前分类汇总”“每组数据分页”“汇总结果显示在数据下方”。

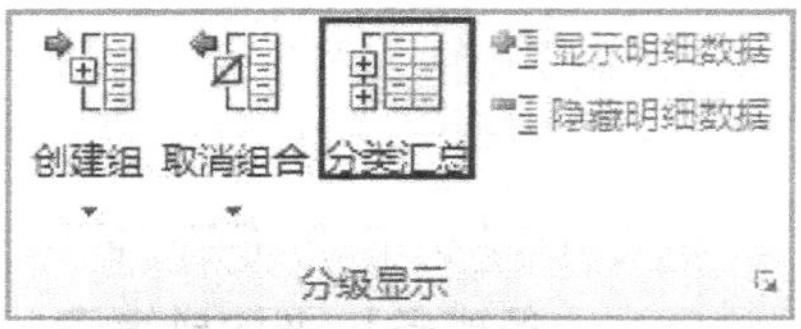

图 1-2-53　“分类汇总”按钮图

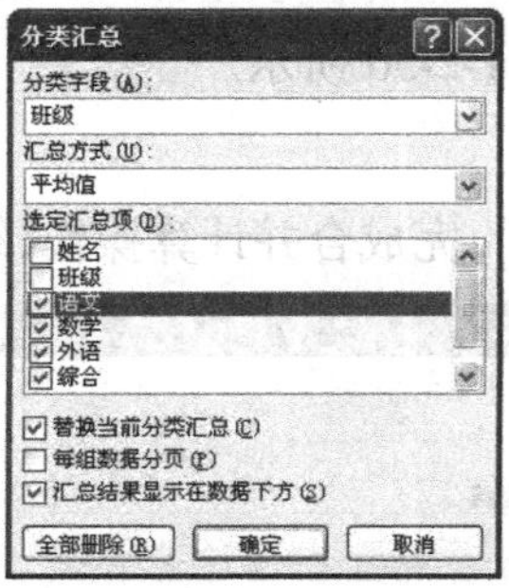

图 1-2-54　“分类汇总”对话框

（3）显示结果

单击“确定”，即完成分类汇总操作，如图 1-2-55 所示。

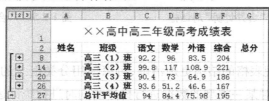

	A	B	C	D	E	F	G
1	××高中高三年级高考成绩表						
2	姓名	班级	语文	数学	外语	综合	总分
8		高三（1）班	92.2	96	83.5	204	
14		高三（2）班	99.8	117	108.9	221	
20		高三（3）班	90.4	73	64.9	186	
26		高三（4）班	93.6	51.2	46.6	167	
27		总计平均值	94	84.4	75.98	195	

图 1-2-55　分类汇总结果

若要删除分类汇总,在图 1-2-54 中单击“全部删除”按钮即可。

切记:分类汇总操作之前一定要以“分类字段”为主要关键字进行排序。

5)数据透视表

对于一张包含了众多数据、数据间关系又比较复杂的工作表,快速地理顺数据间的关系很重要。数据透视表提供了一个简便的方法,可以随时按照不同的需要,依照不同的关系提取和组织数据。

使用“××高中高三年级迟到情况统计表”中的数据,如图 1-2-56 所示,布局以“班级”为分页,以“日期”为行字段,以“姓名”为列字段,以“迟到”为计数项,从 sheet2 工作表的 A1 单元格起建立数据透视表。

××高中高三年级迟到情况统计表

姓名	班级	日期	迟到
蔡倩	高三(3)班	10月10日	1
菅敏坤	高三(2)班	10月11日	1
马蕾	高三(2)班	10月11日	1
杨晓焕	高三(2)班	10月11日	1
曹军清	高三(3)班	10月11日	1
耿彪	高三(3)班	10月11日	1
韩冷	高三(4)班	10月11日	1
李鹏	高三(2)班	10月12日	1
马蕾	高三(2)班	10月12日	1
杨晓焕	高三(2)班	10月12日	1
张英蕊	高三(2)班	10月12日	1
蔡倩	高三(3)班	10月12日	1
韩冷	高三(4)班	10月12日	1
张佳	高三(4)班	10月12日	1
耿甫	高三(1)班	10月13日	1
马晓雅	高三(1)班	10月13日	1
菅敏坤	高三(2)班	10月13日	1
李鹏	高三(2)班	10月13日	1
马蕾	高三(2)班	10月13日	1
张英蕊	高三(2)班	10月13日	1
柳芳	高三(4)班	10月13日	1
张佳	高三(4)班	10月13日	1

图 1-2-56　××高中高三年级迟到情况统计表

(1)选择透视表功能

单击“插入”→“数据透视表”,在弹出的对话框中选择数据并按题目要求选择放置数据透视表的位置,如图 1-2-57 所示。

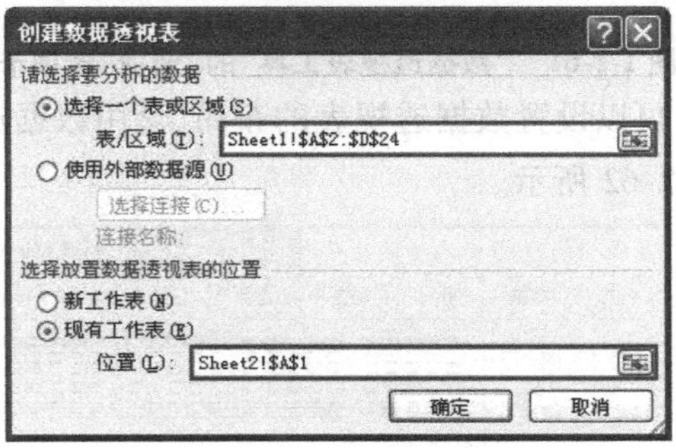

图 1-2-57　“创建数据透视表”对话框

(2)选择透视表字段

单击“确定”,在 sheet2 的 A1 单元格起出现“数据透视表”,并在窗口右边区域出现数据透视表字段列表,按题目要求将各个字段拖到对应的区域内,如图 1-2-58、图 1-2-59 所示。

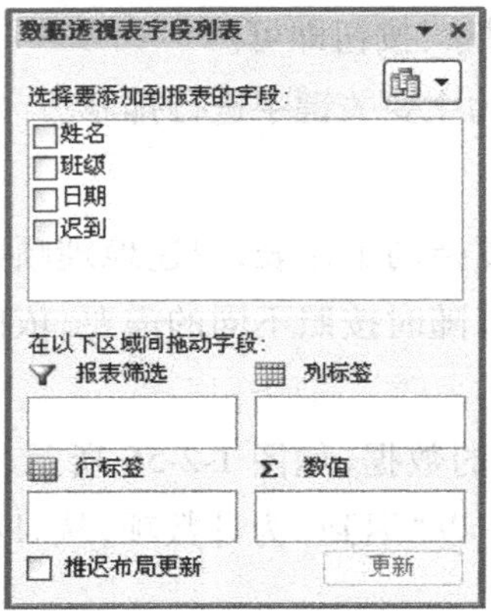

图 1-2-58 数据透视表字段列表

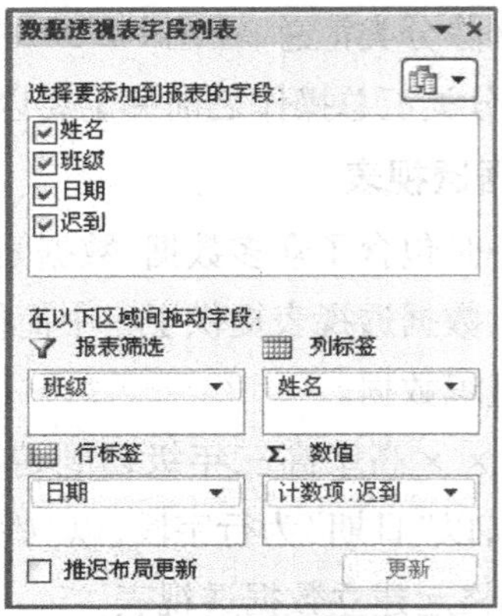

图 1-2-59 已拖动字段的数据透视表字段列表

(3)完成数据透视表

将字段拖到指定区域后，数据透视表完成，如图 1-2-60 所示。

班级 (全部)

计数项:迟到 日期	蔡倩	曹军清	耿彪	耿甫	韩冷	訾敏坤	李鹏	柳芳	马蕾	马晓雅	杨晓焕	张佳	张英蕊	总计
10月10日	1													1
10月11日		1	1		1	1			1		1			6
10月12日	1				1		1		1		1	1	1	7
10月13日				1		1	1	1	1	1		1	1	8
总计	2	1	1	1	2	2	2	1	3	1	2	2	2	22

图 1-2-60 数据透视表

(4)编辑数据透视表格式

单击数据透视表，"数据透视表工具"选项卡自动激活。

在"选项"选项卡中，可以设置数据透视表的名称、活动字段的汇总方式、字段排序、修正数据透视表等，如图 1-2-61 所示。

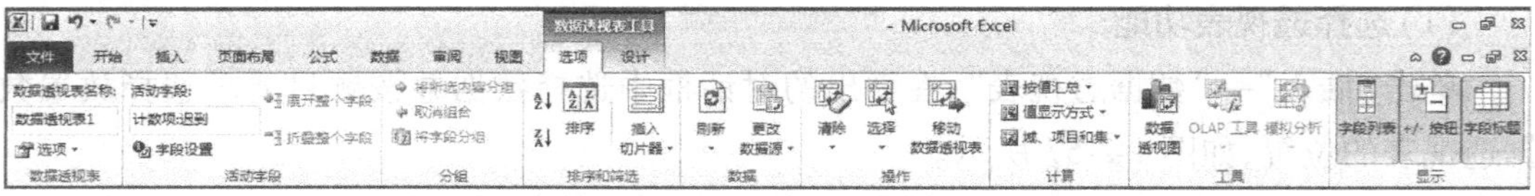

图 1-2-61 "数据透视表工具"的"选项"选项卡

在"设计"选项卡中，可以设置数据透视表的布局、套用数据透视表的样式，也可以自定义数据透视表，如图 1-2-62 所示。

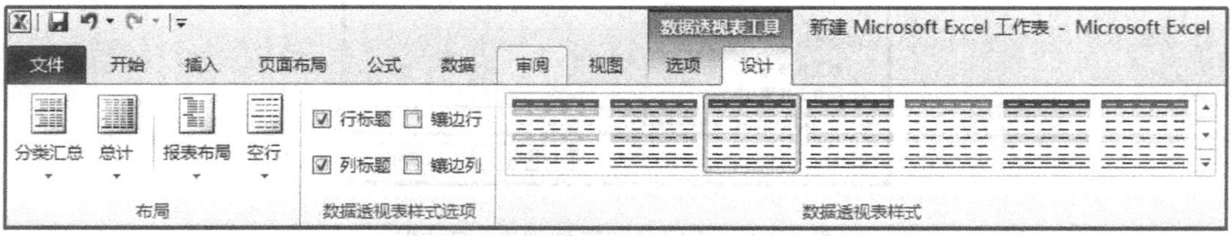

图 1-2-62 "数据透视表工具"的"设计"选项卡

6)插入图表

在 Excel 中，为了更直观地表现工作簿中的数据，可以在表格中创建图表，通过图表可以清楚地了解工作表中数据的大小及变化情况。

以“××高中高三(1)班高考成绩表”为例，使用“姓名”与“语文”“数学”“外语”成绩单元格区域的数据创建一个簇状柱形图。

(1)选择数据源

如图 1-2-63 所示，按【Ctrl】键可选择不连续的区域。

××高中高三(1)班高考成绩表					
姓名	班级	语文	数学	外语	综合
耿甫	高三(1)班	81	92	81.5	174
马晓雅	高三(1)班	91	83	77.5	208
王鹏	高三(1)班	85	121	95.5	218
吴阿聪	高三(1)班	95	76	54.5	224
周晓磊	高三(4)班	98	33	27	188

图 1-2-63 选择数据源

(2)选择图标类型

单击“插入”→“图表”→“柱形图”→“簇状柱形图”，如图 1-2-64 所示。

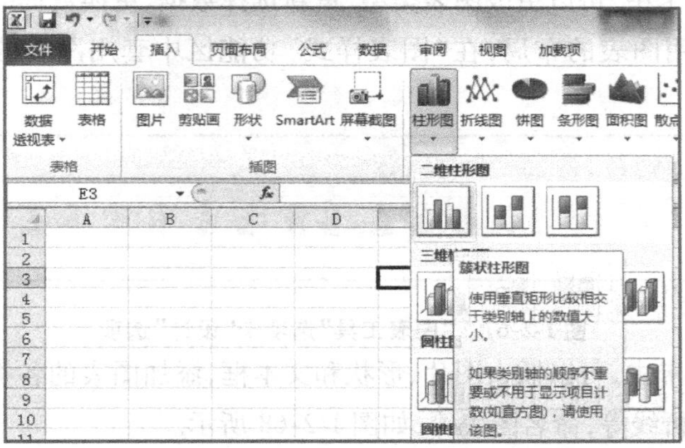

图 1-2-64 “图表”功能区

也可单击“图表”右下角弹出“插入图表”对话框来操作，如图 1-2-65 所示。

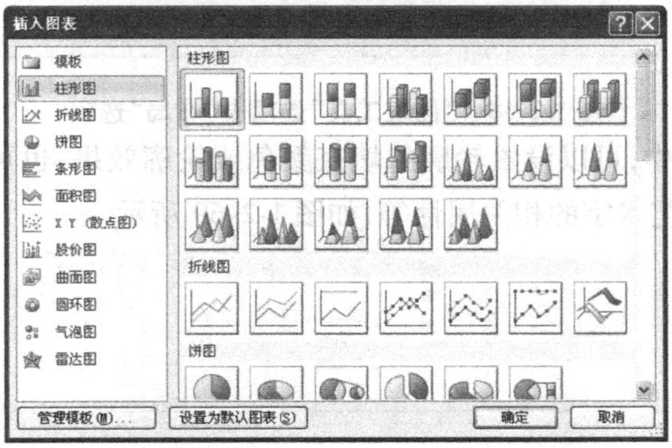

图 1-2-65 “插入图表”对话框

(3)完成图表

单击“确定”，即可得到图表，如图 1-2-66 所示。

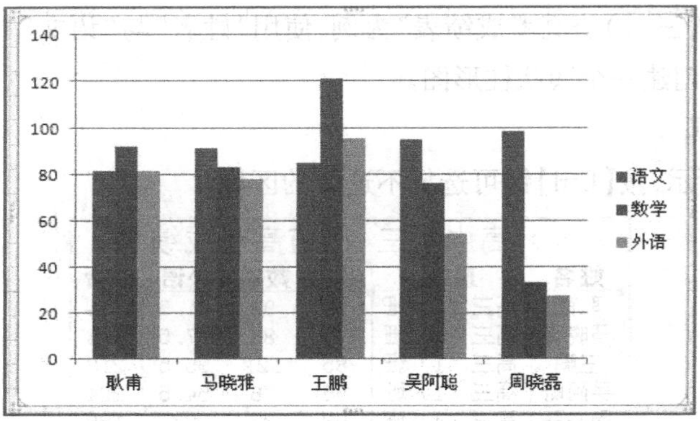

图 1-2-66　簇状柱形图

(4)图表编辑

单击图表区域,自动激活“图表工具”选项卡。

在“设计”选项卡中,可以更改图表类型、重新选择数据、更换数据的行列。或在“图表布局”功能区中套用图表的布局,在“图表样式”功能区中套用图表的样式,如图 1-2-67 所示。

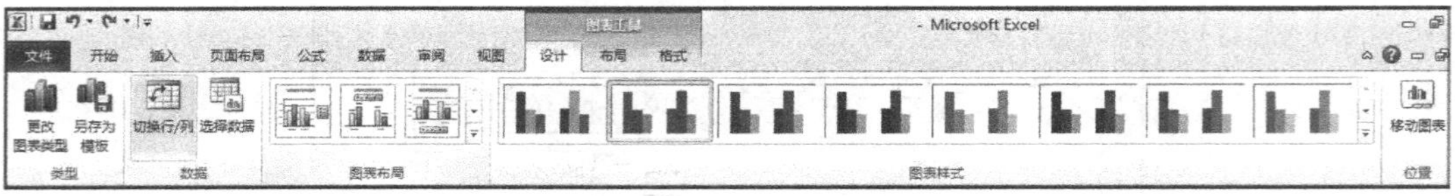

图 1-2-67　“图表工具”选项卡“设计”选项

在“布局”选项卡中,可以插入图片、形状和文本框,添加图表的各类标签及坐标轴,添加图表的背景及分析线等,命名图表等,如图 1-2-68 所示。

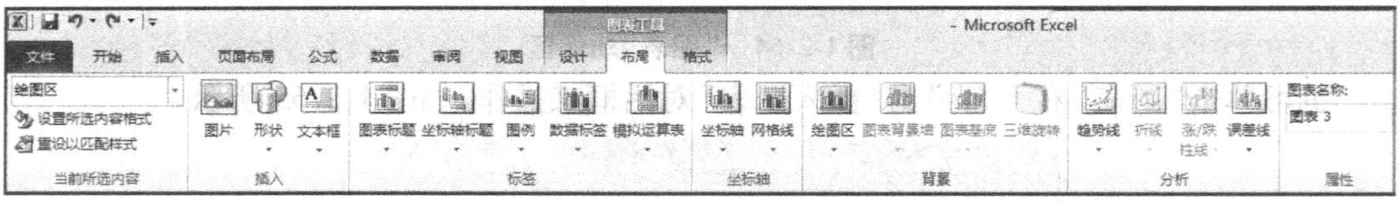

图 1-2-68　“图表工具”选项卡“布局”选项

在“格式”选项卡中,可以设置轮廓的填充颜色或轮廓效果,也可以自动套用样式;可以设置在图表中插入艺术字的相关属性等,如图 1-2-69 所示。

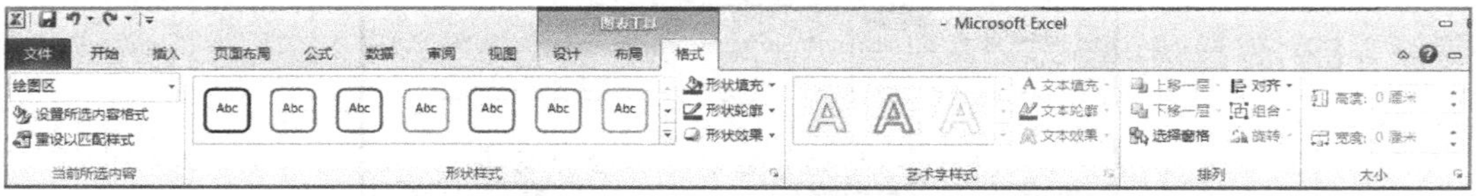

图 1-2-69　“图表工具”选项卡“格式”选项

实训二

1. 单元格格式设置:按如下要求完成,结果如图 1-2-70 所示。

(1)将“8k”所在的行删除;将“120 min”一列的后一列(空列)删除。

噪声的卫生标准						
中心频率	不同接触时间允许的倍频程声压级/dB					
	480min	240min	120min	60min	40min	30min
250	98	102	108	97	120	120
500	92	95	99	87	112	117
1k	86	88	95	86	99	103
2k	83	84	91	88	90	92
3k	82	83	85	86	88	90
4k	82	83	85	87	89	91

图 1-2-70　单元格格式设置

(2)调整"中心频率"所在列的宽度为 13 cm。

(3)将"2k"所在行移动到"3k"所在行的上方。

(4)将单元格区域 B2:H2 合并及居中;设置字体为华文新魏,字号 18,字体颜色为浅绿色;设置浅蓝色底纹。

(5)将单元格 B3 及其下方的一个单元格进行合并;将合并后的单元格的对齐方式设置为水平居中、垂直居中。

(6)将单元格区域 C3:H3 合并居中。

(7)将单元格区域 B3:H10 的对齐方式设置为水平居中;并设置字体为华文细黑,字体颜色为红色,设置橙色底纹。

(8)将单元格区域 B3:H10 的全部边框线设置为黑色粗实线。

2. 公式与基本函数。

(1)在 sheet1 中,根据寝室上月的用电(1.8 角/度)和用水(1.2 元/t),求出每人应交的费用,结果如图 1-2-71 所示。

寝室	用水/吨	用电/度	寝室成员	个人应缴费用/元
110	5.8	212	6	25.1866667
111	12.6	302	5	44.096
112	7.8	197	4	35.83

图 1-2-71　公式运用 1

(2)在 sheet1 中,针对以下方程,利用求根公式编辑公式求出以下表格中各方程的解,结果如图 1-2-72 所示。

二次项a	一次项b	常用项c	解1	解2
1	2	1	-1	-1
2	3	1	-0.5	-1
2	3	-1	0.280776	-1.7807764
1	2	-1	0.414214	-2.4142136
1	4	1	-0.26795	-3.7320508
12	12	0	0	-1

图 1-2-72　公式运用 2

(3)在 sheet1 中,按要求计算"应发合计""扣住房公积金""扣医疗保险""扣养老保险""实发合计",结果如图 1-2-73 所示。

(4)使用 sheet2"蔬菜价格日报表"中的数据,计算"最大值""最小值""平均值",结果放在相应的单元格中,如图 1-2-74 所示。

应发合计	扣住房公积金	扣医疗保险	扣养老保险	实发合计
6400	768	192	320	5120
6100	732	183	305	4880
6700	804	201	335	5360
2300	276	69	115	1840
2600	312	78	130	2080
4275	513	128.25	213.75	3420
6900	828	207	345	5520
4475	537	134.25	223.75	3580
4775	573	143.25	238.75	3820
2500	300	75	125	2000
6800	816	204	340	5440
4075	489	122.25	203.75	3260
4075	489	122.25	203.75	3260

图 1-2-73　公式运用 3

蔬菜价格日报表						
批发市场	大葱	大蒜	黄瓜	青椒	生姜	土豆
城东批发市	3.50	4.78	2.52	6.12	9.88	5.62
城南批发市	3.80	4.56	2.58	5.98	9.98	5.88
城西批发市	3.40	4.68	2.68	6.00	9.90	5.90
城北批发市	3.75	4.52	2.60	6.20	9.85	5.78
龙昌批发市	3.78	4.50	2.62	6.15	9.70	5.65
星光批发市	3.48	4.58	2.48	6.25	9.78	5.70
中州批发市	3.56	4.70	4.43	6.05	9.95	5.80
最大值	3.80	4.78	4.43	6.25	9.98	5.90
最小值	3.40	4.50	2.48	5.98	9.70	5.62
平均值	3.61	4.62	2.84	6.11	9.86	5.76

图 1-2-74　基本函数的运用

3. 常用函数的运用。

(1)使用 sheet1 中的数据,利用 IF 函数计算出温度较高的城市,结果如图 1-2-75 所示。

温度情况表			
日期	杭州平均气温	上海平均气温	温度较高的城市
1	20	18	杭州
2	18	19	上海
3	19	17	杭州
4	21	18	杭州
5	19	20	上海
6	22	21	杭州
7	19	18	杭州
8	20	19	杭州
9	21	20	杭州
10	18	19	上海
11	21	20	杭州
12	22	20	杭州
13	23	22	杭州
14	24	25	上海
15	25	21	杭州

图 1-2-75　温度情况表

(2)使用 sheet2 中的数据,利用 IF 函数计算各个项目的单价及折扣率,并利用 SUMIF 函数计算总采购量及总采购金额,结果如图 1-2-76 所示。

采购表					
项目	采购数量	采购时间	单价	折扣	合计
衣服	20	2008-1-12	120	0%	2,400.00
裤子	45	2008-1-12	80	0%	3,600.00
鞋子	70	2008-1-12	150	0%	10,500.00
衣服	125	2008-2-5	120	6%	14,100.00
裤子	185	2008-2-5	80	6%	13,912.00
鞋子	260	2008-3-14	150	8%	35,880.00
衣服	385	2008-4-30	120	10%	41,580.00
裤子	350	2008-4-30	80	10%	25,200.00
鞋子	315	2008-4-30	150	10%	42,525.00
衣服	25	2008-5-15	120	0%	3,000.00
裤子	120	2008-5-15	80	6%	9,024.00
鞋子	340	2008-5-15	150	10%	45,900.00
衣服	265	2008-6-24	120	8%	29,256.00
裤子	125	2008-6-24	80	6%	9,400.00
鞋子	100	2008-6-24	150	6%	14,100.00
衣服	320	2008-7-10	120	10%	34,560.00
裤子	400	2008-7-10	80	10%	28,800.00
鞋子	125	2008-7-10	150	6%	17,625.00

折扣表		
数量	折扣率	说明
0	0%	0-99件的折扣率
100	6%	100-199件的折扣率
200	8%	200-299件的折扣率
300	10%	300件的折扣率

价格表	
类别	单价
衣服	120
裤子	80
鞋子	150

统计表		
统计类别	总采购量	总采购金额
衣服	1140	124896
裤子	1225	89936
鞋子	1210	166530

图 1-2-76　采购表

(3)使用 sheet3 中的数据计算轮差,利用 IF 函数计算出合格率,并使用 COUNT 和 COUNTIF 函数求出统计表中对应的数据,结果如图 1-2-77 所示。

零件检测结果表					
零件编号	外轮直径(mm)	内轮直径(mm)	轮差(mm)	检测结果	制作人员
A001	225	225	0	合格	张云
A002	226	225	1		张云
A003	215	215	0	合格	赵俊峰
A004	218	214	4		赵俊峰
A005	229	228	1		张云
A006	221	219	2		张云
A007	225	221	4		庄奕
A008	226	224	2		庄奕
A009	221	221	0	合格	张云
A010	228	228	0	合格	张云

统计表	
情况	结果
统计轮差为0的零件个数:	4
统计零件的合格率:	0.40

图 1-2-77 零件检测结果表

(4)使用 sheet4 中的数据,利用 MID 函数计算各员工的出生年月,结果如图 1-2-78 所示。

员工资料表				
姓 名	身份证号码	性别	出生日期	职务
王一	330675196706154485	男	19670615	高级工程师
张二	330675196708154432	女	19670815	中级工程师
林三	330675195302215412	男	19530221	高级工程师
胡四	330675198603301836	女	19860330	助理工程师
吴五	330675195308032859	男	19530803	高级工程师
章六	330675195905128755	女	19590512	高级工程师
陆七	330675197211045896	女	19721104	中级工程师
苏八	330675198807015258	男	19880701	工程师
韩九	330675197304178789	女	19730417	助理工程师
徐一	330675195410032235	女	19541003	高级工程师

图 1-2-78 员工资料表

(5)使用 sheet5 中的数据,以总分为依据,使用 RANK 函数计算各个同学成绩的排名,并判断是否为优等生,结果如图 1-2-79 所示。

考试成绩单								
学号	姓名	语文	数学	英语	总分	平均	排名	优等生
20041001	毛莉	75	85	80	240	80.00	6	
20041002	杨青	68	75	64	207	69.00	12	
20041003	陈小鹰	58	69	75	202	67.33	14	
20041004	陆东兵	94	90	91	275	91.67	1	优等生
20041005	闻亚东	84	87	88	259	86.33	3	优等生
20041006	曹吉武	72	68	85	225	75.00	10	
20041007	彭晓玲	85	71	76	232	77.33	9	
20041008	傅珊珊	88	80	75	243	81.00	5	
20041009	钟争秀	78	80	76	234	78.00	8	
20041010	周旻璐	94	87	82	263	87.67	2	优等生
20041011	柴安琪	60	67	71	198	66.00	16	
20041012	吕秀杰	81	83	87	251	83.67	4	优等生
20041013	陈华	71	84	67	222	74.00	11	
20041014	姚小玮	68	54	70	192	64.00	17	
20041015	刘晓瑞	75	85	80	240	80.00	6	
20041016	肖凌云	68	75	64	207	69.00	12	
20041017	徐小君	58	69	75	202	67.33	14	

图 1-2-79 考试成绩单

4. 排序与筛选。

(1)使用 sheet1 中的数据,以“总分”为主要关键字,“英语”为次要关键字进行降序排序,结果如图 1-2-80 所示。

考试成绩单						
学号	姓名	语文	数学	英语	总分	平均
20041004	陆东兵	94	90	91	275	91.67
20041010	周旻璐	94	87	82	263	87.67
20041005	闻亚东	84	87	88	259	86.33
20041012	吕秀杰	81	83	87	251	83.67
20041008	傅珊珊	88	80	75	243	81.00
20041001	毛莉	75	85	80	240	80.00
20041015	刘晓瑞	75	85	80	240	80.00
20041009	钟争秀	78	80	76	234	78.00
20041007	彭晓玲	85	71	76	232	77.33
20041006	曹吉武	72	68	85	225	75.00
20041013	陈华	71	84	67	222	74.00
20041002	杨青	68	75	64	207	69.00
20041016	肖凌云	68	75	64	207	69.00
20041003	陈小鹰	58	69	75	202	67.33
20041017	徐小君	58	69	75	202	67.33
20041011	柴安琪	60	67	71	198	66.00
20041014	姚小玮	68	54	70	192	64.00

图 1-2-80 排序

(2)使用 sheet2 中的数据,筛选出各科分数均大于等于 80 的记录,结果如图 1-2-81 所示。

考试成绩单						
学号	姓名	语文	数学	英语	总分	平均
20041004	陆东兵	94	90	91	275	91.67
20041005	闻亚东	84	87	88	259	86.33
20041010	周旻璐	94	87	82	263	87.67
20041012	吕秀杰	81	83	87	251	83.67

图 1-2-81 自动筛选

(3)使用 sheet3 中的数据,筛选出各科分数中有一科大于等于 80 的记录,并将筛选结果复制到源数据的下方,结果如图 1-2-82 所示。

学号	姓名	语文	数学	英语	总分
20041001	毛莉	75	85	80	240
20041004	陆东兵	94	90	91	275
20041005	闻亚东	84	87	88	259
20041006	曹吉武	72	68	85	225
20041007	彭晓玲	85	71	76	232
20041008	傅珊珊	88	80	75	243
20041009	钟争秀	78	80	76	234
20041010	周旻璐	94	87	82	263
20041012	吕秀杰	81	83	87	251
20041013	陈华	71	84	67	222
20041015	刘晓瑞	75	85	80	240

图 1-2-82 高级筛选

5. 数据处理。

(1)合并计算:使用 sheet1 工作表“2013 年度中原市主要企业利润统计表”和“2014 年度中原市主要企业利润统计表”中的相关数据,在“中原市主要企业平均利润统计表”中进行“平均值”合并计算,结果如图 1-2-83 所示。

中原市主要企业平均利润统计表(万元)	
企业名称	平均纯利润
张庄锅炉厂	2604
亚东制药有限公司	6640
新方洗衣粉厂	5790.5
欣欣服饰有限公司	5405
为民车辆厂	4452
天华食品有限公司	1391
天都水泵厂	1644
利民鞋业有限公司	4069
利华酒业公司	6966
金宝食品有限公司	2340
红太阳超市	4009
红都方便面厂	6931.5

图 1-2-83 合并计算

(2)分类汇总:使用 sheet2 工作表中的数据,以“位置”为分类字段,将“纯利润”进行“最大值”分类汇总,结果如 1-2-84 所示。

2014 年度中原市主要企业利润统计表（万元）		
企业名称	位置	纯利润
	桥东区 最大值	6830
	新华区 最大值	5230
	站北区 最大值	7321
	站南区 最大值	4864
	总计最大值	7321

图 1-2-84　分类汇总

(3)数据透视表:使用“数据源“工作表中的数据,布局以“年度”为分页,以“企业名称”为行字段,以“位置”为列字段,以“纯利润”为平均值项,从 sheet3 工作表的 A1 单元格起建立数据透视表,结果如图 1-2-85 所示。

年度	(全部)				
求和项:纯利润	位置				
企业名称	桥东区	新华区	站北区	站南区	总计
红都方便面厂			13863		13863
红太阳超市	8018				8018
金宝食品有限公司		4680			4680
利华酒业公司			13932		13932
利民鞋业有限公司		8138			8138
天都水泵厂				3288	3288
天华食品有限公司	2782				2782
为民车辆厂				8904	8904
欣欣服饰有限公司		10810			10810
新方洗衣粉厂			11581		11581
亚东制药有限公司	13280				13280
张庄锅炉厂				5208	5208
总计	24080	23628	39376	17400	104484

图 1-2-85　数据透视表

6. 插入图表。

(1)使用 sheet1 工作表“全国主要城市上半年平均气温统计表”中的数据,创建一个簇状柱形图,结果如图 1-2-86 所示。

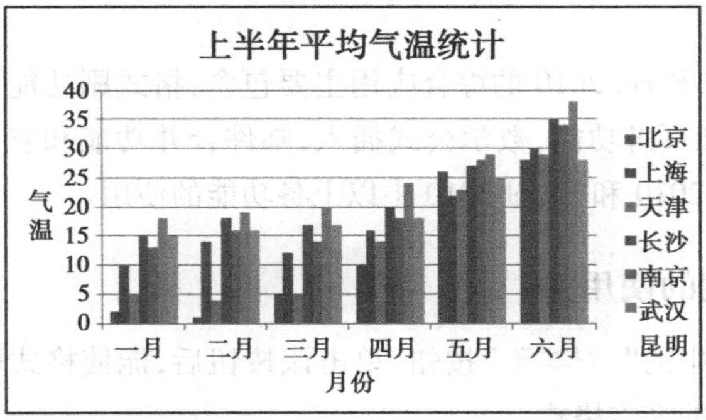

图 1-2-86　图表 1

(2)使用 sheet2 工作表“在非洲占有的土地、人口”中的数据,利用“国家”和“占非洲土地的百分比”两列中的数据创建一个分离性饼图,结果如图 1-2-87 所示。

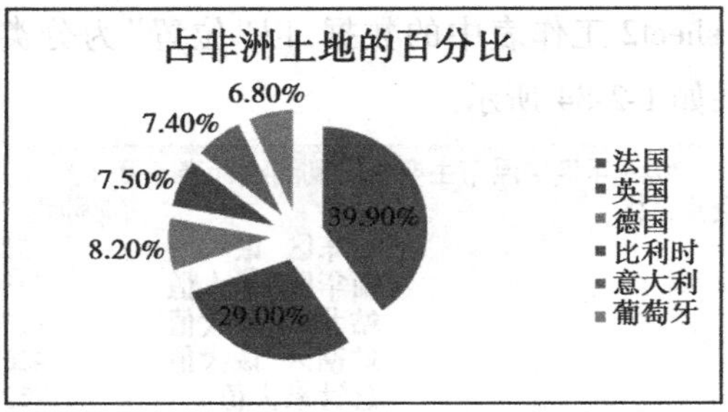

图 1-2-87 图表 2

1.3 Word 和 Excel 的综合应用

知识目标:

- ➢ 掌握在 Word 和 Excel 软件中常用的编辑功能。

能力目标:

- ➢ 掌握格式刷的使用方法及技巧;
- ➢ 掌握查找功能和替换功能的运用;
- ➢ 掌握选择性粘贴的运用;
- ➢ 掌握页眉页脚的编辑;
- ➢ 掌握公式编辑器的插入;
- ➢ 掌握邮件合并功能的运用;
- ➢ 掌握宏的运用。

Word 2010 和 MS Excel 2010 的综合应用主要包含:格式刷功能,查找和替换功能,选择性粘贴功能,页眉和页脚功能,数学公式插入,邮件合并功能和宏的运用等。本章将从实例入手,介绍 Word 2010 和 Excel 2010 中以上各功能的使用。

1.3.1 格式刷的使用

格式刷是指软件中的"格式刷"按钮,单击该按钮后,能使格式刷所到之处的文本内容转换为光标所在处的文本格式。

对于图形,格式刷能很好地与图形对象(如自选图形)结合使用。不过,只要将图片的环绕样式设置为"嵌入型"之外的任何样式,就可复制图片格式(如图片的边框)。

格式刷无法复制艺术字文本上的字体和字号。

1) Word 2010 中的应用

①选中已经设置好格式的文本框,单击"开始"→"剪贴板"→"格式刷",如图 1-3-1 所示。

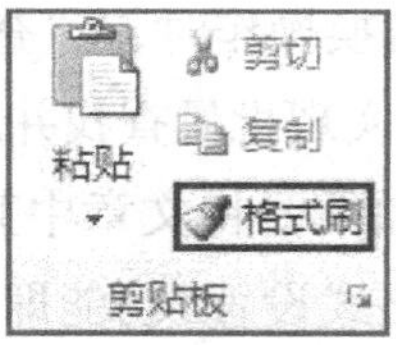

图 1-3-1　“开始”选项卡“剪切板”功能区

单击“格式刷”一次，文本格式只能被复制一次；双击“格式刷”，文本格式可以被复制多次。

②将光标移动至待刷新的文本区域，光标成“”形状。按左键拖动需要设置格式的文本，则格式刷刷过的文本格式即被刷新。

③完成格式的复制后，再次单击“格式刷”释放格式刷。

2) Excel 2010 中的应用

在 Excel 2010，使用“格式刷”功能可以将工作表中选定区域的格式快速复制到其他区域。

①将格式复制到连续的目标区域。选中带有格式的单元格区域，单击“开始”→“剪贴板”→“格式刷”，如图 1-3-1 所示。当光标成“”状时，按左键并拖动鼠标选择目标区域，松开鼠标后，格式将被复制到目标区域。

注意：选中的目标区域和原始区域的大小必须相同。

②将格式复制到不连续的目标区域。选中含有格式的单元格区域，双击“格式刷”按钮。当光标成“”形状时，分别单击并拖动鼠标选择不连续的目标区域。完成复制后，按键盘上的【Esc】键或再次单击“格式刷”按钮即可释放格式刷。

1.3.2　查找和替换

在编辑文件时，往往要进行文字的批量修改，这时可使用“查找”或“替换”命令进行操作。单击“开始”→“编辑”→“查找”或“替换”，在出现的“查找和替换”对话框中完成相应的操作即可。

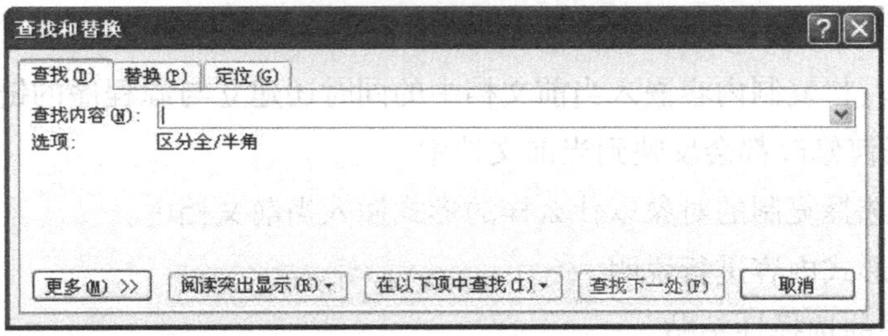

图 1-3-2　查找和替换对话框 1

查找和替换操作，是很多办公人员在编辑文本中不善于使用的一种操作。若能灵活使用该操作，往往会起到事半功倍的效果。

①提高录入速度。在录入过程中，若要多次录入某一较长内容，可先用一缩写代替进行录入，然后进行查找和替换操作，用完整的内容替换缩写。

②批量删除文字或符号。进行替换操作时,在“查找”文本框中输入要删除的内容,在“替换为”文本框中保留空白,就可以实现批量查找并删除指定内容。

③快速设置指定文字的格式。如果要将文章中某些固定文字设为指定的格式,不用一一修改,利用查找和替换操作的“格式设置”功能即可实现。操作时,“查找”框与“替换为”框输入一样的内容,但是后者要进行格式的设置。

1.3.3 选择性粘贴

(1)Word 中的选择性粘贴

如果直接把网页中的内容复制、粘贴到文档中,常会造成一段时间的系统卡顿或假死。产生这种现象的原因是粘贴过来的内容除文本外,还有表格、边框、字体、段落设置以及网络格式等信息,容量较大,而这些数据一般用处不大,完全可以删去。因此在复制了网页内容之后,在粘贴到 Word 文档中时,不要直接使用“粘贴”命令,而是打开“剪贴板”功能区,选择“选择性粘贴”命令,在弹出的对话框中选中“无格式文本”,然后单击“确定”,如图 1-3-3 所示。

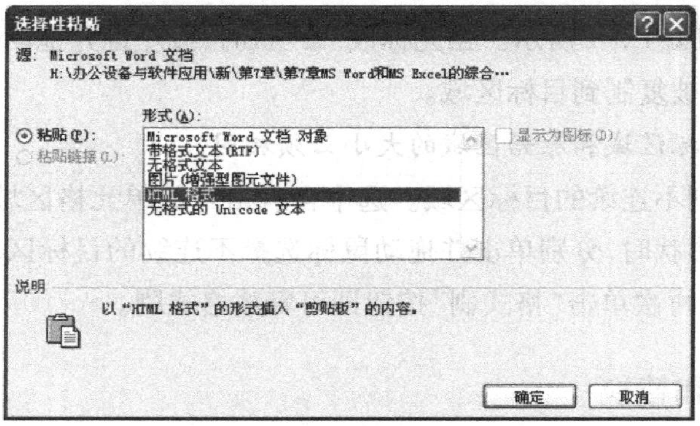

图 1-3-3 网页“选择性粘贴”对话框

在弹出的“选择性粘贴”对话框中:

“源”:标明了复制内容来源的程序和磁盘上的位置或者显示为“未知”。

“粘贴”:将复制内容嵌入当前文档中之后立即断开与源程序的联系。

“粘贴链接”:将复制内容嵌入当前文档中的同时还建立与源程序的链接,源程序关于这部分内容的任何修改都会反映到当前文档中。

“形式”:将选择复制的对象以什么样的形式插入当前文档中。

“说明”:对形式内容进行说明。

(2)Excel 中的选择性粘贴

选择性粘贴是 Excel 强大的功能之一。Excel 选择性粘贴的对话框如图 1-3-4 所示,可以把它划成四个区域,即粘贴方式区域、运算方式区域、特殊处理设置区域、按钮区域。其中,粘贴方式、运算方式、特殊处理设置相互之间可以同时使用,如“粘贴”选择“公式”、“运算”选择“加”、特殊设置区域内选择“跳过空单元格”和“转置”,确定后,所有选择的项目都会粘贴上。

操作方法:选中需要复制的单元格,单击“开始”→“剪贴板”→“粘贴”→下拉箭头—“选择性粘贴”,在对话框中选择相对应的选项,单击“确定”即可,如图1-3-4所示。

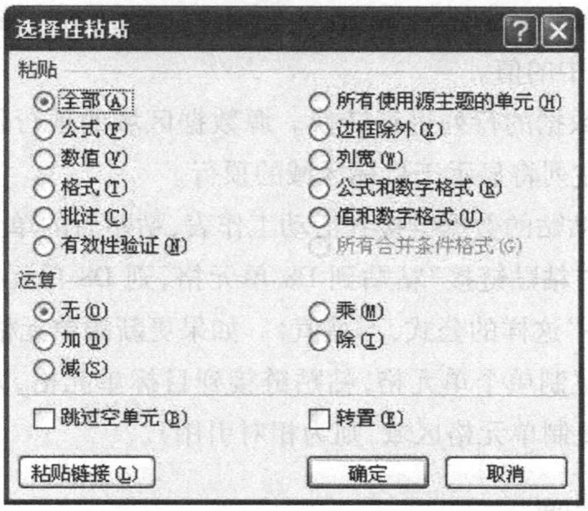

图1-3-4　表格“选择性粘贴”对话框

①“粘贴”方式区域各项功能介绍。

“全部”:包括内容和格式等,其效果等于直接粘贴。

“公式”:只粘贴数据和公式,不粘贴数据格式、边框、注释、内容校验等(当复制公式时,单元格引用将根据所使用的引用类型而变化。如要使单元格引用保证不变,可使用绝对引用)。

“数值”:只粘贴文本,单元格的内容是计算公式的话只粘贴计算结果,这两项不改变目标单元格的格式。

“格式”:仅粘贴源单元格数据的格式,不改变目标单元格的数据内容(相当于格式刷)。

“批注”:把源区域的批注内容复制过来,不改变目标区域的内容和格式。

“有效性验证”:将复制的数据有效性规则粘贴到粘贴区域,只粘贴有效性验证内容,其他保持不变。

“除边框外的所有内容和格式”:粘贴除边框外的所有内容和格式,保持目标区域和源区域相同的内容和格式。

“列宽”:将某个列宽或列的区域粘贴到另一个列或列的区域,使目标单元格和源单元格拥有同样的列宽,不改变内容和格式。

“公式和数字格式”:仅从源区域中粘贴公式和所有数字格式。

“值和数字格式”:仅从源区域中粘贴值和所有数字格式。

②“运算”方式区域各项功能介绍。

“无”:对源区域,不参与运算,按所选择的粘贴方式粘贴。

“加”:把源区域内的值与新区域相加,得到相加后的结果。

“减”:把源区域内的值与新区域相减,得到相减后的结果。

“乘”:把源区域内的值与新区域相乘,得到相乘后的结果。

“除”:把源区域内的值与新区域相除,得到相除后的结果(此时如果源区域是0,那么结果就会显示#DIV/0! 错误)。

“跳过空白单元格”:当复制的源数据区域中有空单元格时,粘贴时,空单元格不会替换粘贴区域对应单元格中的值。

“转置”:将被复制数据的行列进行转换。源数据区域的顶行将位于目标区域的最左列,而源数据区域的最左列将显示于目标区域的顶行。

“粘贴链接”:将被粘贴的数据链接到活动工作表,粘贴后的单元格将显示公式。如将A1 单元格复制后,通过“粘贴链接”粘贴到 D8 单元格,则 D8 单元格的公式为“ = $A $1”(插入的是“ = 源单元格”这样的公式,不是值)。如果更新源单元格的值,目标单元格的内容也会同时更新(如果复制单个单元格,粘贴链接到目标单元格,则目标单元格公式中的引用为绝对引用,如果复制单元格区域,则为相对引用)。

1.3.4 页眉和页脚

页眉和页脚位于文档或表格中每个页面的顶部和底部区域,可以在页眉和页脚中插入一些信息,如文档标题、公司标志、日期或作者名称等。

1)在 Word 中设置页眉和页脚

①单击“插入”→“页眉和页脚”→“页眉”或“页脚”,如图 1-3-5 所示。

②在弹出的下拉列表中的“空白”“边线型”等区域输入或设置相应的信息,如图1-3-6所示。

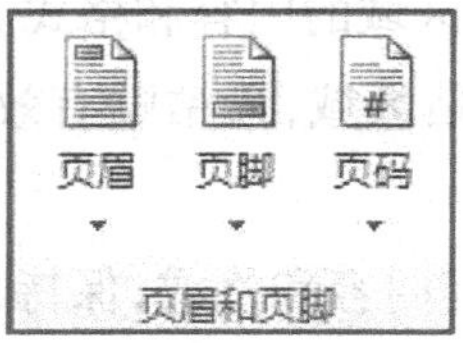

图 1-3-5 Word“页眉和页脚”功能区

图 1-3-6 Word 页眉(或页脚)下拉列表

③单击图 1-3-6 中的“编辑页眉”,直接返回文档页面进行编辑页眉。此时“页眉和页脚”选项卡“设计”选项被激活,如图 1-3-7 所示。

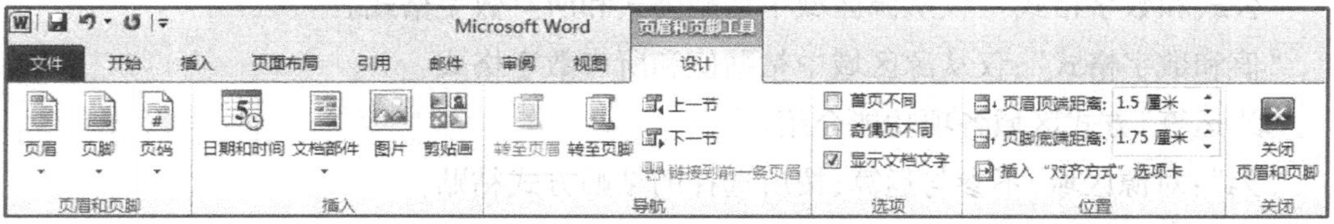

图 1-3-7 Word“页眉和页脚”选项卡“设计”选项及其功能区

“页眉和页脚”功能区:可切换设置“页眉”“页脚”“页码”。

“插入”功能区：可选择在页眉页脚中插入日期和时间、文档部件、图片和剪切画等。

“导航”功能区：可随意移动到每一页的页眉或页脚位置进行编辑。

“选项”功能区：可设置页眉页脚首页不同或者奇偶页不同。

“位置”功能区：可精确设置页眉页脚在页面中的位置以及对齐方式。

“关闭”功能区：关闭“页眉和页脚”选项卡“设计”选项，结束设置。

④如果要插入页码，可在“插入”选项卡的“页眉和页脚”功能区中单击“页码”，弹出下拉列表(图 1-3-8)，设置页码在文档中出现的位置。也可单击“设置页码格式”弹出“页码格式”对话框来设置相应的格式，如图 1-3-9 所示。

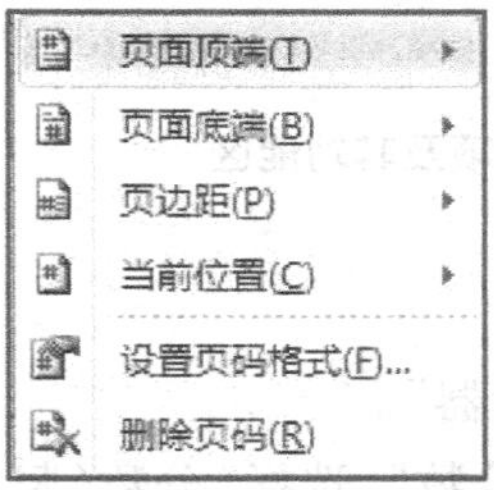

图 1-3-8　Word“页码”按钮下拉列表

图 1-3-9　Word“页码格式”对话框

⑤双面打印时的页码设置。双击页脚或页面位置，激活“页眉和页脚”工具，选择“选项”功能中的“奇偶页不同”。光标定位奇数页插入页码的位置，单击“页眉和页脚”功能中的“页码”，选择页面插入的方式(如右侧)；光标定位偶数页插入页码的位置，单击“页眉和页脚”功能中的“页码”，选择页面插入的方式(如左侧)。

2)在 Excel 中设置页眉和页脚

①单击“插入”→“文本”→“页眉和页脚”，如图 1-3-10 所示。

②单击“页眉和页脚”后，窗口直接切换到页眉或页脚的编辑状态(图 1-3-11)，可直接输入页眉或页脚的信息。此时，“页眉和页脚”选项卡“设计”选项被激活，其中各按钮的功能与 Word 相同。

图 1-3-10　Excel“文本”功能区“页眉和页脚”按钮

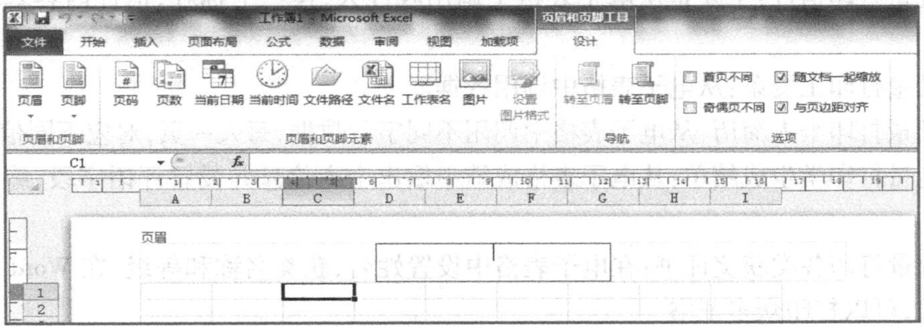

图 1-3-11　Excel“页眉和页脚”编辑状态

③如要插入页码，单击“页眉和页脚元素”→“页码”即可。

④页眉和页脚编辑完成后，单击表格中的其他区域后，释放“页眉和页脚”编辑状态，继续单击“视图”→“工作簿视图”→“普通”即可恢复 Excel 的普通编辑状态。

1.3.5 公式编辑器

启动公式编辑器的方法很简单，单击“插入”→“符号”→“公式”即可。单击后，即在文本编辑处出现“公式”编辑框并激活“公式工具”选项卡的“设计”功能，如图 1-3-12 所示。

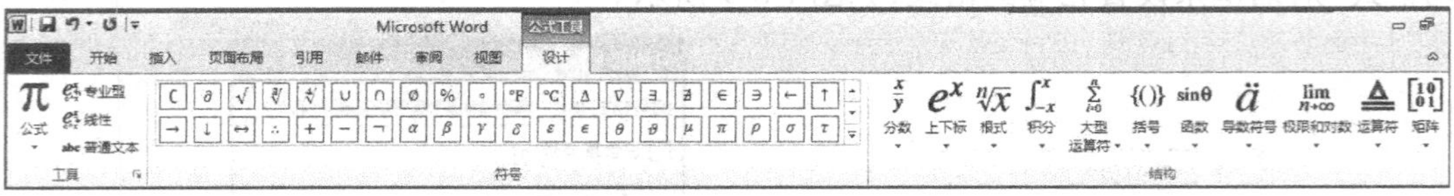

图 1-3-12 “公式工具”选项卡的“设计”选项及其功能区

以输入 $x=\dfrac{-b\pm\sqrt{b^2-4ac}}{2a}$ 为例介绍公式输入的步骤：

①将光标移动到要插入公式的位置并启动“公式编辑器”。

②在公式编辑框中首先输入“x =”，单击“结构”→“分数”，选择“分数(竖式)”格式。

③在分子中输入“ - b”，插入符号“ ± ”，单击“结构”→“根式”，选择“平方根”格式。

④将光标定位在根式符号内，单击“结构”→“上下标”，选择“上标”格式。在上标框架中相对应的地方输入“b”和“2”，然后在上标输入的区域外单击鼠标，输入“ - 4ac”。

⑤最后在分母中输入“2a”。

1.3.6 邮件合并

邮件合并是指在 Office 中，先建立两个文档：一个 Word 文件是所有文件共有内容的主文档(比如未填写内容的信封等)和一个包括变化信息的数据源 Excel 文件(填写的收件人、发件人、邮编等)，然后使用邮件合并功能在主文档中插入变化的信息。合成后的文件用户可以保存为 Word 文档，或打印出来，或以邮件形式发出去。邮件合并主要应用于：

①批量打印信封：按统一的格式，将电子表格中的邮编、收件人地址和收件人打印出来。

②批量打印信件：主要是从电子表格中调用收件人，换一下称呼，信件内容基本固定不变。

③批量打印工资条：从电子表格中调用数据。

④批量打印个人简历：从电子表格中调用不同字段数据，每人一页，对应不同信息。

⑤批量打印学生成绩单：从电子表格成绩中取出个人信息并设置评语字段，编写不同评语。

⑥批量打印各类获奖证书：在电子表格中设置姓名、获奖名称和等级，在 Word 中设置打印格式，可以打印众多证书。

例：选择“信函”文档类型，使用《××高中成绩单》文档(图 1-3-13)，以《××高中高三年级高考成绩表》(图 1-2-47)为数据源，进行邮件合并。操作步骤如下：

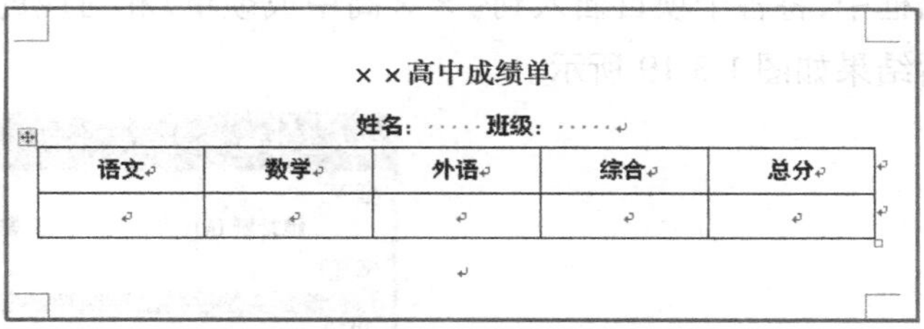

图 1-3-13　× ×高中成绩单

①打开“× ×高中成绩单”文档,单击“邮件”→“开始邮件合并”,选择“信函”文档类型,如图 1-3-14 所示。

②单击“选择收件人”,选择“使用现有列表”,如图 1-3-15 所示。在弹出的“选取数据源”对话框中浏览找到《× ×高中高三年级高考成绩表》,如图 1-3-16 所示。

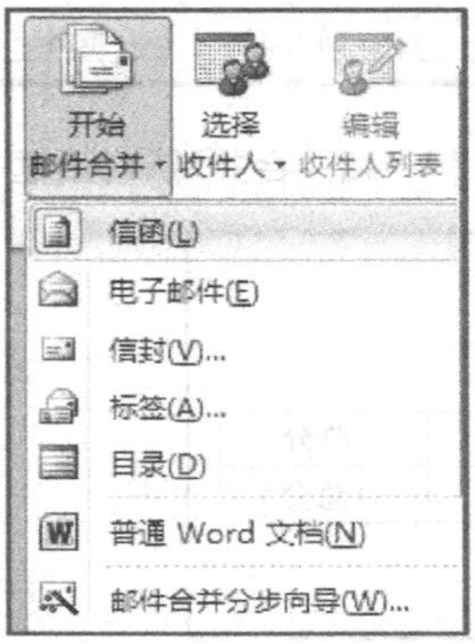

图 1-3-14　选取数据源对话框　　图 1-3-15　选取收件人

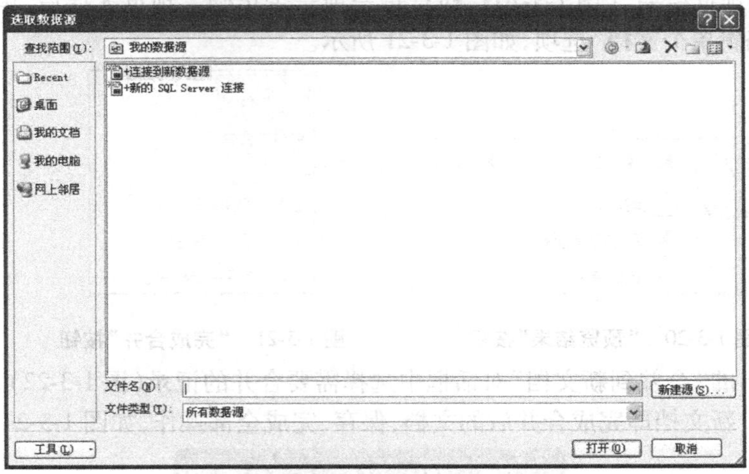

图 1-3-16　选取数据源对话框

③将光标定位在“姓名”的空格处,单击“编写和插入域”→“插入合并域”,如图 1-3-17 所示。

在弹出的对话框中，将各个项目插入到《××高中成绩单》相对应的位置，如图 1-3-18 所示。逐项插入后结果如图 1-3-19 所示。

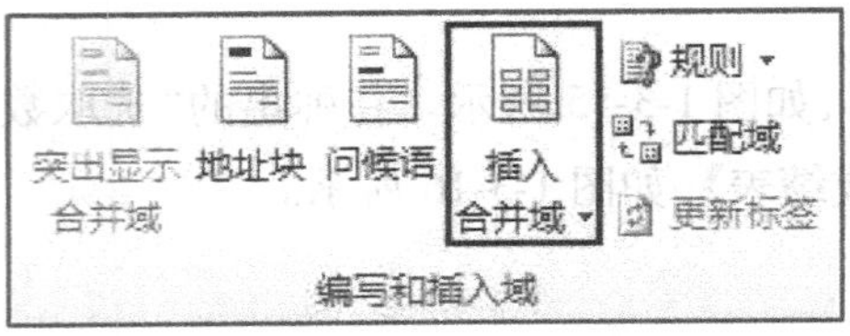

图 1-3-17　**插入合并域**

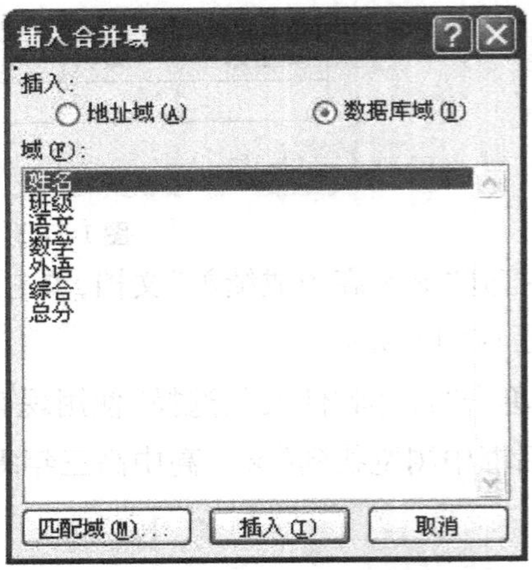

图 1-3-18　**“插入合并域”对话框**

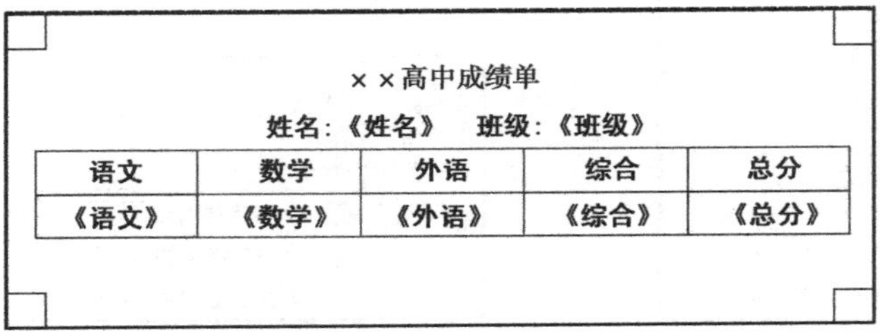

××高中成绩单

姓名：《姓名》　班级：《班级》

语文	数学	外语	综合	总分
《语文》	《数学》	《外语》	《综合》	《总分》

图 1-3-19　**合并域全部插入到指定位置**

④单击“预览结果”（图 1-3-20），检查每一项是否正确。预览无误后，单击“完成并合并”，选择“编辑单个文档”选项，如图 1-3-21 所示。

图 1-3-20　**“预览结果”按钮**

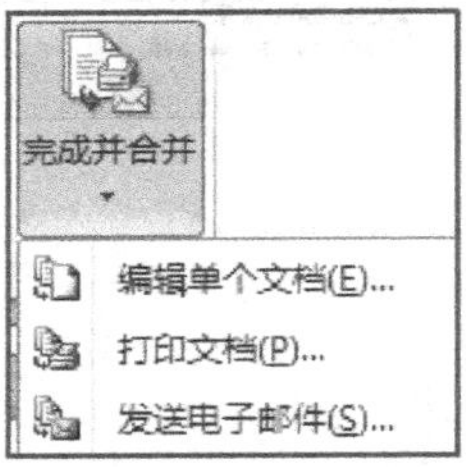

图 1-3-21　**“完成合并”按钮**

⑤在弹出的“合并到新文档”对话框中选择需要合并的记录（图 1-3-22），单击“确定”，弹出新文档。新文档即完成合并后的文档，保存，完成全部操作，如图 1-3-23 所示。

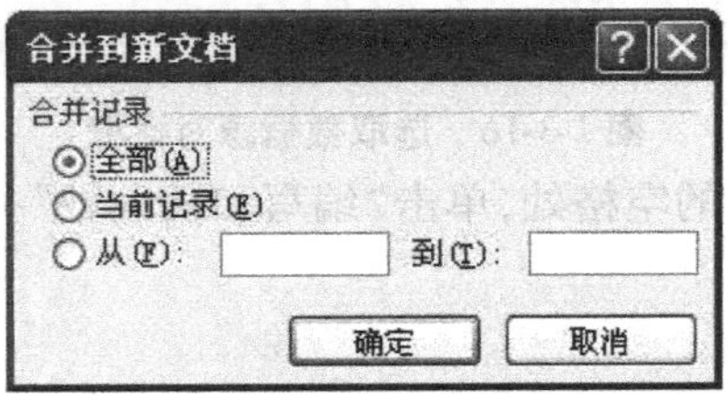

图 1-3-22　**“合并到新文档”对话框**

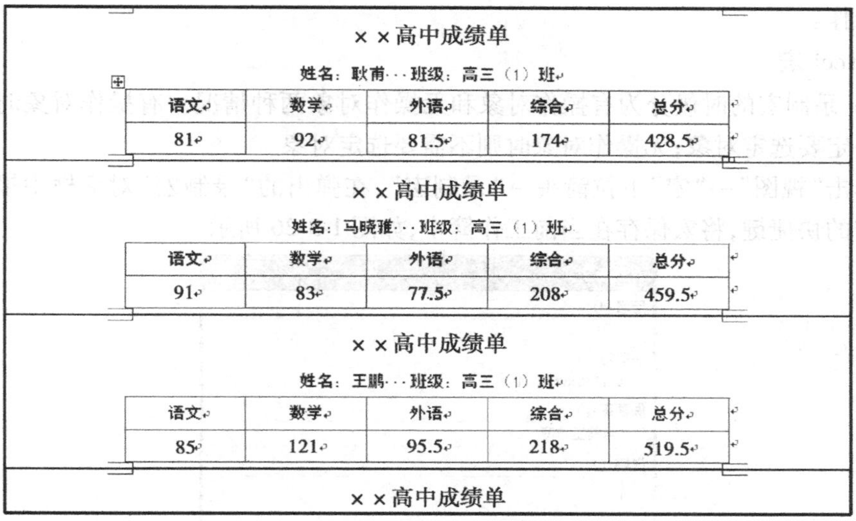

××高中成绩单

姓名：耿甫··班级：高三（1）班

语文	数学	外语	综合	总分
81	92	81.5	174	428.5

××高中成绩单

姓名：马晓雅··班级：高三（1）班

语文	数学	外语	综合	总分
91	83	77.5	208	459.5

××高中成绩单

姓名：王鹏··班级：高三（1）班

语文	数学	外语	综合	总分
85	121	95.5	218	519.5

××高中成绩单

图 1-3-23　信函新文档

1.3.7　宏

宏是一个批处理程序命令，正确地运用它可以提高工作效率。

1) Word 宏

Word 录制宏的时候分为有操作对象和无操作对象两种情况。有操作对象时，在录制宏之前一定要选定对象；无操作对象时则不需要选定对象。

①单击“视图”→“宏”下拉箭头。在弹出的下拉列表中选择“录制宏”，在对话框中输入宏的名称，并将宏保存在当前工作的文档中，如图 1-3-24 所示。

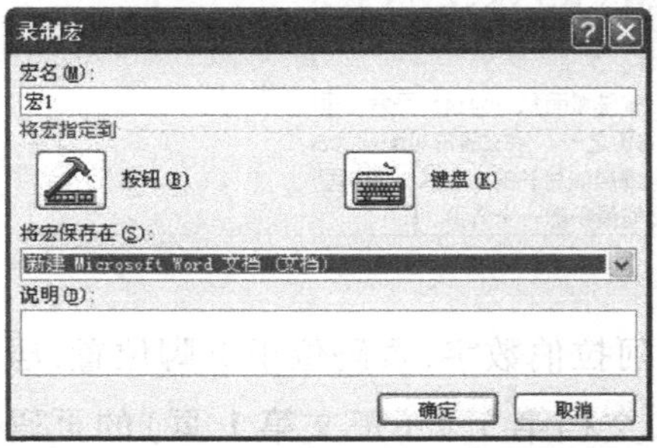

图 1-3-24　Word“录制宏”对话框

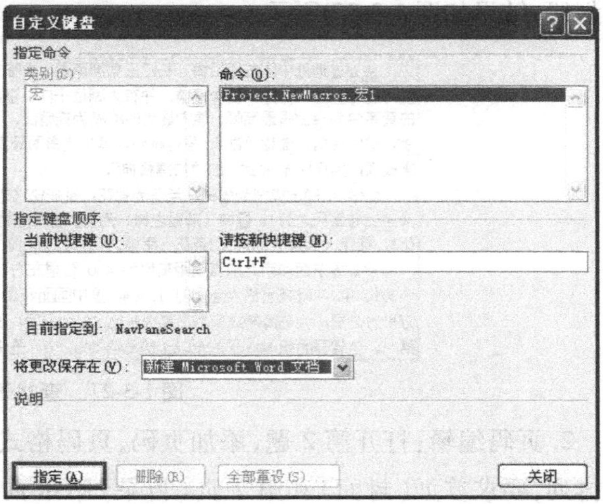

图 1-3-25　Word“自定义键盘”对话框

②单击“确定”后，弹出“自定义键盘”对话框。在该对话框中按“新快捷键”并将更改保存在当前文档中，然后单击“指定”，如图 1-3-25 所示。

③单击“关闭”按钮返回 Word 操作界面，光标成“”状，此时已经开始录制宏。

④继续定义宏功能的其他操作。完成后单击“视图”→“宏”下拉箭头→“停止录制”，

即完成操作。

2) Excel 宏

Excel 录制宏的时候分为有操作对象和无操作对象两种情况。有操作对象时，在录制宏之前一定要选定对象；无操作对象时则不需要选定对象。

①单击“视图”→“宏”下拉箭头→“录制宏”，在弹出的“录制宏”对话框中输入宏名，并按下宏的快捷键，将宏保存在当前工作簿中，如图 1-3-26 所示。

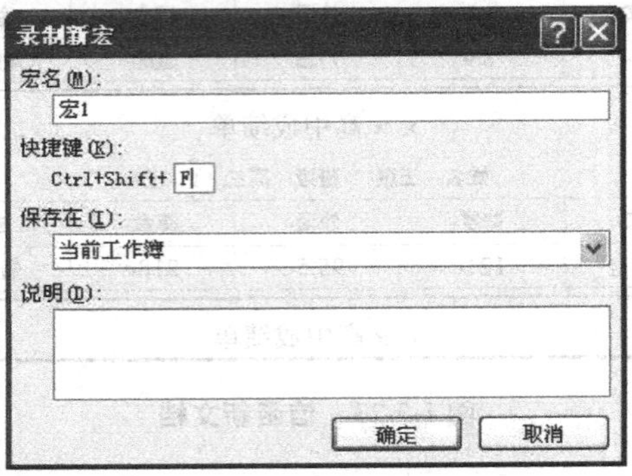

图 1-3-26 Excel“录制新宏”对话框

②单击“确定”，返回 Excel 操作界面，光标成“ ”状。此时已经开始录制宏。

③继续定义宏功能的其他操作。完成后选择“视图”→“宏”下拉箭头→“停止录制”，即完成操作。

实训三

1. 格式修改：将文字中出现的“浙江”一词全部设置成华文仿宋、斜体、加粗、加红色单下划线，结果如图 1-3-27 所示。

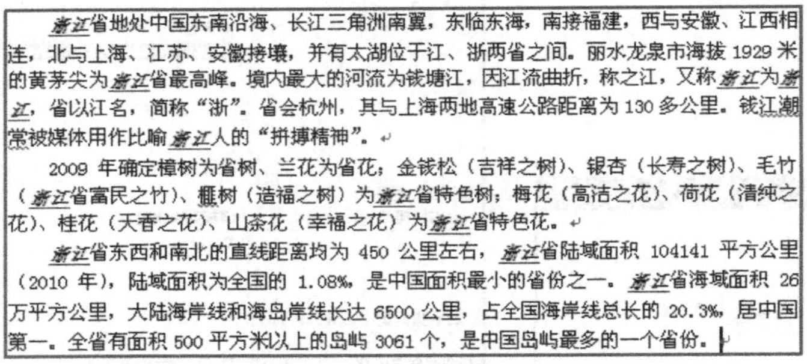

浙江省地处中国东南沿海、长江三角洲南翼，东临东海，南接福建，西与安徽、江西相连，北与上海、江苏、安徽接壤，并有太湖位于江、浙两省之间。丽水龙泉市海拔 1929 米的黄茅尖为浙江省最高峰。境内最大的河流为钱塘江，因江流曲折，称之江，又称浙江为浙江，省以江名，简称“浙”。省会杭州，其与上海两地高速公路距离为 130 多公里。钱江潮常被媒体用作比喻浙江人的“拼搏精神”。

2009 年确定樟树为省树、兰花为省花；金钱松（吉祥之树）、银杏（长寿之树）、毛竹（浙江省富民之竹）、榧树（造福之树）为浙江省特色树；梅花（高洁之花）、荷花（清纯之花）、桂花（天香之花）、山茶花（幸福之花）为浙江省特色花。

浙江省东西和南北的直线距离均为 450 公里左右，浙江省陆域面积 104141 平方公里（2010 年），陆域面积为全国的 1.08%，是中国面积最小的省份之一。浙江省海域面积 26 万平方公里，大陆海岸线和海岛岸线长达 6500 公里，占全国海岸线总长的 20.3%，居中国第一。全省有面积 500 平方米以上的岛屿 3061 个，是中国岛屿最多的一个省份。

图 1-3-27 查找替换

2. 页码编辑：打开第 2 题，添加页码，页码格式为阿拉伯数字，页码位于页脚位置，居中排列，要求首页（封面）和第 2 页（目录）不带页码，文档第 3 页（正文第 1 页）的页码为 1。

3. 公式编辑：按图 1-3-28 所示，在 Word 或 Excel 中插入公式。

4. 邮件合并：打开第 4 题，选择“信函”文档类型，以文件“第 4 题数据”为数据源，进行邮件合并，并保留结果，结果如图 1-3-29 所示。

5. 录制宏：新建 Excel 表格《宏 1》；在该文件中创建一个 A5A 的宏，将宏保存在该表格

$$P_n=MB_{n-1}-MB_n=MB_0\times\frac{R_0/12\times(1+R_0/12)^{n-1}}{(1+R_0/12)^{N-1}}\quad(n=1,2,3\cdots\cdots,\ N)$$

$$A_{1j}=(-1)^{1+j}\begin{vmatrix} a_{21} & a_{22} & \cdots & a_{2,j-1} & a_{2,j+1} & \cdots & a_{2n} \\ a_{31} & a_{32} & \cdots & a_{3,j-1} & a_{3,j+1} & \cdots & a_{3n} \\ \cdots\cdots & & \cdots & \cdots & \cdots & & \cdots\cdots \\ a_{n1} & a_{n2} & \cdots & a_{n,j-1} & a_{n,j+1} & \cdots & a_{nn} \end{vmatrix}$$

图 1-3-28　插入公式

图 1-3-29　邮件合并

中,用【Ctrl】+【Shift】+【F】作为快捷键,功能为将选定列的列宽更改为 15。

6. 录制宏:新建 Word 文档《宏 2》;在该文件中创建一个 A6A 的宏,将宏保存在该文档中,用【Ctrl】+【Shift】+【F】作为快捷键,功能为更改选定文本的颜色为红色。

1.4　PowerPoint 2010 演示文稿制作

知识目标:

- 熟悉 PowerPoint 2010 的基础操作;
- 掌握 PowerPoint 2010 演示文稿的制作步骤和原则。

能力目标:

- 掌握 PowerPoint 2010 演示文稿对象的添加;
- 掌握 PowerPoint 2010 演示文稿效果的制作;
- 掌握 PowerPoint 2010 演示文稿放映方式的设置。

PowerPoint 是一款非常常用的演示文稿制作软件,利用它不需要很强的专业知识就可以轻松地掌握并制作出图文并茂、感染力强的演示文稿,操作简便,应用广泛。

1.4.1　PowerPoint 2010 工作界面介绍

PowerPoint 2010 的工作界面主要由标题栏、快速访问工具栏、选项卡、功能区、大纲/幻灯片窗格、编辑区、备注栏、状态栏、显示按钮和缩放滑条等部分组成，如图 1-4-1 所示。

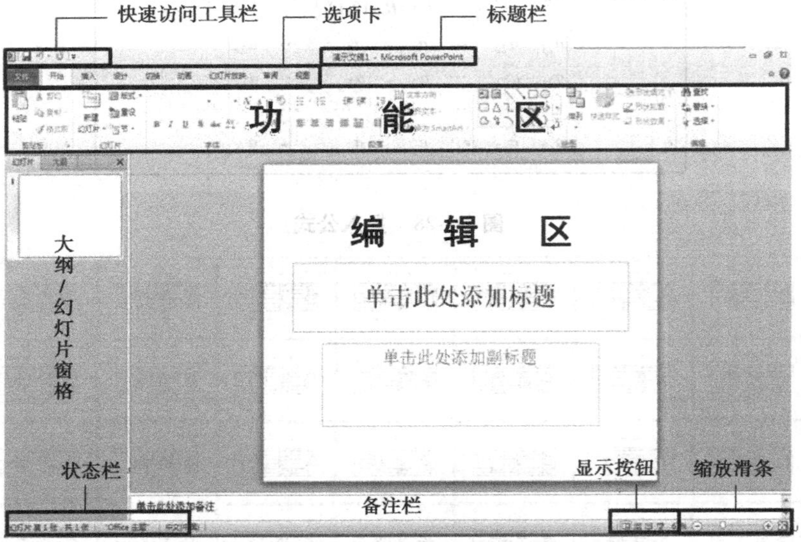

图 1-4-1　PowerPoint 2010 工作界面介绍

1）标题栏

标题栏显示正在编辑的文件名。

2）快速访问工具栏

常用命令位于此处，用户也可以通过快速访问工具栏中的黑色下拉箭头添加个人常用命令。

3）选项卡

选项卡包含了“文件”选项中的基本命令，如“新建”“打开”“关闭”“另存为...”“打印”等以及功能区的选项按钮。

4）功能区

工作时需要用到的功能位于功能区。用户工作所需的功能将分组在一起，且位于选项卡中，通过单击选项卡可以切换功能区。

①“开始”。“开始”功能区包括“剪贴板”“幻灯片”“字体”“段落”“绘图”“编辑”5 个组。该功能区主要用于帮助用户在 PowerPoint 2010 演示文稿中添加幻灯片和自绘图形，以及对幻灯片中的文字进行编辑和格式设置，是用户最常用的功能区，如图 1-4-2 所示。

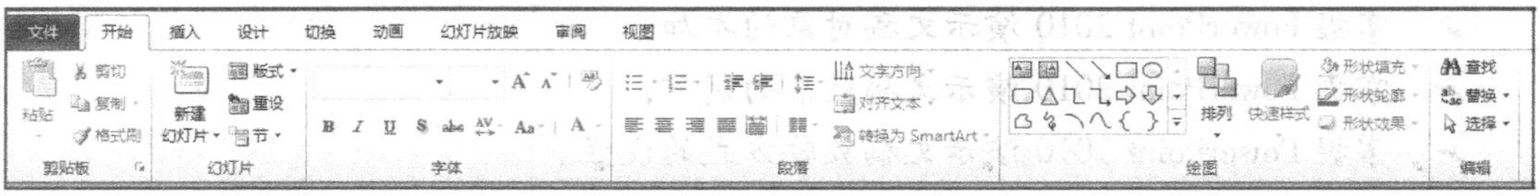

图 1-4-2　“开始”功能区

②“插入”。“插入”功能区包括“表格”“图像”“插图”“链接”“文本”“符号”“媒体”7 个组，主要用于在 PowerPoint 2010 演示文稿中插入各种元素，如图 1-4-3 所示。

③“设计”。“设计”功能区包括“主题”“页面设置”“背景”3 个组，用于设置 PowerPoint 2010 演示文稿的页面大小、背景和设计模板样式，如图 1-4-4 所示。

图 1-4-3　“插入”功能区

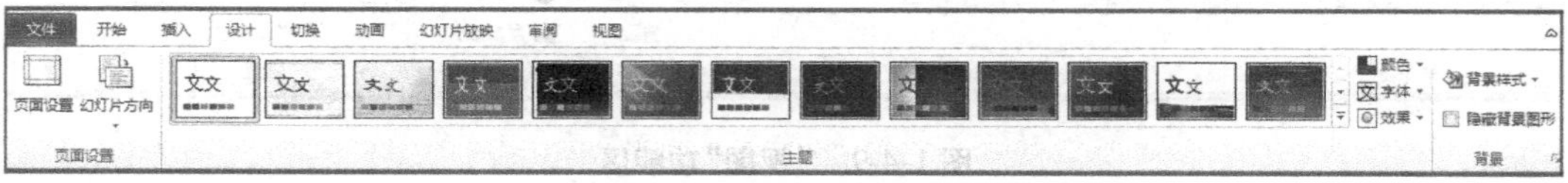

图 1-4-4　“设计”功能区

④“切换”。“切换”功能区包括“预览”“切换到此幻灯片”“计时”3 个组，主要用于设置 PowerPoint 2010 演示文稿中幻灯片的切换效果，如图 1-4-5 所示。

图 1-4-5　“切换”功能区

⑤“动画”。“动画”功能区包括“预览”“动画”“高级动画”“计时”4 个组，主要用于设置 PowerPoint 2010 演示文稿中各种对象的动画效果，如图 1-4-6 所示。

图 1-4-6　“动画”功能区

⑥“幻灯片放映”。“幻灯片放映”功能区包括开始“放映幻灯片”“设置”“监视器”3 个组，主要用于设置 PowerPoint 2010 演示文稿的放映效果，如图 1-4-7 所示。

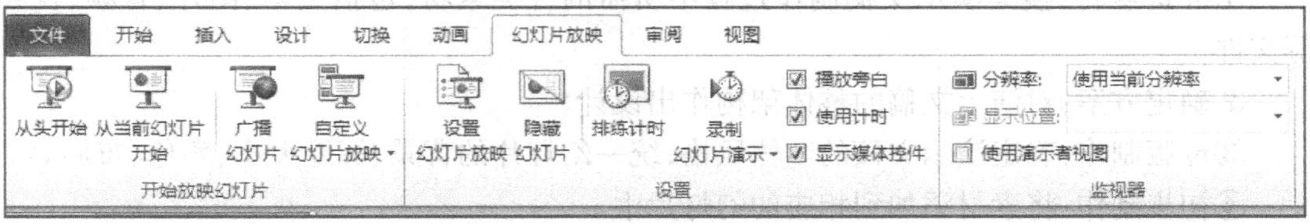

图 1-4-7　“幻灯片放映”功能区

⑦“审阅”。“审阅”功能区包括“校对”“语言”“中文简繁转换”“批注”“比较”5 个组，主要用于对 PowerPoint 2010 演示文稿进行校对和比较等操作，适用于多人协作处理 PowerPoint 2010 演示文稿，如图 1-4-8 所示。

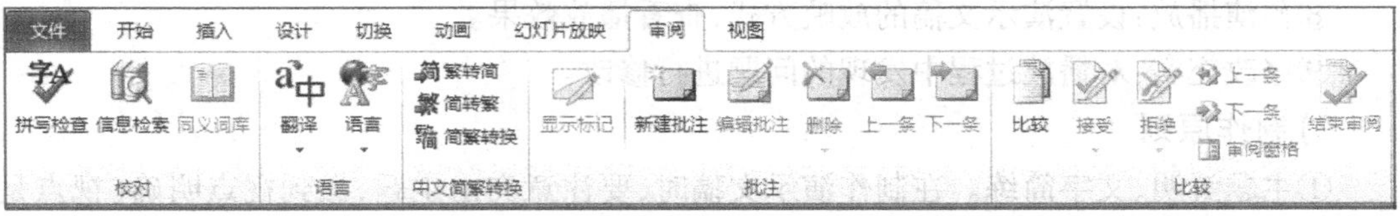

图 1-4-8　“审阅”功能区

⑧“视图”。“视图”功能区包括“演示文稿视图”“母版视图”“显示”“显示比例”“颜色/灰度”“窗口”“宏”7 个组，主要用于设置 PowerPoint 2010 演示文稿操作窗口的视图类型，以方便操作，如图 1-4-9 所示。

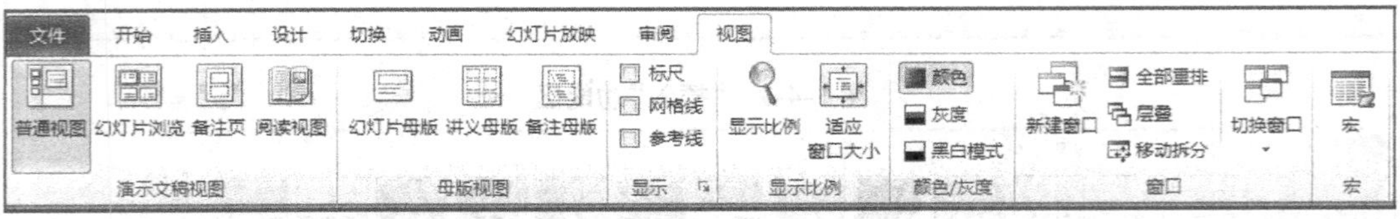

图 1-4-9 “视图”功能区

5）编辑区

编辑区显示正在编辑的幻灯片，默认有文本占位符。

6）大纲/幻灯片窗格

大纲/幻灯片窗格显示演示文稿中的各张幻灯片。

7）备注栏

备注栏显示正在编辑的幻灯片的备注信息。

8）显示按钮

显示按钮可用于更改正在编辑的幻灯片的显示模式以符合用户的要求。

9）缩放滑块

缩放滑块可用于更改正在编辑的幻灯片的显示比例设置。

10）状态栏

状态栏显示正在编辑的幻灯片的相关信息。

1.4.2 PowerPoint 2010 演示文稿的制作步骤和原则

1）制作步骤

①准备素材：搜集演示文稿制作过程中所需的各类素材，包括文本、图片、音频、视频等文件。

②确定方案：对演示文稿的整体架构作出设计。

③母版制作：确定演示文稿的整体风格，统一幻灯片的背景、标题大小、颜色、布局等。

④初步制作：将素材添加到相应的幻灯片中。

⑤格式处理：对幻灯片中的素材进行格式化设置，包括设置文本的字体格式、段落格式、图片的大小等。

⑥动画效果制作：设置幻灯片中各个对象所需的动画效果。

⑦切换效果制作：设置演示文稿中的幻灯片所需的切换效果。

⑧预演播放：设置演示文稿的放映方式，查看播放效果。

⑨修改充实：对播放过程中发现的问题进行修改。

2）制作原则

①主题鲜明、文字简练。在制作演示文稿时，要注意突出主题，做到视点明确（视点是每张幻灯片的主题所在）。可以通过色彩的对比、文字大小的对比等多种方法来突出主题，使幻灯片画面具有感染力。文字简练，表意明确，尽量使用简短和精练的句子。

②结构清晰、逻辑性强。整体结构要重视首尾原则，要对标题幻灯片的制作充分重视。要把一个完整的概念放在一张幻灯片上，尽量不要使用多张幻灯片来阐述一个概念，幻灯片之间的内容过渡要自然。

③和谐醒目、美观大方。整个演示文稿中所有幻灯片的背景、标题大小、颜色、幻灯片布局等，尽量保持一致。单张幻灯片中的内容不宜过多，字体设置和段落行距的设置要合适。正文字号通常不小于24磅，标题字号通常不小于30磅。在幻灯片的色彩搭配上，用色不宜过多，多则乱，繁则花，一般遵循“用色不过三”的原则。

④生动活泼、引人入胜。恰当运用演示文稿中的切换效果和动画效果，使整个演示文稿显得生动活泼，引人入胜。切勿滥用切换效果和动画效果，使人眼花缭乱。

1.4.3　幻灯片制作

1）幻灯片版式

幻灯片版式是PowerPoint 2010中的一种常规排版的格式，通过幻灯片版式的应用可以使文字、图片等更加合理简洁，完成布局。

默认情况下，演示文稿中首张幻灯片的版式为“标题幻灯片”，其余均为标题和内容，另外软件自带版式还包括节标题、两栏内容、比较、仅标题、空白、内容与标题、图片与标题、标题和竖排文字以及垂直排列文本与标题，共计11种版式。

编辑幻灯片版式的操作方法如下：

①单击幻灯片中的空白区域，单击鼠标右键，打开“右键菜单栏”，如图1-4-10所示。

②单击“版式”，打开“版式”功能区，如图1-4-11所示。

③选择所需版式样式即可。

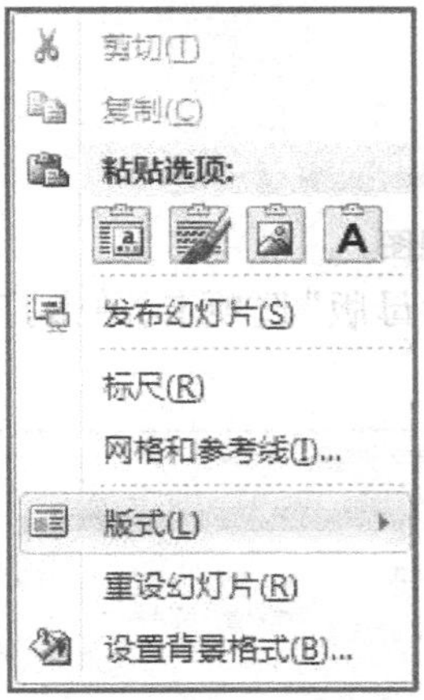

图1-4-10　右键菜单栏

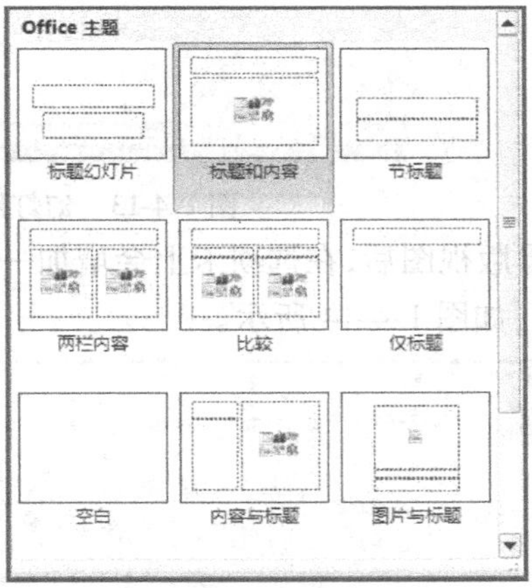

图1-4-11　“版式”功能区

2）母版制作

幻灯片母版是用来定义演示文稿中所有幻灯片的视图和页面格式，主要包括幻灯片母版、备注母版、讲义母版三类母版版式。母版中包含的对象会出现在每一张幻灯片上，如背景、文本占位符、图片、动作按钮等，母版上的对象将出现在每张幻灯片的相同位置上，因此使用母版可以方便地统一幻灯片的风格。

母版的制作方法分为自动套用母版和自定义母版两种方法。

(1)自动套用母版

单击“设计”→“主题”中下拉箭头按钮“▼”，展开“所有主题”，如图1-4-12所示，选择所需主题。

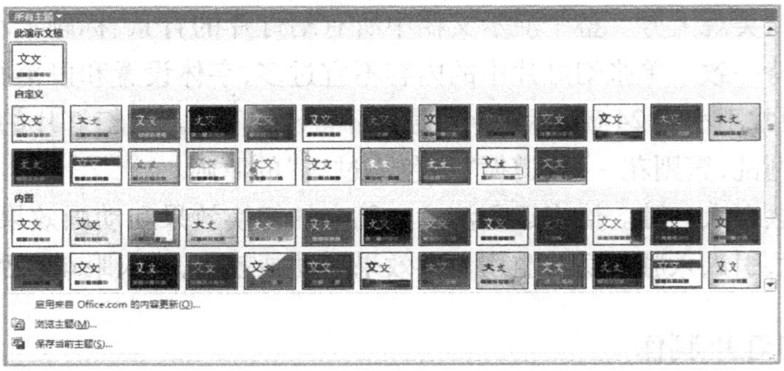

图1-4-12 “所有主题”功能区

(2)自定义母版

①单击“视图”→“幻灯片母版”，进入幻灯片母版编辑视图，如图1-4-13所示。一组幻灯片母版包括多种不同的版式类型，可以选择对不同版式的母版进行编辑，如图1-4-13中的左侧窗格。

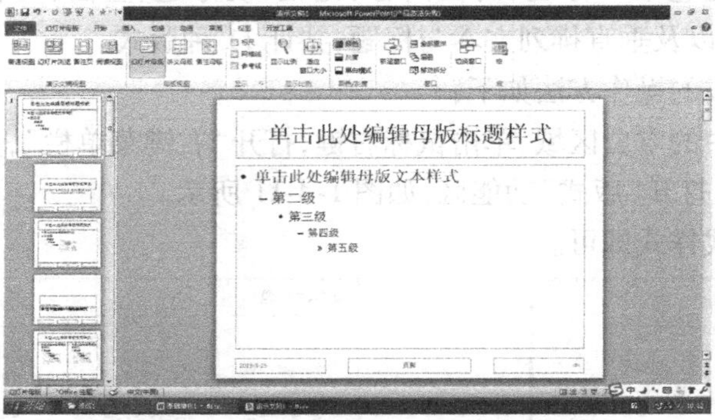

图1-4-13 幻灯片母版编辑视图

②进入母版视图后，在选项卡上会增加一个“幻灯片母版”选项卡，单击打开“幻灯片母版”功能区，如图1-4-14所示。

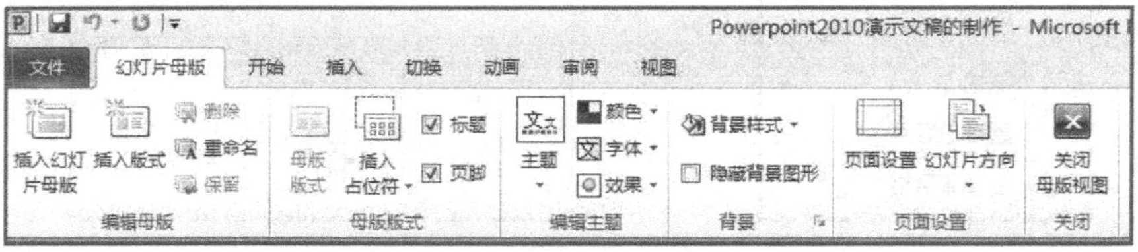

图1-4-14 “幻灯片母版”功能区

“幻灯片母版”功能区包括“编辑母版”“母版版式”“编辑主题”“背景”“页面设置”“关闭”6个组，主要是对母版的版式、背景、页面以及配色方案等格式进行设置。

③选择设置幻灯片母版的版式(默认为标题和文本版式)，若只编辑该版式的幻灯片母版，将会用于演示文稿中所有版式的幻灯片。

④在“背景”组中选择“背景样式”设置幻灯片母版的背景。

⑤在“编辑主题”组中选择设置系统主题或默认主题的配色方案、字体和效果。

⑥添加母版幻灯片的对象，具体操作方法与添加普通幻灯片的对象相同。

⑦完成母版编辑后，单击“关闭”→“关闭母板视图”，退出母版编辑。

3）幻灯片中对象的添加

在 PowerPoint 2010 演示文稿中，用户可以将文本、图片、表格、图表、音频和视频等对象添加到幻灯片中。在 PowerPoint 2010 中，表格的添加、图片的添加（包括来自文件的图片、自带的剪贴画、形状（自绘图形）、艺术字以及 SmartArt（组织结构图）等）的操作方法与在 Word 2010 中插入的方法相同，不再赘述。此处重点介绍文本的添加、音频、视频和超链接等的添加。

（1）添加文本

在 PowerPoint 2010 中，用户只能通过文本占位符或文本框来完成文本的添加。

在文字占位符中添加文本，在文本占位符内单击即可直接输入文本。在占位符中输入的文本将会在左侧幻灯片/大纲窗口中显示。

在文本框中添加文本，不会在左侧幻灯片/大纲窗口中显示。具体操作方法如下：

①单击“插入”→“文本”→“文本框”，选择“横排文本框”或“竖排文本框”；

②用鼠标在幻灯片中需要添加文本的区域拖出一个矩形框；

③在文本框内输入文本。

（2）添加音频

在 PowerPoint 2010 中添加的音频文件，默认情况下，只支持 wma 和 mp3 等 Windows 系统默认能播放的音频格式，对于其他特殊的音频格式需要安装相对应的解码器才能在文稿中插入。

添加音频的具体操作方法如下：

①单击“插入”→“媒体”→“音频”，选择“文件中的音频”“剪贴画音频”或“录制音频”（插入音频后，在幻灯片中将会出现声音图标“ ”，即表示插入成功）；

②单击图标“ ”，在选项卡中将会出现“音频工具”（图 1-4-15），包括“格式”和“播放”两项功能。

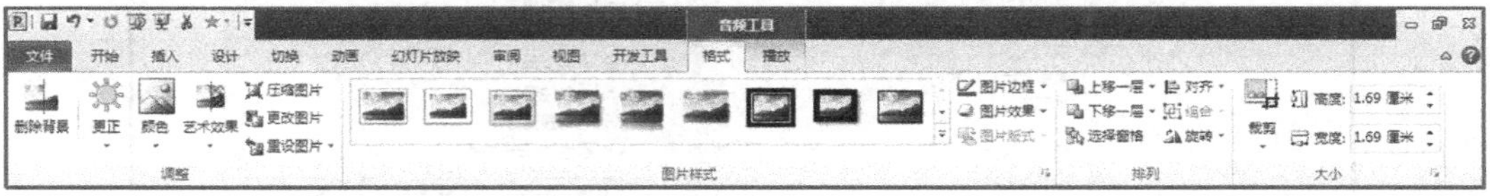

图 1-4-15　音频“播放”功能区

“格式”：对图标“ ”进行格式化。

“播放”：对音频进行编辑，包括音频的播放、裁剪、淡入、淡出以及音频选项。

（3）添加视频

在 PowerPoint 2010 中添加的视频文件，默认情况下，一般只支持 wmv 等 Windows 系统默认能播放的视频格式，对于其他一些特殊的视频格式需要安装相对应的解码器才能够添加到演示文稿中。

添加视频的具体操作方法如下：

①单击“插入”→“媒体”→“视频”，选择“文件中的视频”“剪贴画视频”或“来自网站的视频”(插入视频后，在幻灯片中将会出现屏幕为黑色的视频播放窗口，即表示插入成功)；

②单击视频播放窗口，在选项卡中将会出现“视频工具”，包括“格式”和“播放”两项功能。

“格式”：对视频播放窗口进行格式化。

“播放”：对视频进行编辑，包括视频的播放、裁剪、淡入、淡出以及视频选项，如图1-4-16所示。

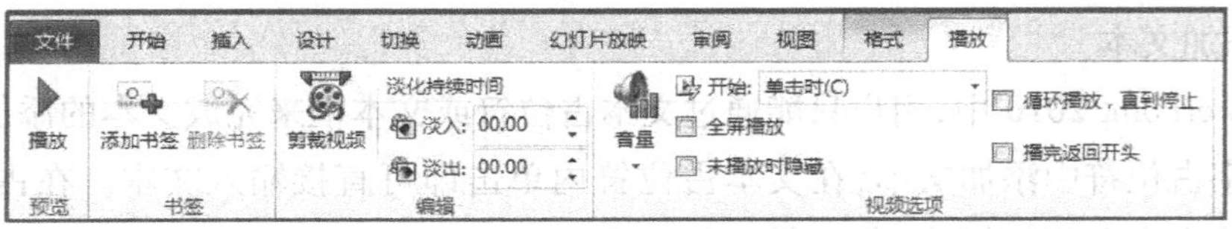

图 1-4-16　视频“播放”功能区

(4)添加 Flash 动画

①调出“开发工具”菜单：选择“文件”→“选项”→“自定义功能区”，在对话框中选中“开发工具”，如图 1-4-17 所示。

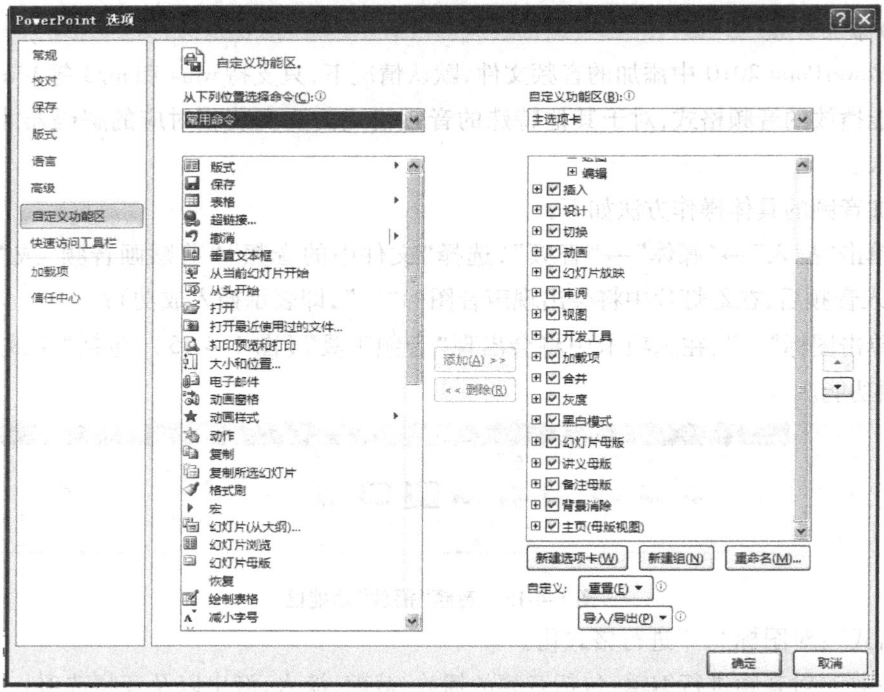

图 1-4-17　“自定义功能区”对话框

②单击“开发工具”(图 1-4-18)→“控件”→“其他控件”→“Shockwave Flash Object”→“确定”，鼠标拖动画出播放窗口(图 1-4-19)，单击“属性”后，在 movie 项中填写 Flash 文件的完整文件名(包括扩展名)及路径，关闭属性窗口，如图 1-4-20 所示。

图 1-4-18　“开发工具”选项卡

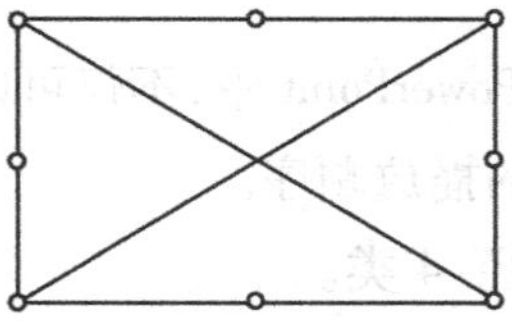

图 1-4-19　播放窗口

图 1-4-20　“属性”设置

③调整播放窗口的大小和位置，即可播放 Flash 动画。

注意：建议将 Flash 文件和演示文稿保存在同一文件夹中，这样只需要输入 Flash 文件名称而不需要输入路径。

(5)添加超链接

超链接是超级链接的简称，它以特殊编码的文本或图形的形式来实现链接。如果单击该链接，则相当于指示将演示的内容从一张幻灯片转到另一张幻灯片，或打开某一个 WWW 网站，或打开另外一个程序的文件。

在 PowerPoint 2010 中，幻灯片中的文字、图片等元素都可以作为添加超链接的对象。使用超链接，可以在演示时自由选择需要演示的内容。

添加超链接的具体操作方法如下：

①选定需要添加超链接的对象。

②单击“插入”→“链接”→“超链接”或右击被链接对象，打开“插入超链接”对话框（图 1-4-21），选择链接对象后，单击“确定”。

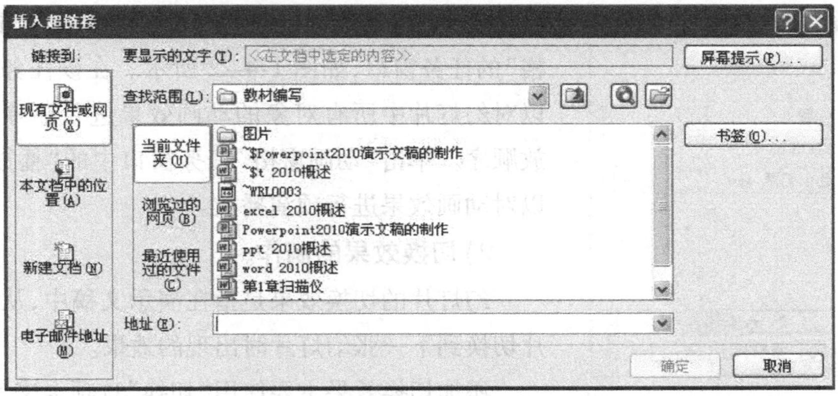

图 1-4-21　“插入超链接”对话框

链接到文件或网页:在"查找范围"中选择文件或在"地址"栏中输入网页地址。

链接到本文档中的幻灯片:单击"衔接到"中"本文档中的位置",选择文档中的指定幻灯片。

链接到新建文档:单击"新建文档",在"新建文档名称"栏中输入新建文档的名称。

链接到 Email:单击"电子邮件地址",在"电子邮件地址"文本框中输入 Email 地址。

1.4.4 幻灯片效果的制作

1)动画效果的制作

动画效果是指幻灯片中各个对象出现的效果。在 PowerPoint 中,不仅可以添加动画效果,还可以设置各个对象出现的方式,也可以设置动画的播放顺序。

动画效果主要分为"进入""强调""退出""动作路径"4 类。

(1)进入

进入是指幻灯片放映时,对象以什么方式开始显示。

(2)强调

强调是指幻灯片放映时,对象出现后以什么方式来突出显示。

(3)退出

退出是指在幻灯片放映中需要对象从屏幕上消失时,对象以什么方式消失。

(4)动作路径

动作路径是指在幻灯片放映时,对象按照一定的路径轨迹在幻灯片中运动。

添加动画效果主要使用"动画"选项卡来实现,具体操作方法如下:

①选定对象,单击"动画"选项卡,展开"动画"功能区,如图 1-4-6 所示。

②单击"高级动画"→"添加动画"或"动画"组中的下拉箭头"▾",打开"所有动画"功能区,选择所需的动画效果。

③单击"动画"→"效果选项",设置选择的动画效果的选项。

④在"计时"组的"开始"中设置动画效果的触发器,以及在"持续时间"和"延迟"中设置动画效果的持续时间和播放延迟时间。

图 1-4-22 "动画窗格"任务窗口

⑤单击"高级动画"→"动画窗格",打开"动画窗格"的任务窗口,如图 1-4-22 所示。在该任务窗口中可以对幻灯片中所有对象的动画效果进行删除或调整播放顺序。单击"动画窗格"任务窗口中的"播放"按钮可以对动画效果进行预演播放。

2)切换效果的制作

幻灯片的切换效果是指在演示文稿中,从一张幻灯片切换到下一张幻灯片时出现的效果。

添加切换效果主要使用"切换"选项卡来实现,具体的操作方法如下:

①选定幻灯片，单击“切换”选项卡，展开“切换”功能区，如图 1-4-5 所示。

②单击“切换到此幻灯片”组中的下拉箭头按钮“”，打开“所有切换效果”功能区，选择所需的切换效果。

③在“计时”组的“声音”中设置切换时的声音效果，以及在“持续时间”中设置切换效果的持续时间，在“换片方式”中设置切换效果的触发器为是否“单击鼠标时”和切换幻灯片的时间。

若将该切换效果应用于所有幻灯片，则单击“计时”组中的“全部应用”。

1.4.5　演示文稿放映设置

1）幻灯片隐藏

幻灯片隐藏是指在演示文稿放映时不显示某张幻灯片，并不是在演示文稿中删除该幻灯片。具体操作方法如下：

①选定需要设置隐藏的幻灯片。

②单击“幻灯片放映”→“设置”→“隐藏幻灯片”，如图 1-4-7 所示。再次单击此按钮，则取消隐藏。

2）设置自定义放映

若用户并不希望将演示文稿的所有幻灯片展现给观众，而是需要根据不同的观众选择不同的放映内容，可以自主定义放映部分。具体操作方法如下：

①单击“幻灯片放映”→“开始放映幻灯片”→“自定义幻灯片放映”，从下拉列表中选择“自定义放映”选项，打开“自定义放映”对话框，如图 1-4-23 所示。

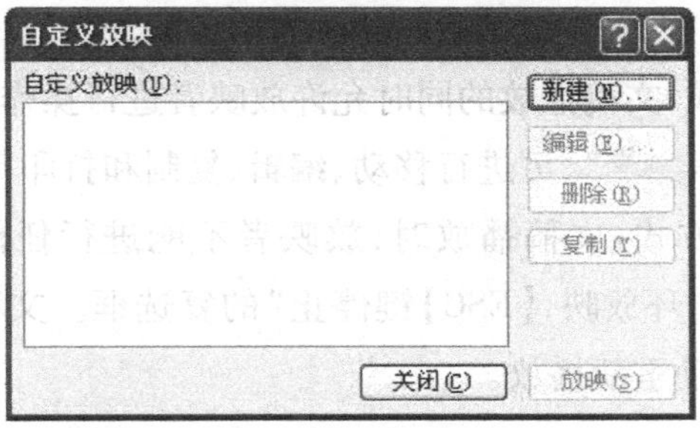

图 1-4-23　“自定义放映”对话框

②单击“新建”，打开“定义自定义放映”对话框，如图 1-4-24 所示。在“幻灯片放映名称”文本框中输入自定义放映名称，在“在演示文稿中的幻灯片”列表框中选择合适的幻灯片，单击“添加”，将其添加至“在自定义放映中的幻灯片”列表框中；单击“确定”，返回至“自定义放映”对话框中；单击“放映”，即可开始放映自定义的幻灯片。

3）设置幻灯片放映方式

在 PowerPoint 2010 中，用户可以根据需要使用 3 种不同的方式进行幻灯片的放映，即“演讲者放映”方式、“观众自行浏览”方式和“在展台浏览放映”方式。

单击“幻灯片放映”→“设置”→“设置放映方式”，打开“设置放映方式”对话框（图

1-4-25),即可选择幻灯片放映方式、放映幻灯片的范围和换片方式。

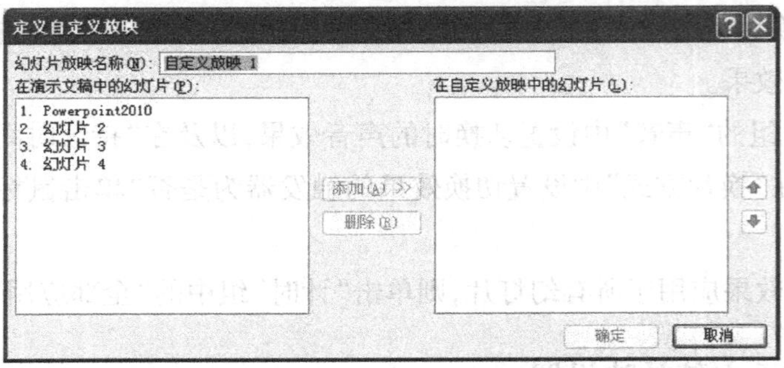

图 1-4-24 “定义自定义放映”对话框

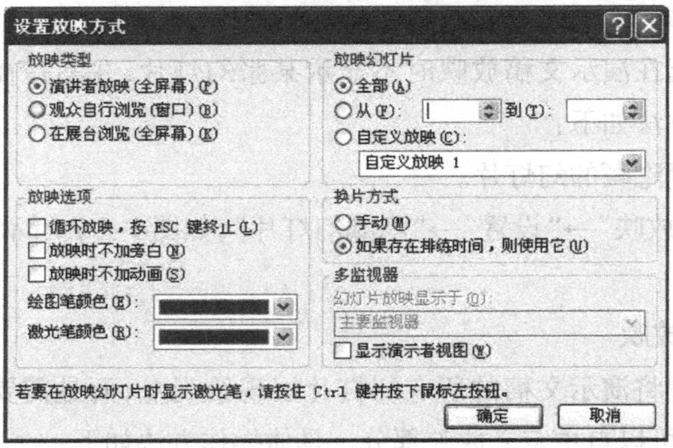

图 1-4-25 “设置放映方式”对话框

“演讲者放映(全屏幕)”:是常规的放映方式。在放映过程中,可手动控制幻灯片的放映进度。

“观众自行浏览”方式:文稿播放的同时允许放映者进行操作,播放时屏幕下方出现操作工具条“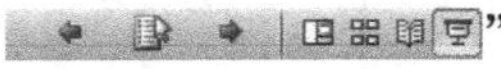”,可进行移动、编辑、复制和打印等操作。

“在展台浏览放映”方式:文稿播放时,放映者不能进行任何操作。当选定该项时,PowerPoint 会自动设定“循环放映,【ESC】键停止”的复选框。文稿放映完毕后,如 5 分钟观众没有结束放映,会自动重新播放。

4)排练计时

排练计时的功能是记录播放每张幻灯片所需时间以及放映整个演示文稿的总时间,这样可以合理安排每张幻灯片所用时间,有效控制演示文稿演示的进度。具体操作方法如下:

①单击“幻灯片放映”→“设置”→“排练计时”,当前演示文稿即进入演示状态,同时在屏幕左上角出现“排练计时”工具,如图 1-4-26 所示。将对当前播放的幻灯片进行计时,切换到下一张幻灯片后,将重新计时。排练计时工具栏右侧显示所有幻灯片放映的总时间。

图 1-4-26 “排练计时”工具

②开始排练计时后，单击下一项按钮“ ”或直接单击鼠标前进到该张幻灯片中的下一个动画效果。若无动画效果，则进入下一张幻灯片。

③在“排练计时”工具栏记录完演示文稿中的最后一张幻灯片后，将弹出一个信息框，如图 1-4-27 所示，显示此次放映所用的总时间并询问是否保留该排练时间。单击“是”，保存该放映时间并在下次演示中使用；单击“否”，取消此次排练时间。

图 1-4-27　“排练计时”信息框

排练计时过程中，如需暂停排练，单击暂停图标“ ”；如需重新排练当前幻灯片，单击重新录制图标“ ”。

设置了排练计时的文稿在放映时将默认按照计时进程自动播放，若想通过单击鼠标或按【Enter】键等手动方式来切换幻灯片或播放下一个动画，可以通过设置播放方式来更改。

实训四

1. 打开《演示文稿 1》文件，按下面的要求完成操作。

(1)使用主题：将演示文稿套用“内置”中第 1 行第 5 列的主题。

(2)修改母版：对于第一张幻灯片所应用的标题母版，将其中的标题格式设为“黑体，48 号字”；对于其他幻灯片应用的母版，将标题的动画效果设置成“擦除”。

(3)添加超链接：对第二张幻灯片中的文本内容添加超链接，链接到本演示文稿中相对应的幻灯片页。

(4)设置幻灯片的动画效果，具体要求如下：

①第一张，标题文本的动画效果设置成“出现”。

②第二张，文本内容“学校简介”“办学理念”“办学规模”“院系设置”“教学形式”“就业情况”“学生会”的进入效果分别设置为“飞入”，方向为“自左侧”。

③第三、四张，文本的强调效果设置为“放大/缩小”，方向为“两者”，数量为“较大”。

④第五张，文本的退出效果设置成“淡出”。

⑤第六张，表格的动画效果设置成“动作路径”，“直线”，方向为“向上”。

(5)设置幻灯片的切换效果：

①设置所有幻灯片之间的切换效果为“随机线条”。

②单击鼠标进行手动切换。

(6)设置幻灯片的放映效果：

①隐藏第四张幻灯片，播放时直接跳过隐藏页。

②选择前三张幻灯片，进行循环放映。

(7)排练计时，结果如图 1-4-28 所示。

图 1-4-28 演示文稿的制作

2. 制作一个演示文稿，主题自拟，要求如下：

(1)演示文稿内容不得少于 15 张幻灯片，目录完整。

(2)要有统一的母版。

(3)演示文稿中要包含超链接，能够实现页面之间的跳转。

(4)演示文稿中要包含幻灯片的切换效果。

(5)幻灯片中对象的动画效果要包含“进入”“强调”“退出”“动作路径”，且运用合理。

(6)排练计时。

实景操作篇

第2章 日常事务

学习目标：

- 熟练掌握 Office 2010 中常用软件的操作方法；
- 根据日常工作事务的不同性质，掌握选择具体办公软件的方法并熟练操作。

2.1 制作请柬

知识目标：

- 了解请柬的构成元素和设计要求；
- 了解请柬正文的写作规范。

能力目标：

- 掌握使用 Word 2010 设计制作请柬的基本思路；
- 掌握图文混排的高级技巧。

2.1.1 工作任务

某公司近期将组织一次宴请，请制作一份宴会请柬。

2.1.2 任务分析

Word 2010 具有相当强的图、文、表混排功能。秘书办公中经常需要制作请柬用于邀请嘉宾参加某项活动。请柬综合使用了图片、艺术字、文字等多种元素，具有美观大方的视觉效果。Word 2010 的图文混排功能为制作请柬提供了便利。

2.1.3 任务处理

1）设置请柬页面

首先打开 Word 2010 软件，新建一个文档并以“请柬”作为名称保存。请柬用纸往往不是标准纸型（如 A4 或 B5 纸），而 Word 的默认页面是 A4 纸型，因此应当首先改变其页面设置。方法如下：

①单击“页面布局”→“纸张方向”→“横向”，如图 2-1-1 所示。

②单击页面设置右下角下拉按钮，打开“纸张”选项卡，在“纸张大小”下拉列表中选择“自定义大小”，设置“宽度”为 26 cm、“高度”为 20 cm。这时对话框右下角预览区中显示纸张的基本形状，单击“确定”，如图 2-1-2 所示。

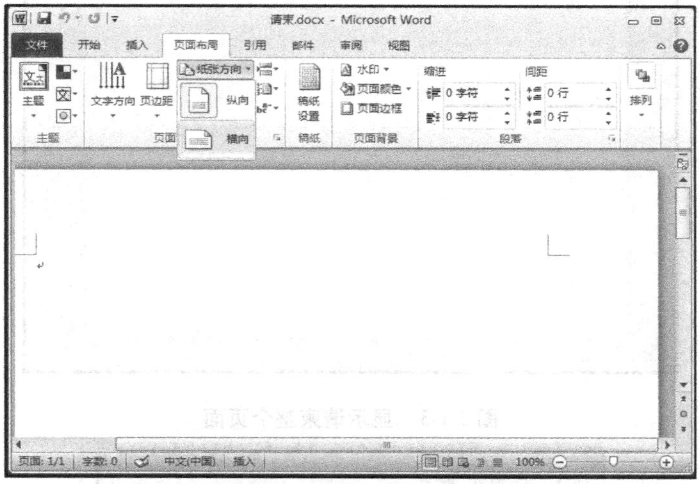

图 2-1-1　设置纸张方向

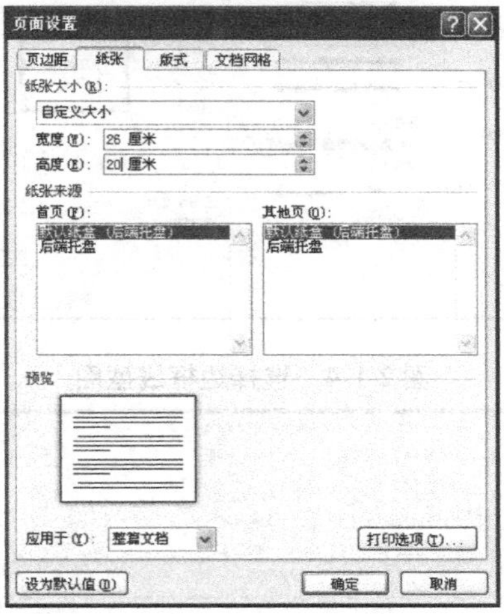

图 2-1-2　设置纸张大小

③单击“视图”→“单页”，就可在工作区看到请柬的全部页面了，如图 2-1-3 所示。

2）添加插入页面边框

默认的页面为无修饰的一张白纸，这样往往显得单调，可以通过页面边框修饰纸张。单击“页面布局”→“页面边框”，进入“边框和底纹”对话框，单击“页面边框”→“设置”→“方框”，在“线型”中选择一种边框类型，颜色设置为“深红”（图 2-1-4），单击“确定”后，为文档添加了一个边框，如图 2-1-5 所示。

也可为文档设置“艺术型”边框。

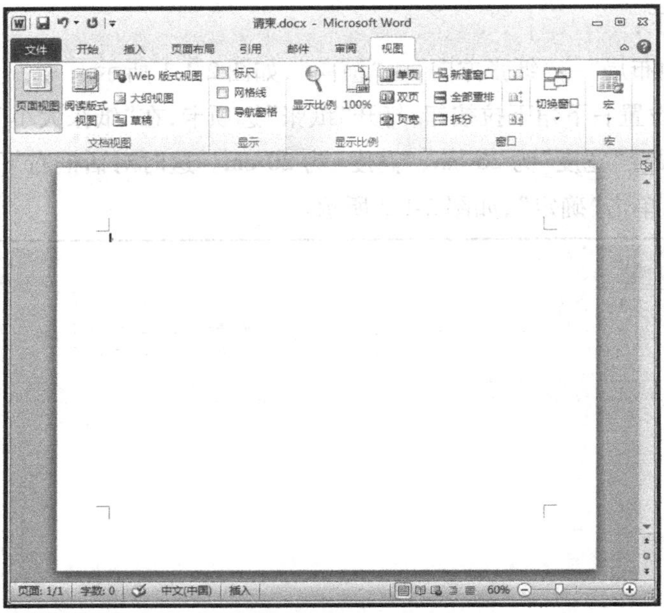

图 2-1-3　显示请柬整个页面

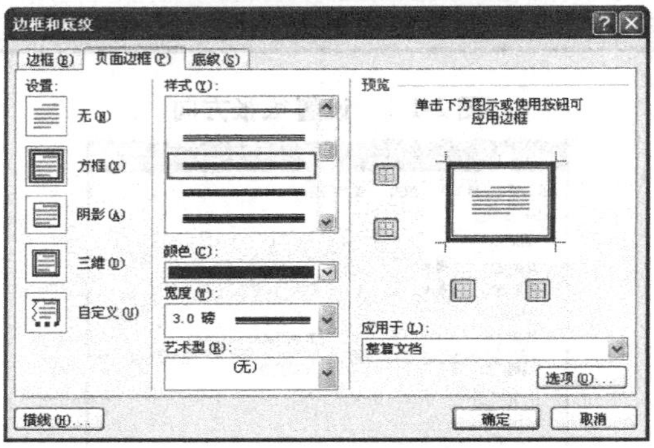

图 2-1-4　选择边框线型图

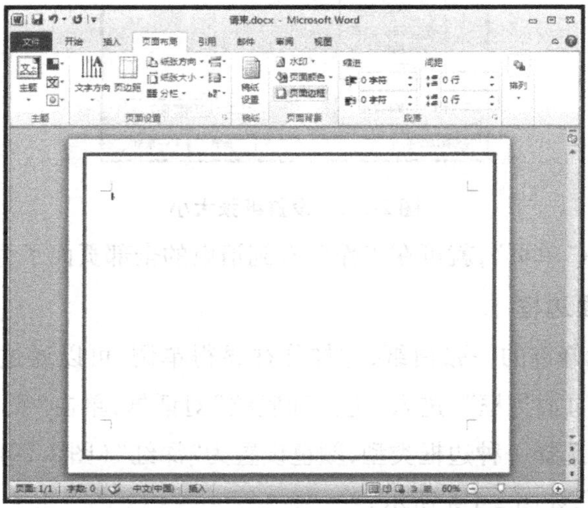

图 2-1-5　页面边框效果

3) 页面分栏

由于请柬往往是折叠式的,因此需要将页面分为两栏。在“页面布局”选项卡下,单击“分栏”,进入“分栏”对话框,选择“两栏”,单击“确定”,如图 2-1-6 所示。这时应注意页面标尺的变化,分栏之后,标尺会显示为两段。

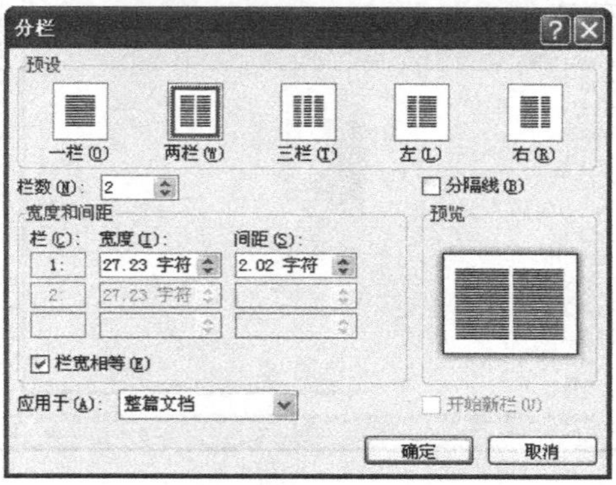

图 2-1-6　设置分栏

4) 制作请柬标题

请柬的标题一般要求朴素、庄重、大方,并尽可能地具有艺术效果。如果使用 Word 中的默认字体效果难以达到这些要求,可以使用艺术字这一功能。艺术字的优势有两个:一是可以设置文字的特殊效果,二是字的大小可以随意调整。

单击“插入”→“艺术字”,选择一种艺术字式样,在弹出的文本框中输入“请柬”二字,选择合适的字体,如图 2-1-7 所示。

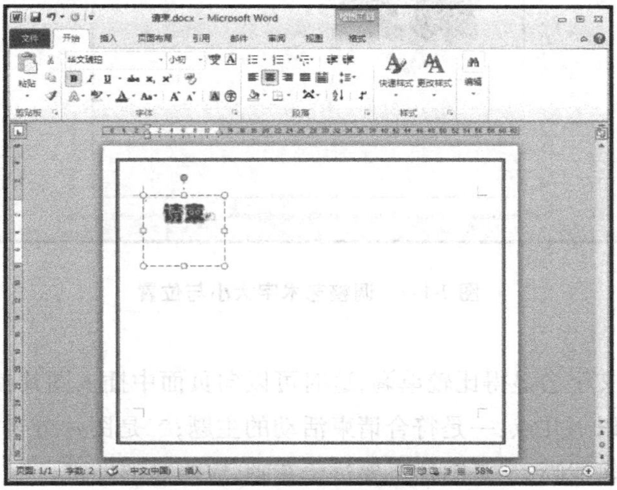

图 2-1-7　输入艺术字

艺术字的位置和大小还需要进一步调整。选中艺术字,在“格式”选项卡下设置其字体和字号,如图 2-1-8 所示。艺术字的位置可以通过拖动边框来调整,效果如图 2-1-9 所示。

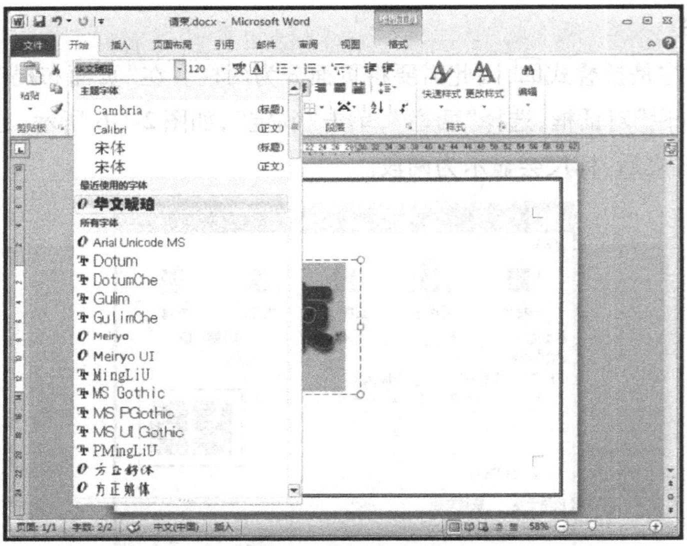

图 2-1-8　设置艺术字格式

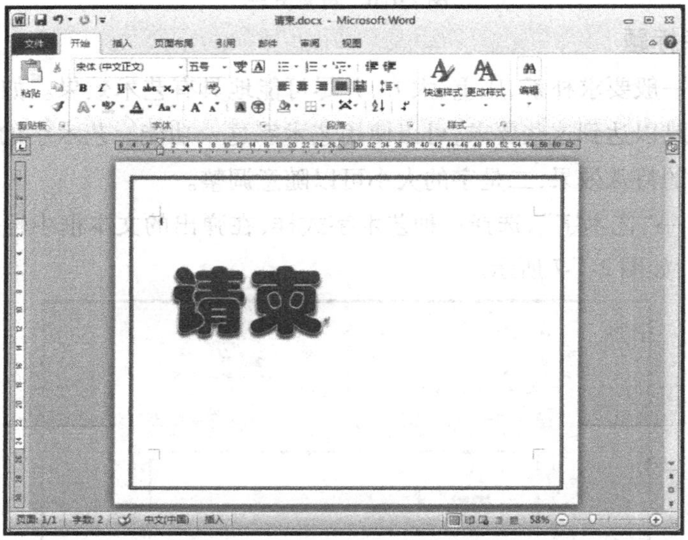

图 2-1-9　调整艺术字大小与位置

5）插入图片

请柬如果仅有文字会显得比较单调，这时可以向页面中插入图片使其风格活泼一些。选择图片时要注意以下几点：一是符合请柬活动的主题；二是图片分辨率要高，尺寸要大，这样才能显示得比较清晰；三是图片不要过于花哨，应当简洁朴素。

操作方法：

①将光标放在插入点位置，然后单击“插入”→“图片”，选择图片所在的文件夹，在打开的对话框中选择合适的图片并单击“插入”，如图 2-1-10 所示。

②图片插入后，在自动弹出的“图片工具”中，单击“格式”→“位置”，选中“底端居左，四周型文字环绕”，效果如图 2-1-11 所示。

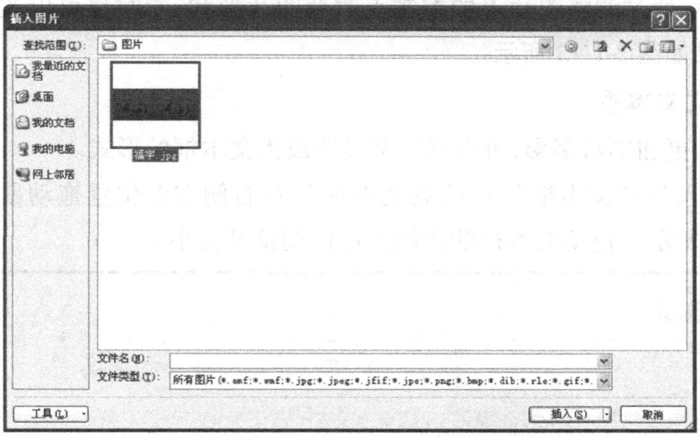

图 2-1-10 选择插入图片

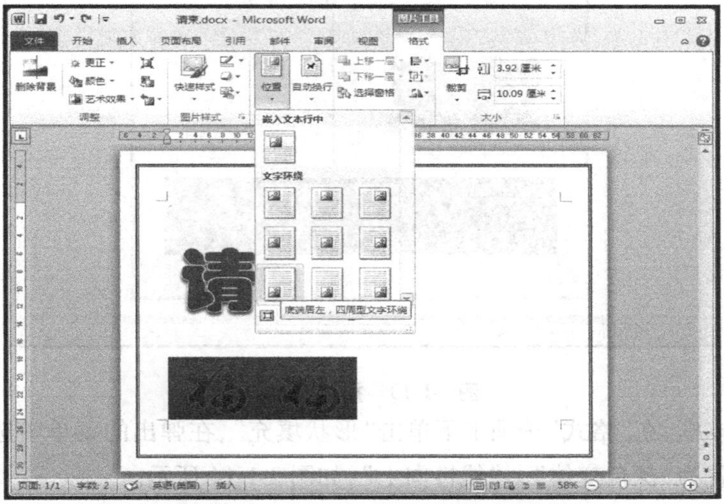

图 2-1-11 设置图片位置

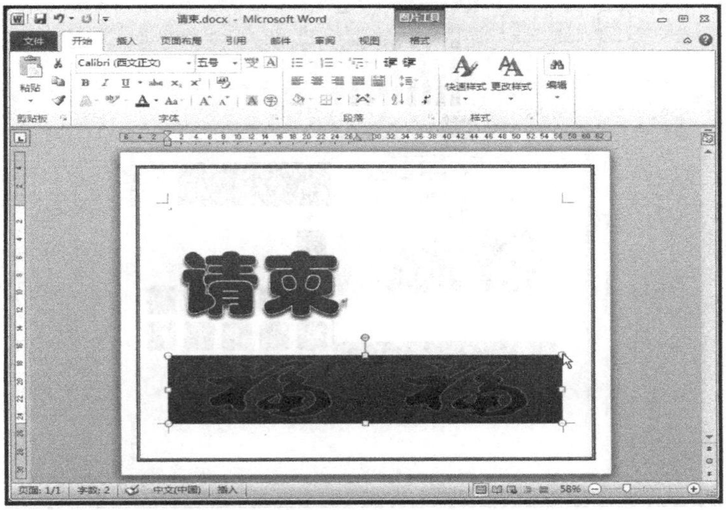

图 2-1-12 图片显示效果

③选中图片，通过调整图片上的控制点改变图片形状，同时也可以改变其相对位置，生成的最终效果如图 2-1-12 所示。

6）设置正文文本框

为了使页面更加丰富多彩，可以将正文设置成为文本框的形式。

①单击“插入”→“文本框”→“绘制文本框”，在右侧空白位置拖动鼠标，绘制出文本框，如图 2-1-13 所示。拖动文本框的控制点可以调整其大小。

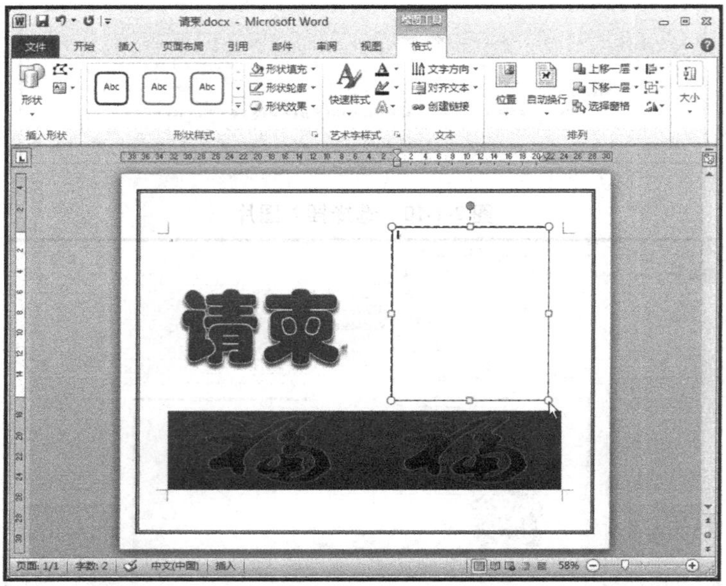

图 2-1-13 插入文本框

②选中文本框，在“格式”选项卡下单击“形状填充”，在弹出的菜单中选择“红色”，并将渐变效果设置为“深色变体”→“线性向上”，如图 2-1-14 所示。

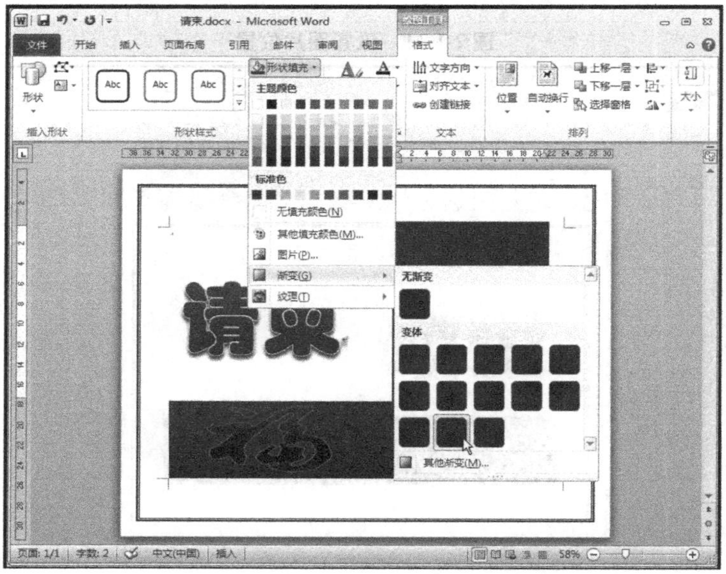

图 2-1-14 选择文本框填充效果

③设置好填充效果后，再单击"形状轮廓"，将文本框设为无轮廓，如图 2-1-15 所示。以上操作完成后，效果如图 2-1-16 所示。

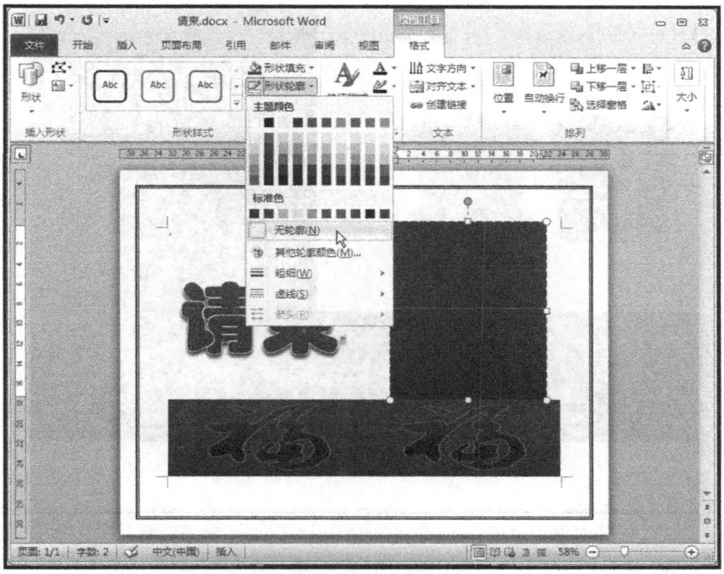

图 2-1-15　无轮廓效果

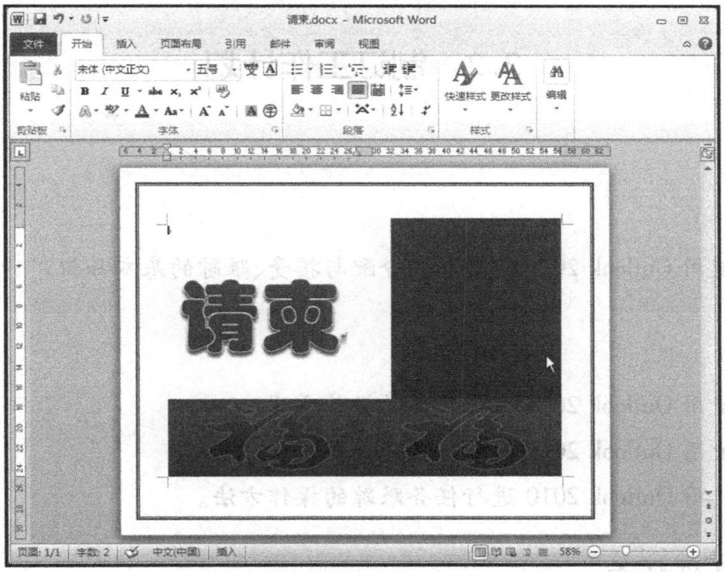

图 2-1-16　请柬初步效果

7）录入请柬正文

在文本框中录入请柬正文，并设置好字体、字号，如图 2-1-17 所示。

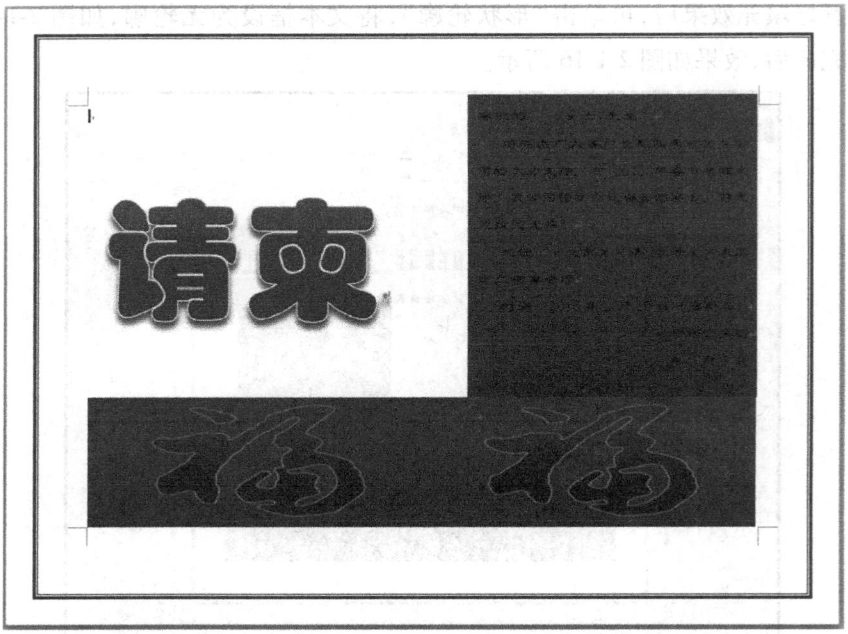

图 2-1-17　录入请柬正文

2.2　制订工作计划

知识目标：

- 了解使用 Outlook 2010 进行任务分配与接受、跟踪的基本知识。

能力目标：

- 掌握使用 Outlook 2010 分配任务的操作方法；
- 掌握使用 Outlook 2010 接受任务的操作方法；
- 掌握使用 Outlook 2010 进行任务跟踪的操作方法。

2.2.1　工作任务

向本部门其他同事分配撰写会议方案的任务，并监督其完成过程。

2.2.2　任务分析

在 Outlook 2010 中，用户可以实现与同事之间的工作协作，将某项工作任务分配给同事，由其接收后通过 Outlook 2010 将开展情况及时反馈给任务分配者。

任务管理过程主要涉及任务管理者和实施者两个主体。任务管理者创建、安排并分配任务，对任务提出具体要求，同时可以跟踪任务的进展情况；任务实施者接到任务安排后，确认可以接受该任务，然后具体落实，在实施过程中或完成后，可以将结果反馈给任务管理者。本节将依次介绍任务分配、接受及跟踪的全过程。

2.2.3 任务处理

1) 启动 Outlook 2010 并添加同事

启动 Outlook 2010 程序，并向通讯簿中添加同事作为联系人。如果通讯录中已有同事，则可以省略这一步。

2) 创建任务

单击“开始”→“新建项目”→“任务”，弹出新建任务对话框，如图 2-2-1 所示。在默认的“任务”标签下，“主题”框中键入任务名称如“撰写年中工作会议方案”，分别设定好开始和截止日期并且输入具体工作要求。如果需要可打开“详细信息”按钮，填写要在任务中记录的其他所有信息，完成后单击“保存并关闭”。

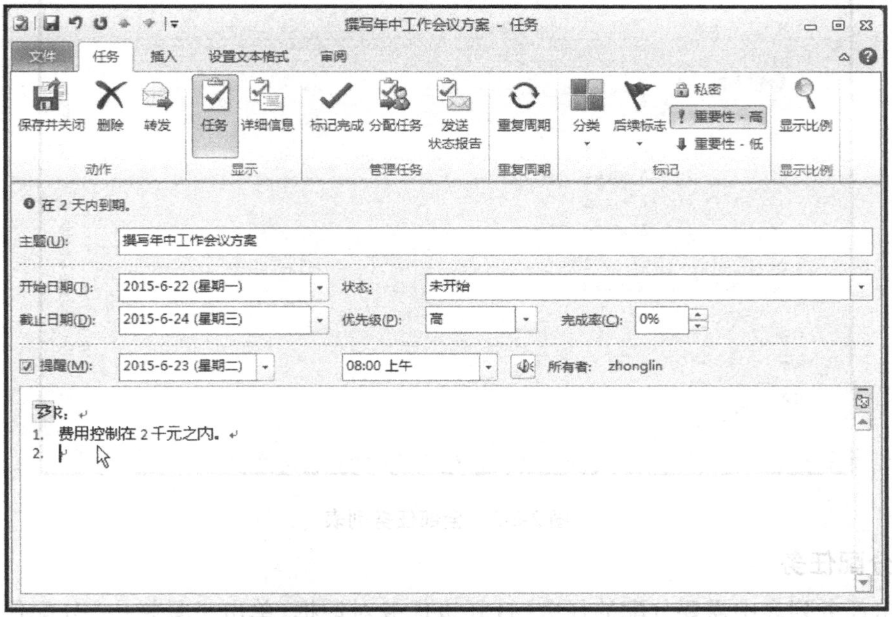

图 2-2-1 创建新任务

如果任务是一种常规性的工作，需要定期反复去做(例如每月都需要交电话费等)，那么可以再将任务设置为重复。方法是：创建任务时或在创建完成后打开该任务，单击工具栏中“重复周期”，弹出“任务周期”设置框，如图 2-2-2 所示。在“定期模式”选项区选择重复周期按天、周、月或年，然后选择周期内具体时间，或者单击“每当任务完成后的第 n 周重新开始”并输入时间频率。在“重复范围”选项区，设置任务的“开始”和“结束”日期，完成后单击“确定”保存。这样这项任务就会自动进行循环，不用重复创建。

任务创建完毕后，可以查看所有的任务列表，单击菜单栏“转到”→“任务”，就会切换到所有的任务列表窗口中，如图 2-2-3 所示。默认情况下的列表视图为简单式，可以通过左侧“当前视图”窗格选择其他视图模式。

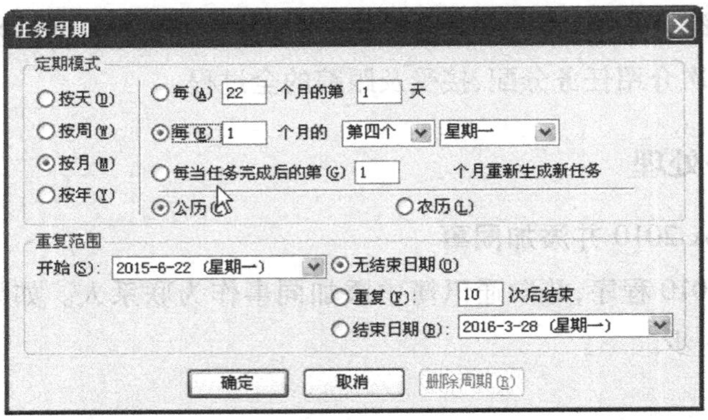

图 2-2-2　设置任务周期

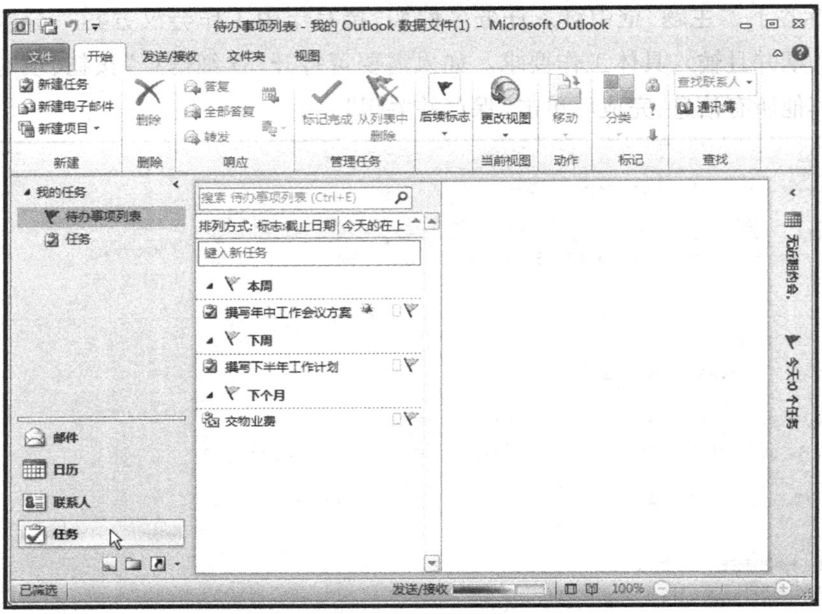

图 2-2-3　全部任务列表

3）分配任务

双击任务列表中需要分配的任务，打开该任务对话框，单击工具栏中"分配任务"，出现如图 2-2-4 所示的对话框。为了便于以后跟踪任务进度，在这里需要选择"在我的任务列表中保存此任务的更新副本"和"此任务完成后给我发送状态报告"复选框。

在"收件人"一栏中输入任务接收者的电子邮件地址，也可以单击"收件人"，在弹出"选择任务收件人"的对话框中选择收件人，如果需要分配给多个同事，则可反复执行这一操作。

完成以上操作后，在图 2-2-4 所示的对话框中单击"发送"，即可完成任务分配。

4）接受任务并反馈任务进度

以上的几步操作都是从任务管理者角度进行的，下面从任务实施者（同事）的角度介绍接受任务和反馈任务进度的方法。

任务实施者登录自己的 Outlook 2010 账户接收邮件，就会收到管理者发来的任务分配信件。接到这个任务后，实施者需要为自己建立新的待完成的任务，这时可以采用一种简便的方法创建该任务，即用鼠标左键在收件箱列表中点选该邮件主题，并将其拖动到左侧窗格的“任务”按钮上，将自动为实施者创建一个任务。

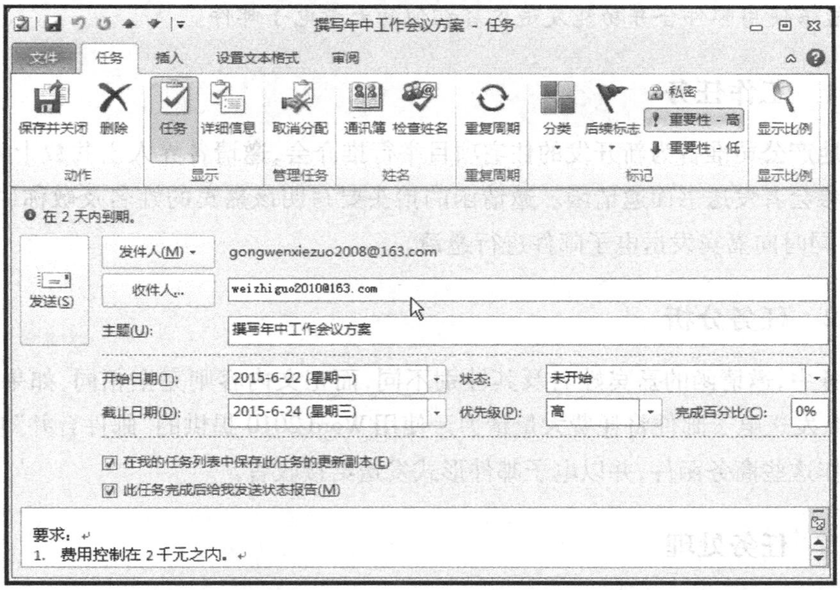

图 2-2-4　分配任务对话框

单击“任务”，将主界面切换到任务视图下。双击该任务名称弹出任务状态报告对话框，在对话框中输入任务的进展情况，如开始日期、状态、完成率等信息。单击工具栏中“发送任务报告”按钮“”，弹出任务报告对话框，填写相关内容后单击“发送”向任务创建者发送进展报告。

5）管理者跟踪任务

管理者在设置任务时已经选择了“在我的任务列表中保存此任务的更新副本”和“此任务完成后给我发送状态报告”这两个复选框，因此实施者的任务状态会自动报告给管理者。管理者可以在自己这一端查看任务进展，将主界面切换到任务视图状态下，在左侧窗格的“当前视图”中选择“当前任务”，就会显示出已经分配并进行中的任务列表与任务的进展情况。

2.3　商务信函的批量制作

知识目标：

➢ 了解 Word 2010 邮件合并的基本概念、功能与常见典型工作任务。

能力目标：

- 掌握批量制作内容相似的文档的方法；
- 能够使用邮件合并功能发送内容相似的大量电子邮件。

2.3.1　工作任务

某房地产公司准备为新开发的住宅项目举行推介会，邀请各界人士共数十人参加，需要向每位参会者发送书面邀请函。邀请函的抬头要写明该嘉宾的姓名及敬称（“先生”或“女士”），同时向嘉宾发送电子邮件进行邀请。

2.3.2　任务分析

本任务中，邀请函的嘉宾姓名及其性别不同，而正文内容则完全相同，如果逐个制作Word文档、发送电子邮件将耗费大量精力。使用Word 2010提供的“邮件合并”功能，则可以批量制作这些商务函件，并以电子邮件形式发送给接收者。

2.3.3　任务处理

1）建立主文档

新建Word文档，撰写邀请函的文本内容，如图2-3-1所示。

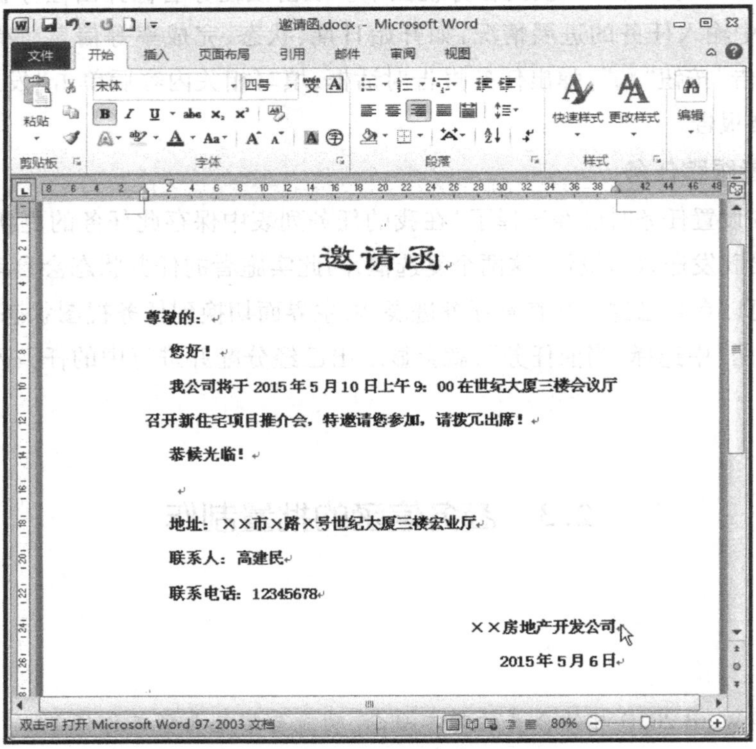

图2-3-1　撰写邀请函

2）制作数据源文件

新建 Excel 文档，将参会人员的相关信息制作成 Excel 工作表，并保存文件，如图 2-3-2 所示。

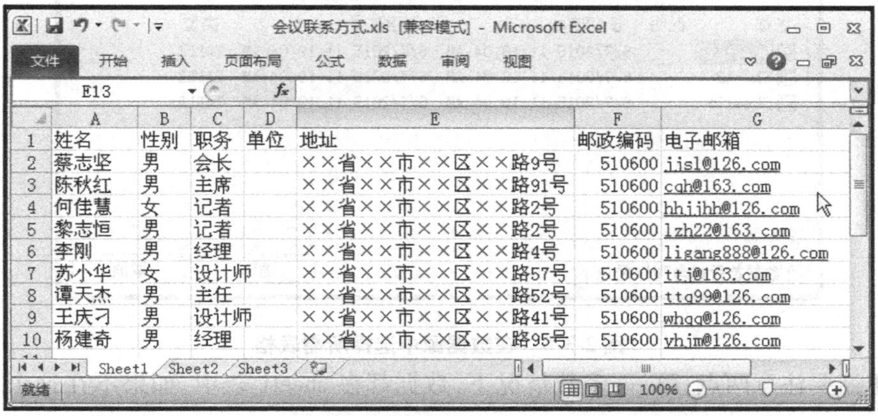

	A	B	C	D	E	F	G
1	姓名	性别	职务	单位	地址	邮政编码	电子邮箱
2	蔡志坚	男	会长		××省××市××区××路9号	510600	jjsl@126.com
3	陈秋红	男	主席		××省××市××区××路91号	510600	cqh@163.com
4	何佳慧	女	记者		××省××市××区××路2号	510600	hhjjhh@126.com
5	黎志恒	男	记者		××省××市××区××路2号	510600	lzh22@163.com
6	李刚	男	经理		××省××市××区××路4号	510600	ligang888@126.com
7	苏小华	女	设计师		××省××市××区××路57号	510600	ttj@163.com
8	谭天杰	男	主任		××省××市××区××路52号	510600	ttq99@126.com
9	王庆刁	男	设计师		××省××市××区××路41号	510600	whqq@126.com
10	杨建奇	男	经理		××省××市××区××路95号	510600	yhjm@126.com

图 2-3-2　数据源

3）切换邮件选项卡

打开“邀请函”Word 文档，单击“邮件”选项卡标签，切换到邮件合并的界面，如图2-3-3 所示，通过该工具栏可以完成所有邮件合并的工作。

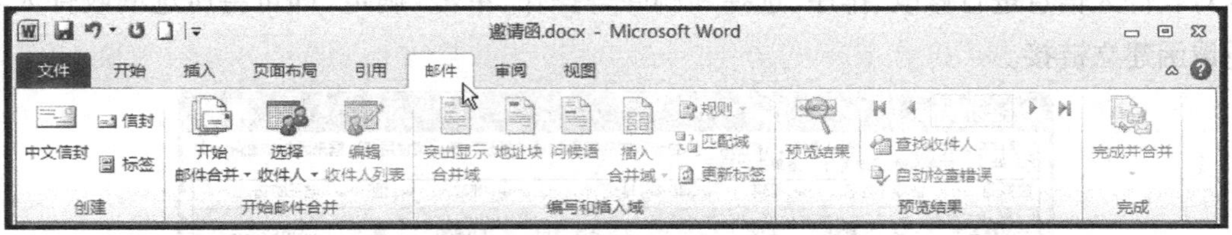

图 2-3-3　“邮件合并”工具栏

4）设置文档类型

单击“开始邮件合并”→“信函”，如图 2-3-4 所示。

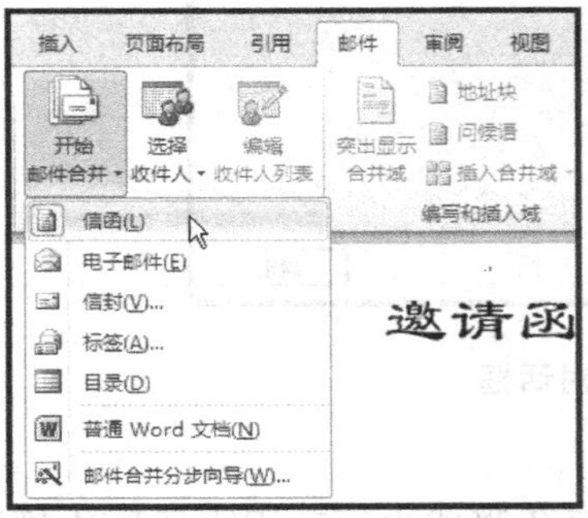

图 2-3-4　设定文档类型

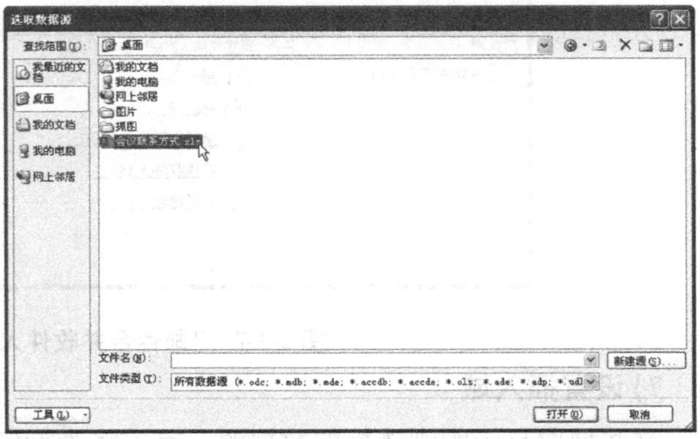

图 2-3-5　选取数据源

5）选择数据源

单击“选择收件人”按钮，打开“选取数据源”对话框，选取之前制作的 Excel 文档作为数据源，如图 2-3-5 所示，单击“打开”，从弹出对话框中选择所需要的工作表，如图 2-3-6 所示。

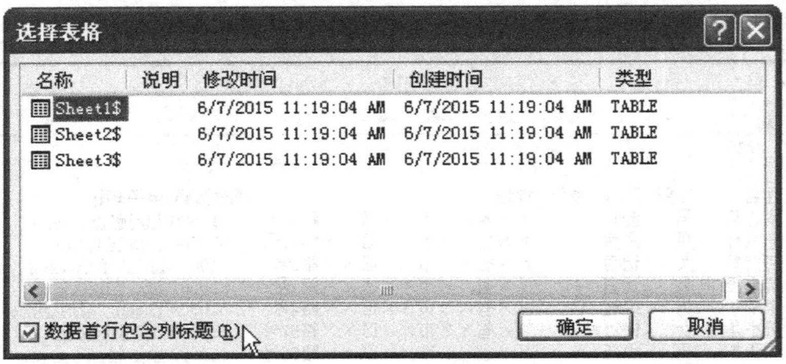

图 2-3-6　在数据源中选择所需表格

这里需要注意两点：第一，多数情况下，数据都在 sheet1 表中，如果不在这个表单中，则需要选择相应的表单；第二，数据首行是否包含列标题，如果是的话，则应选中“数据首行包含列标题”。

6）设置收件人

单击“编辑收件人列表”按钮，打开“邮件合并收件人”对话框（图 2-3-7），通过该对话框对收件人信息进行修改、排序、选择和删除等操作，单击“确定”即可将所选的收件人与邀请函建立链接。

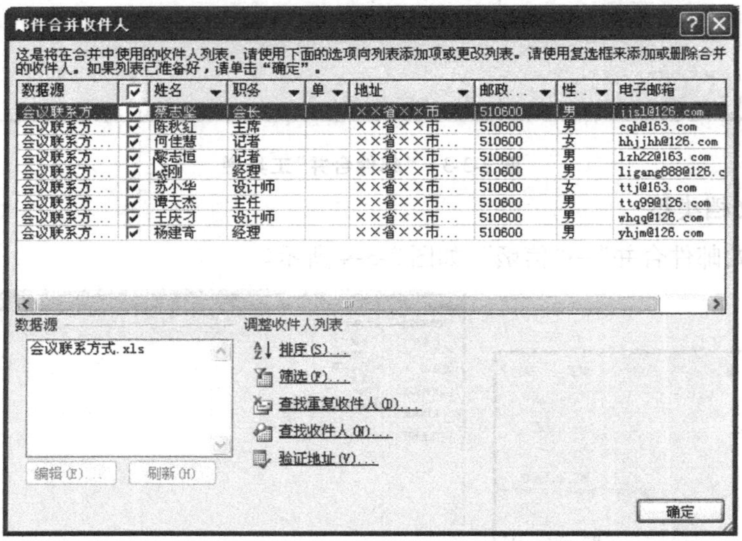

图 2-3-7　“邮件合并收件人”对话框

7）设置插入域

这些域取自于刚刚链接的数据源。首先将光标定位在邀请函文档中需要插入域的位置，即“尊敬的”之后。单击“插入合并域”按钮，在下拉菜单中选择“姓名”（图 2-3-8），插入后文档中显示为“尊敬的《姓名》”。

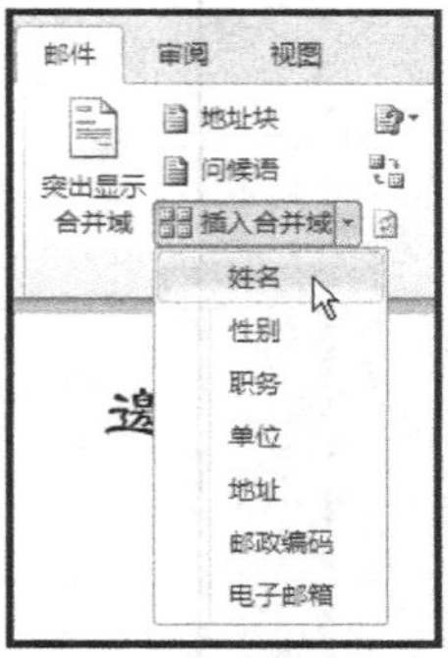

图 2-3-8　插入合并域

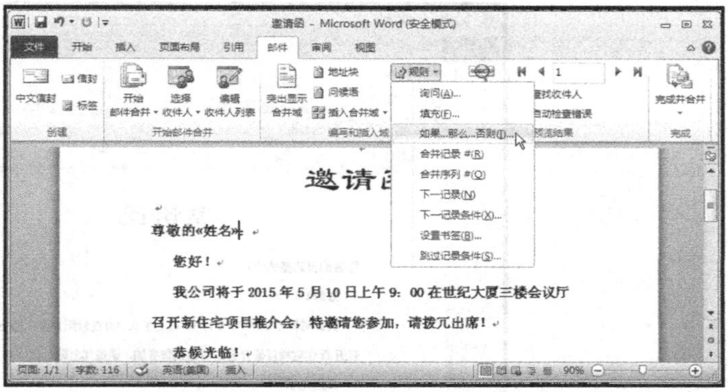

图 2-3-9　选择规则

8）设置规则

光标定位在“《姓名》”后面，单击“规则”→“如果…那么…否则”，如图 2-3-9 所示。在对话框中，将“域名”设为“性别”，“比较条件”设为“等于”，“比较对象”设为“男”，“则插入此文字”设为“先生”，“否则插入此文字”设为“女士”，如图 2-3-10 所示，单击“确定”。

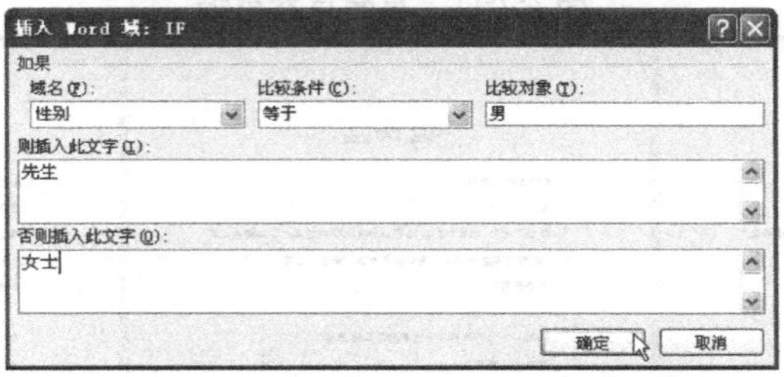

图 2-3-10　设置规则

这一步操作可以根据数据源中的性别信息自动在邀请函中输出“先生”或“女士”作为对被邀请人的尊称。

至此，数据源与邀请函文档的域链接就基本完成了。

9）查看合并数据

单击“预览结果”按钮，查看合并到邀请函中的数据，如图 2-3-11 所示。

10）生成所有人的邀请函并保存

如果对预览的效果满意，则单击“完成并合并”，在下拉菜单中选择“编辑单个文档”，Word 会为数据源中的每一名联系人生成一个邀请函页面，如图 2-3-12 所示。

此时，可将这些邀请函逐份打印出来。如需保存，单击工具栏“保存”按钮，弹出保存对话框，输入文件名并选择保存路径即可。

11）合并到电子邮件

单击“完成并合并”→“合并到电子邮件”，在“邮件选项”的“收件人”下拉列表中选择“电子邮件”；在“主题行”中输入电子邮件的主题，在“邮件格式”中选择“HTML”，在“发送记录”中指定电子邮件的范围，这里选中“全部”；单击“确定”完成操作，即可向电子邮件中合并数据源，如图 2-3-13 所示。

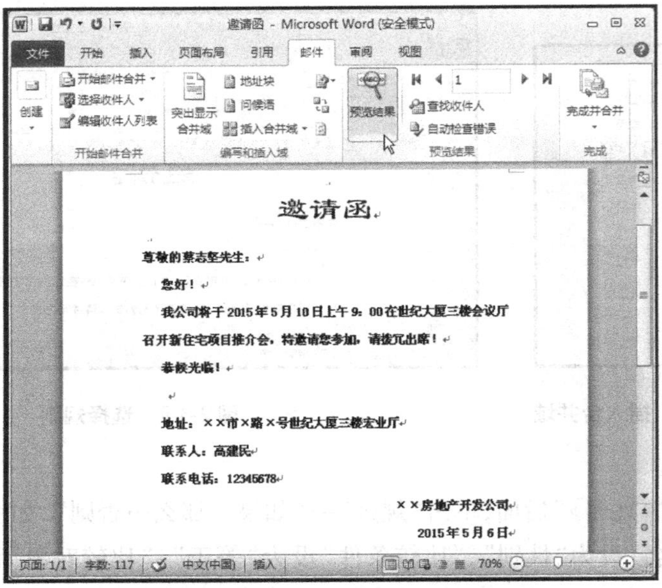

图 2-3-11　查看合并数据

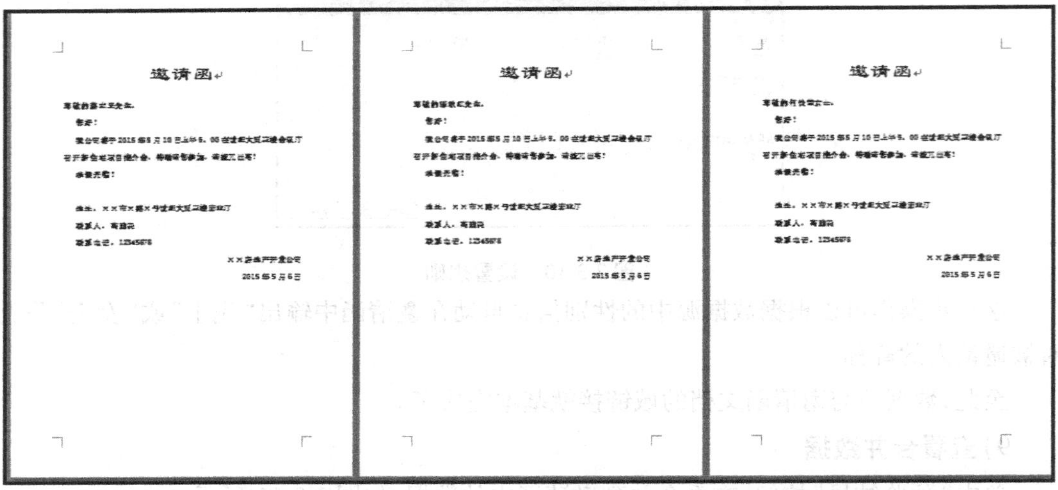

图 2-3-12　生成的多份邀请函

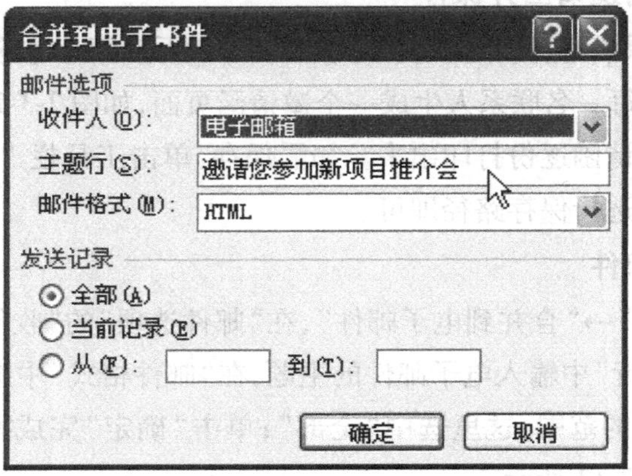

图 2-3-13　“合并到电子邮件”对话框

12）发送电子邮件

当系统完成邮件合并工作后，将会在 Outlook 的“发件箱”中自动生成保存所有参会人员邀请函的电子邮件，此时便可统一发送邀请函了。

2.4 绘制组织结构图和工作流程图

知识目标：

➢ 了解组织结构图、工作流程图的基本功能。

能力目标：

➢ 掌握组织结构图的基本操作；
➢ 能够根据实际情况绘制组织结构图和工作流程图。

2.4.1 工作任务

根据公司部门构成情况，绘制组织结构图。

根据公司客户服务部受理客户投诉的工作规定，绘制客户投诉处理流程图。

2.4.2 任务分析

在向客户介绍本公司的基本情况时，往往需要采用多种形式，如文字、数据、表格、图片等，这样可以增强介绍的形象性。Word 2010 提供的 SmartArt 工具中，包含“组织结构图”工具，经常用于表现单位或部门的内部组织关系，如公司、企业、学校和机关的组织结构。利用这个工具可以很方便地画出各种复杂的组织结构图。

此外，PowerPoint 2010 还提供了一个与之相似的工具，那就是自选图形中的流程图绘制编辑功能，使用这一功能可以将办理某项业务的程序以直观的方式呈现出来。绘制流程图前，需要认真研究阅读公司的相关规章制度，在充分理解把握的基础上才能绘制出科学合理的流程图。

2.4.3 任务处理

1）绘制组织结构图

（1）新建文档

启动 Word 2010 后，新建一个演示文档，选择一种幻灯片设计效果（此处选择背景较为简洁的版式）。在标题文本框中输入“大地公司组织结构图”作为即将绘制的组织结构图的标题并保存，如图 2-4-1 所示。

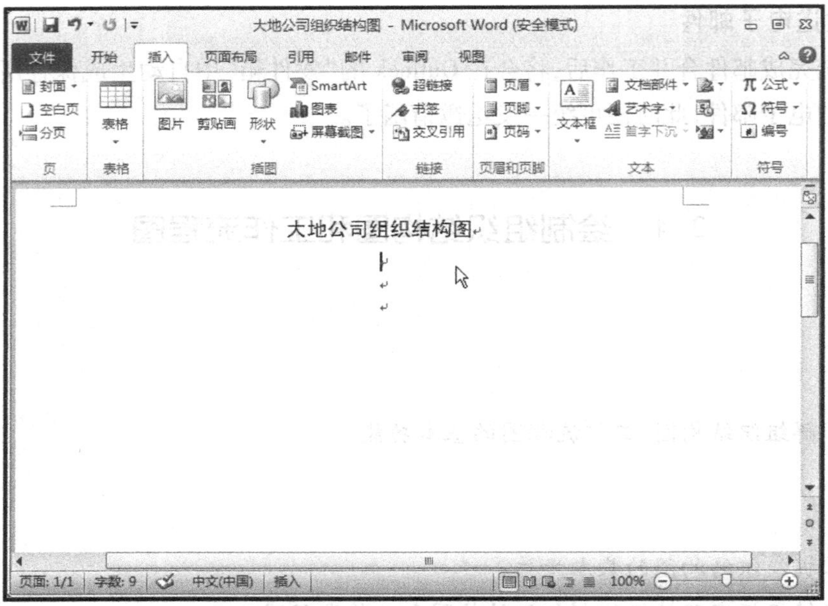

图 2-4-1　新建演示文档

(2)插入组织结构图

①单击"插入"→"插图"→"SmartArt",打开"选择 SmartArt 图形"对话框,在对话框左栏选择"层次结构",中栏选择一种类型,右栏则出现相应的样式预览,如图 2-4-2 所示。

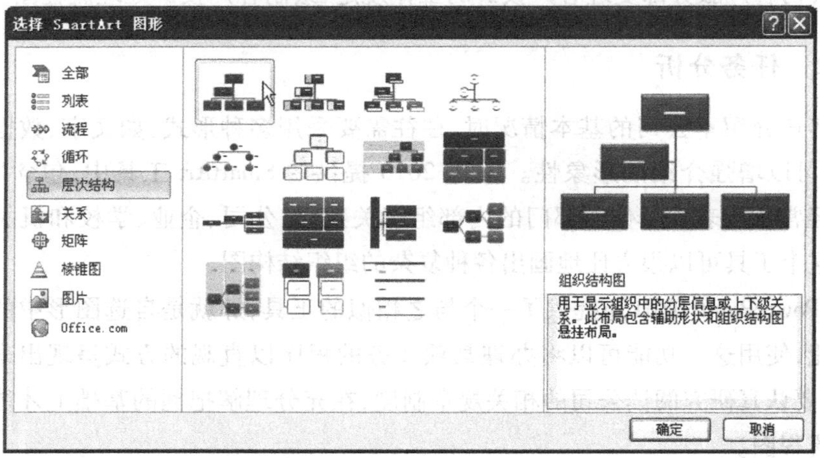

图 2-4-2　选择层次结构类型

②单击"确定",就在页面中插入了一幅组织结构图的雏形,同时出现了"SmartArt 工具"栏,可以使用工具栏中的各项功能对图形进行编辑,如图 2-4-3 所示。

此时插入的图形是软件自带的默认样式,可以根据实际需要对其进行修改。如果第二级不符合自己单位的实际情况,可以将其中的图框删除,方法是:单击需要删除的图框(同时按下【Ctrl】键可选中多个),这时鼠标指针呈"✥"状,同时图框四周出现 8 个控制点,然后按【Delete】键,就可以删除图框。

注意:最高级的图框是不可删除的。

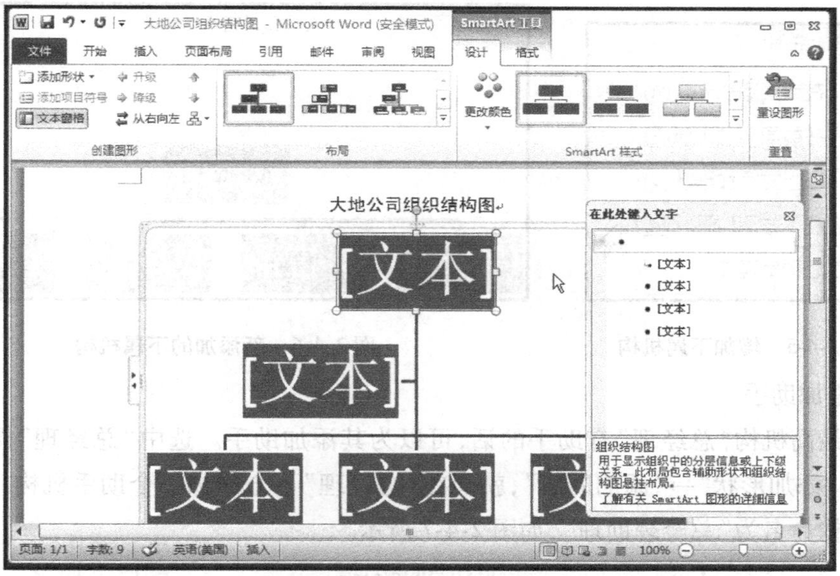

图 2-4-3　插入组织结构图

(3)输入组织机构名称

根据单位机构设置情况,依次在各个图框内单击,输入组织机构的名称,设置文字的字体、字号和颜色等,完成后的效果如图 2-4-4 所示。

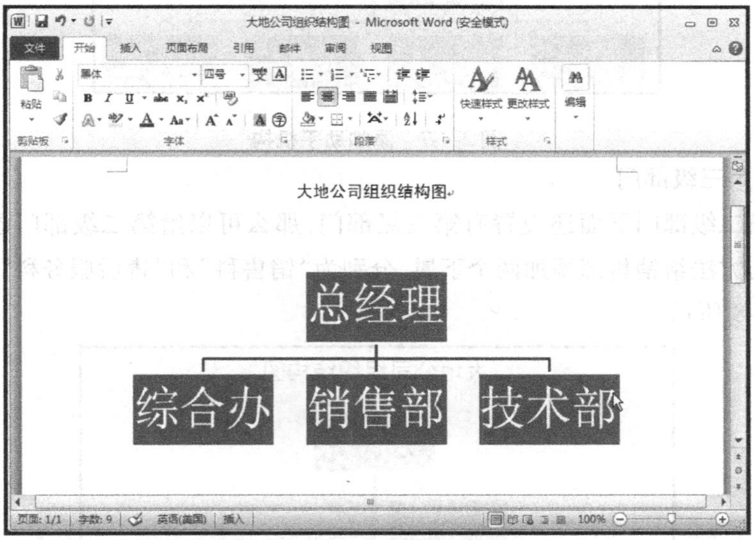

图 2-4-4　输入组织机构名称

(4)添加下属机构

在默认状态下,组织结构图第二级机构只有三个部门。如果多于三个的话,还需要增加二级机构,也就需要为最高机构增加一个下属机构。操作方法如下:

选中最高机构"总经理"图框,单击"设计"→"添加形状"→"在下方添加形状"(图 2-4-5),就会在其二级机构中增加一个图框,对新添加的这个二级机构命名,如图 2-4-6 所示。

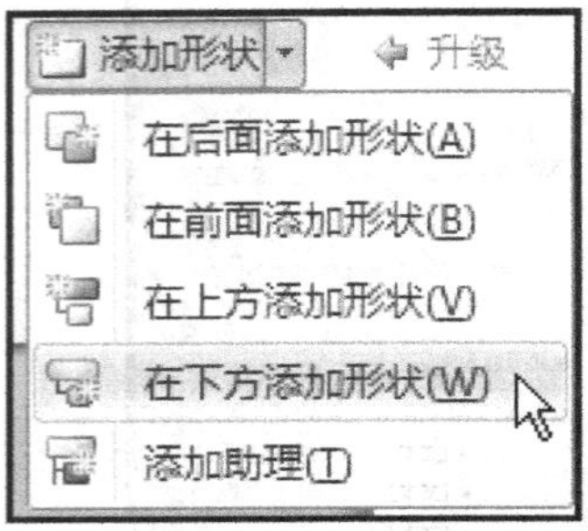

图 2-4-5　增加下属机构

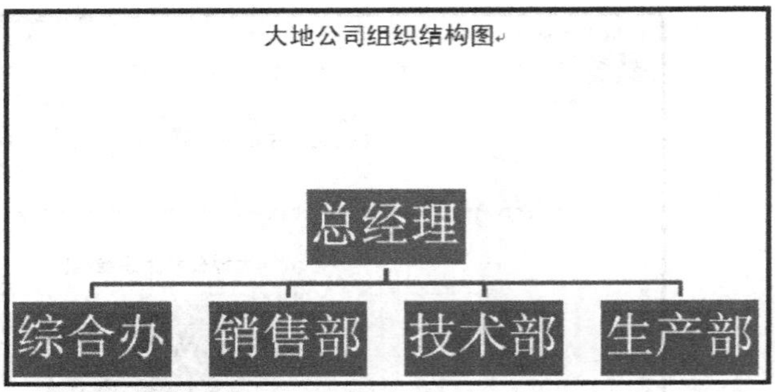

图 2-4-6　新添加的下属机构

(5)添加助手

如果最高机构“总经理”有助手的话，可以为其添加助手。选中“总经理”图框，单击“设计”→“添加形状”→“添加助理”，就会在“总经理”下方增加一个助手机构，将新添加的这个机构命名为“总经理助理”，如图 2-4-7 所示。

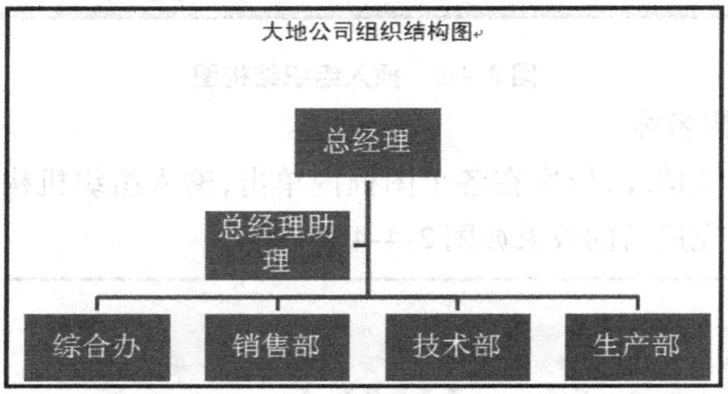

图 2-4-7　添加助手机构

(6)添加第三级部门

如果在第二级部门下面还设置有第三级部门，那么可以给第二级部门添加下属。按照以上介绍的方法给销售部添加两个下属，分别为“销售科”和“售后服务科”，操作完成后效果如图 2-4-8 所示。

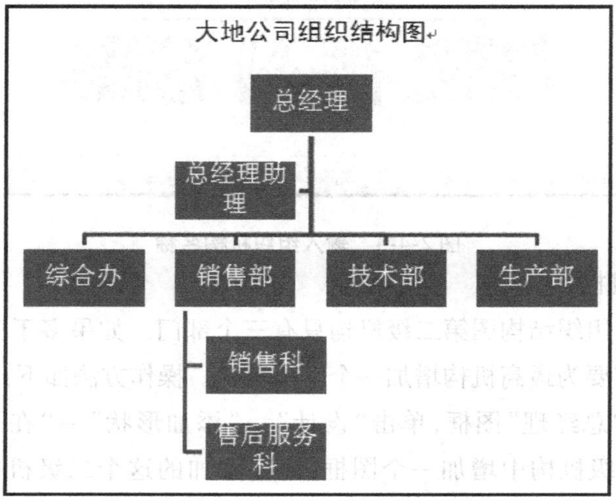

图 2-4-8　添加第三级部门

(7)改变悬挂方式

以上操作完成后,由于受到第三级机构的影响,第二级机构之间的距离出现了不均衡的现象,使得全图不够美观。为了弥补这种缺陷,可以改变第三级机构的显示方式。在“设计”选项卡下,选中带有下属机构的“销售部”,单击“设计”→“布局”,在下拉菜单中选择“标准”(图2-4-9),完成后效果如图2-4-10所示。

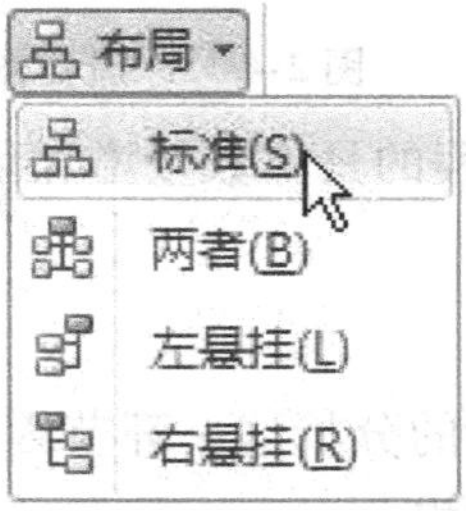

图2-4-9 选择布局方式

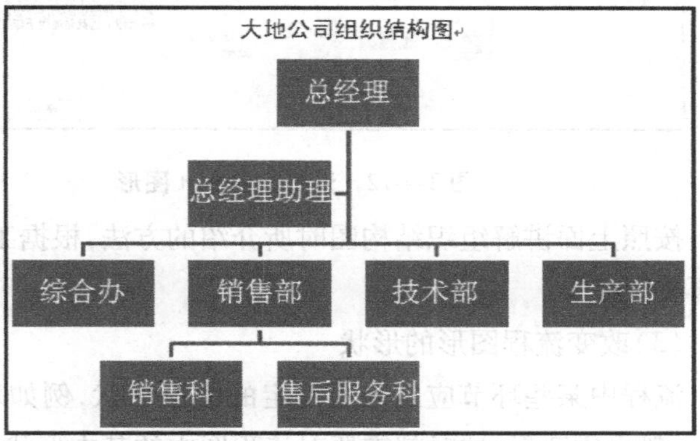

图2-4-10 完成后的效果

(8)美化组织结构图

以上完成的组织结构图比较粗糙,可以在此基础上进行美化。美化的对象主要是文本框和线条。美化的方法主要有两种:一种是套用格式,另一种是进行自主设计。

在“设计”选项卡下,利用SmartArt样式功能区所提供的更改颜色和样式,可以将组织结构图的外观进行改变,如图2-4-11所示。具体方法不再赘述。

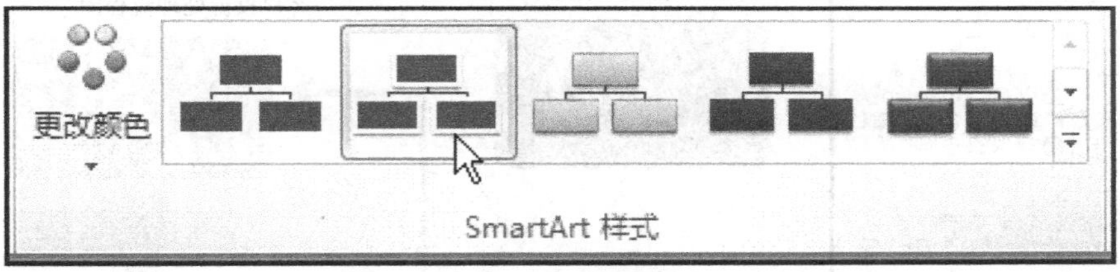

图2-4-11 SmartArt样式

2)绘制客户投诉处理流程图

(1)新建文档

在Word 2010中,SmartArt图形不仅可以制作组织结构图,还可以绘制工作流程图。首先启动Word 2010后新建一个文档,输入“客户投诉处理流程图”并保存。

(2)绘制基本流程

在“插入”选项卡下单击SmartArt按钮,在对话框(图2-4-12)中,左栏选择“流程”,中栏选择一种类型,右栏则出现相应的样式预览。单击“确定”,便在页面中插入了流程的基本式样,根据需要输入各项流程的名称,如图2-4-13所示。

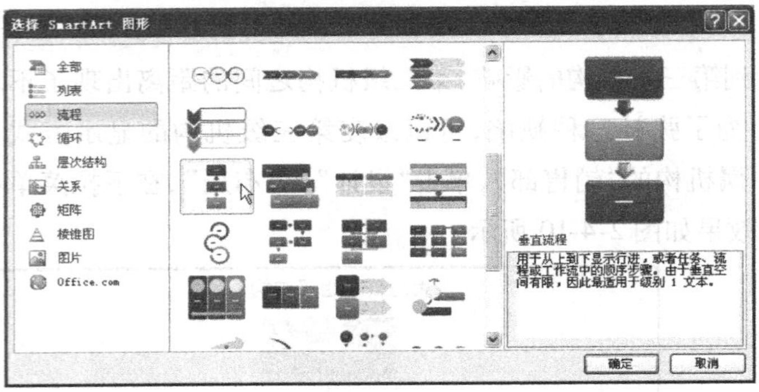

图 2-4-12　选择 SmartArt 图形

图 2-4-13　流程图

按照上面讲解组织结构图时所介绍的方法，根据工作流程的具体数量增加环节，此处不再赘述。

(3)改变流程图形的形状

流程中某些环节应当采用特定的图形形状，例如对投诉的分析这一环节因为涉及判断，一般采用菱形，这时就需要对流程图中的基本形状进行编辑。

选中需要改变形状的流程框，在“格式”选项卡下单击“更改形状”→“流程图”，选择“菱形”(图 2-4-14)，这时选中的流程框就会改变，如图 2-4-15 所示。

对投诉内容分析后，如果是不合理投诉则直接向客户进行反馈。在菱形左侧分别绘制直线、箭头和文本框，在文本框内输入“不合理投诉”，合理投诉由技术部处理，完成后如图 2-4-16 所示。

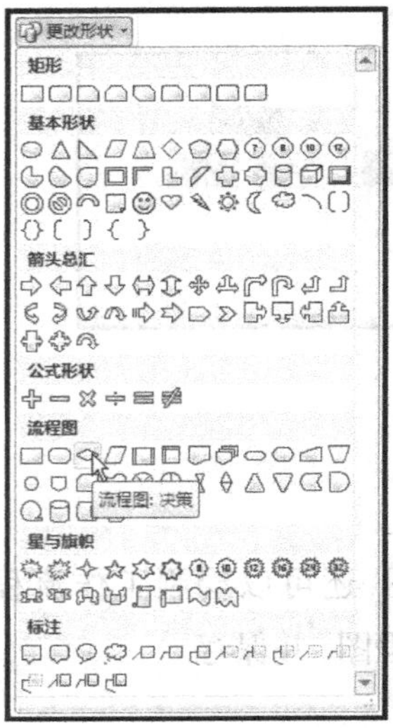

图 2-4-14　选择菱形

图 2-4-15　更改形状

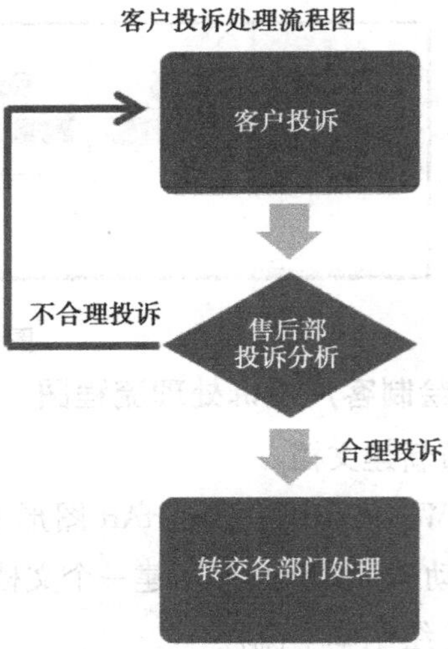

图 2-4-16　设置反馈流程

(4)美化流程图

默认的流程图不够美观，可以利用软件提供的功能将其美化，主要是对颜色、线条、填充色、字体与字号等进行编辑，完成后如图 2-4-17 所示。

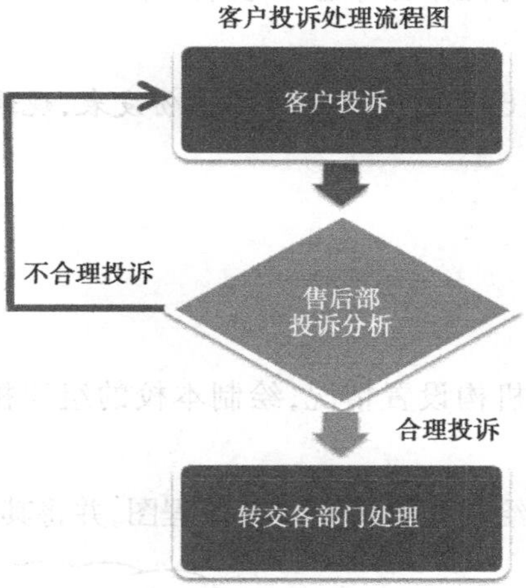

图 2-4-17　流程图完成效果

实训五

1. 假如下周六是你的生日，请设计制作一份折页式的请柬，邀请朋友参加。要求适当采用图片、文本框、文字等元素，制作美观大方。

2. 李丽是春光杂志社的一名文员，主要负责向各地作者发放稿酬。3 月份杂志刊发的部分文章、作者以及稿酬情况见下表。李丽需要完成如下两项工作：

(1)在 Excel 中制作“3 月份作者地址与稿费列表”作为数据源，为其中的每一名联系人制作一个信封，要求信封上标明地址、邮编、姓名和尊称(先生或女士)。

3 月份作者地址与稿费列表

姓　名	性　别	地　址	邮　编	文章标题	稿　费
马志明	男	河北省石家庄市××区×路×号	050021	浅谈当代大学生的道德观塑造	70.50
李明丽	女	江苏省南京市××区××路×号	210012	互联网对大学生人生观的影响	126.00
刘辉	男	吉林省长春市××区××路×号	130401	制作多媒体课件应注意的几个问题	94.00
吴天明	男	四川省成都市××县××路×号	611437	高职毕业生就业渠道研究	50.00
苏惠	女	广东省广州市××区××路×号	511300	高职院校学生社团活动中存在的主要问题	50.00

(2)利用上表的数据源,为每位作者寄送一封信件,内容如下:

尊敬的　先生(或女士):

您的大作《　》(文章标题)已在本刊2015年5月份发表,现通过邮政汇款将稿酬　元奉上,请注意查收。感谢赐稿!

祝身体健康、事业如意!

春光杂志社

2015年6月16日

3. 请根据自己所在学校的机构设置情况,绘制本校的组织机构图,并对其进行美化修饰。

4. 请在PowerPoint 2010中绘制如图2-4-18的流程图,并将其进行组合。

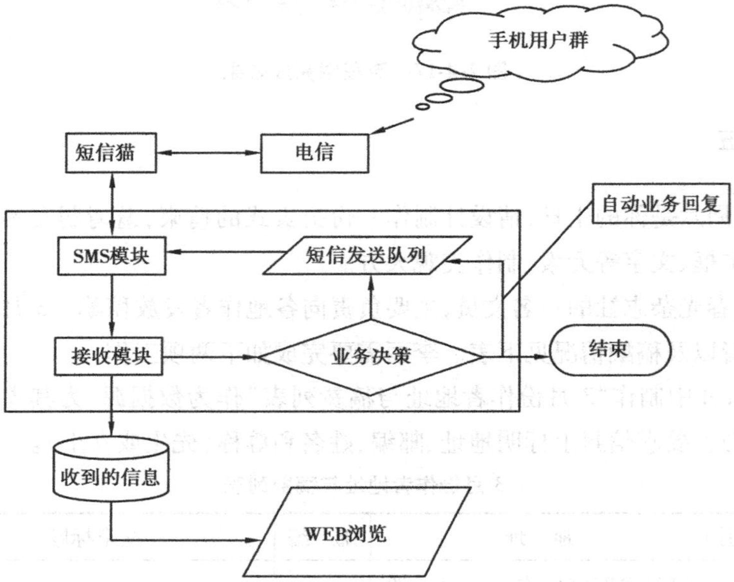

图2-4-18　流程图练习题

5. 在Outlook 2003中创建一个任务,具体要求如下:工作内容为搜集2015年空调价格趋势信息,完成时间为2015年5月20日(或酌情另选其他时间),任务所需要的时间为15小时。

6. 将第1题中创建的任务分配给一名联系人,并监督其实施进展状态。

7. 新建一个将于2015年5月12日召开的会议,将会议通知发送给其他同学。其他同学接到会议通知后,将是否参会反馈给组织者,组织者根据情况修改会议信息或取消会议。

第3章 管理工作

学习目标：

➢ **学习日常管理中诸多任务的处理方法，掌握公文制作、档案管理、会议管理、财务分析、项目预测、产品宣传的方法。**

3.1 电子公文

知识目标：

➢ 了解 Word 2010 的基本操作；

➢ 了解 Word 2010 模板的功能和类型。

能力目标：

➢ 掌握利用 Word 2010 制作规范公文模板的方法；

➢ 能够使用 Word 2010 公文模板制发格式统一的公文。

3.1.1 工作任务

设计一份公文样式，并保存为模板，留作日常使用。

3.1.2 任务分析

Word 2010 的模板功能可以将众多相同的格式、设置固定下来，供用户调用，可以提高工作效率。

本任务主要涉及三方面的工作：一是公文的撰写，二是制作 Word 2010 模板，三是将制作的 Word 2010 模板应用到已经撰写完毕的公文上，制作规范的红头文件。公文撰写的知识与要求不属于本书的范围，可以参阅相关资料完成。

利用 Word 2010 制作红头文件模板，必须要正确体现公文的格式规范，相关的规范请参阅《党政机关公文处理工作条例》(2012 年 7 月 1 日起执行)和国家标准《党政机关公文格式》。

3.1.3　任务处理

1)制作 Word 2010 模板

(1)新建 Word 2010 文档

单击 Word 2010 主界面左上角快速访问工具栏中的“新建文档”按钮“□”,新建一个空白文档。

(2)进行页面设置

公文格式关于用纸、页边距、行距等都有比较严格的要求,制作公文模板时应当遵守这些规范。新建的文档纸张默认为 A4 纸型,符合要求,不必重新设置。

①设置页边距。以公文格式要求进行页面设置。单击“页面布局”→“页边距”→“自定义页边距”,将上下页边距均设为 3.7 cm,左右页边距均设为 2.8 cm,这样可以保证版心尺寸为 156 mm×225 mm,如图 3-1-1 所示。

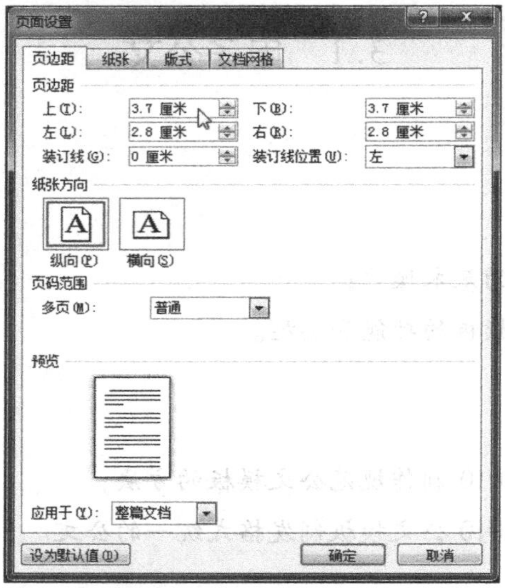

图 3-1-1　设置页边距

②设置行数和字符数。在“文档网格”标签中,选中“指定行和字符网格”,并设置为每页 22 行,每行 28 个字。

③设置正文字体、字号。单击“开始”→“字体”组右侧的下拉按钮,在弹出的“字体”对话框中按公文格式要求进行字体设置,设为三号仿宋体,字形为“常规”。设好正文字体、字号后,留出几行空白区域,为后面的设置预留位置。

(3)制作版头部分

公文的版头部分俗称为“红头”,制作方法如下:

①光标定位于第一行,依次单击“插入”→“文本框”→“简单文本框”,则在插入位置生成带有默认文字内容的文本框。

②在默认的“绘图工具”选项卡下的“形状样式”组中依次单击“形状轮廓”→“无轮廓”。

③在文本框中录入“卓越房地产有限公司文件”作为发文机关标志，将字体设置为宋体，大小为35号，颜色为红色，位置居中，并且将其轮廓设置为红色。

④将光标移到文本框的下一行，输入发文字号的常规格式，如“卓越文字〔2014〕号”，字体为仿宋体，字号为三号，居中对齐。

⑤画红色分隔线。依次单击“插入”→“形状”→“线条”，在“线条”中选择“直线”，在发文字号下方拖动鼠标左键，画一条直线。选定直线，单击“绘图工具”→“形状形式”→“形状轮廓”，将其设置为红色，2.25磅。

完成后的效果如图3-1-2所示。

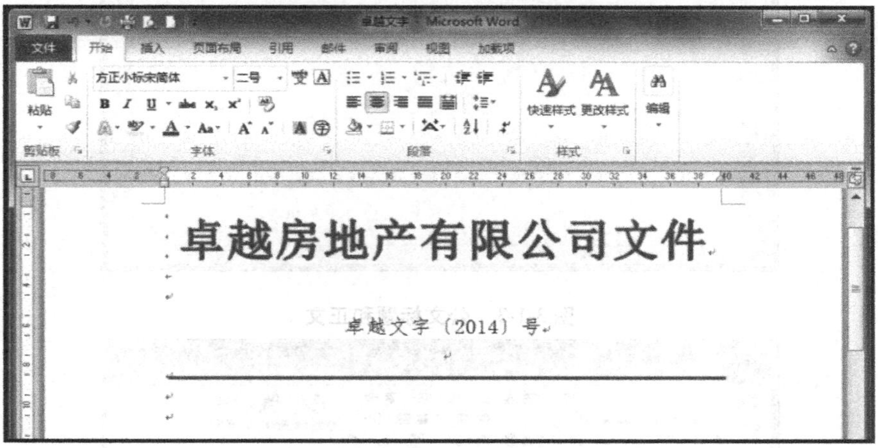

图3-1-2　制作版头

(4)设置标题和正文格式

①将光标移到红色分隔线下两行的位置，此处将作为公文标的题的位置，将字号、字体设置为二号小标宋体，并居中对齐，输入标题常用的词组，如“关于　　的通知”。

②输入收文机关，例如“公司各单位：”。

③正文的字体和字号前面已经设置好了，为三号仿宋体，此处可以省略设置。需要注意的是，每个自然段须左起空两个汉字的位置。

④在正文位置之后输入主送机关名称和发文日期，并且居右空两个字符位置对齐。发文机关名称为“卓越房地产有限公司”，发文日期为“2014年1月10日”。

完成后的效果如图3-1-3所示。

(5)制作版记部分

版记是红头文件的末尾部分，需要使用三条横线隔开抄送机关、印发机关和印发日期等内容。

①按照上面介绍的方法，在发文日期下方每隔一行添加一条横线，共三条横线，均为黑色，2磅粗细，长度与版心相同。

②按公文格式要求分别添加抄送机关、印发机关和日期两行内容，为四号仿宋体，左起空两个字符位置。

完成后的效果如图3-1-4所示。

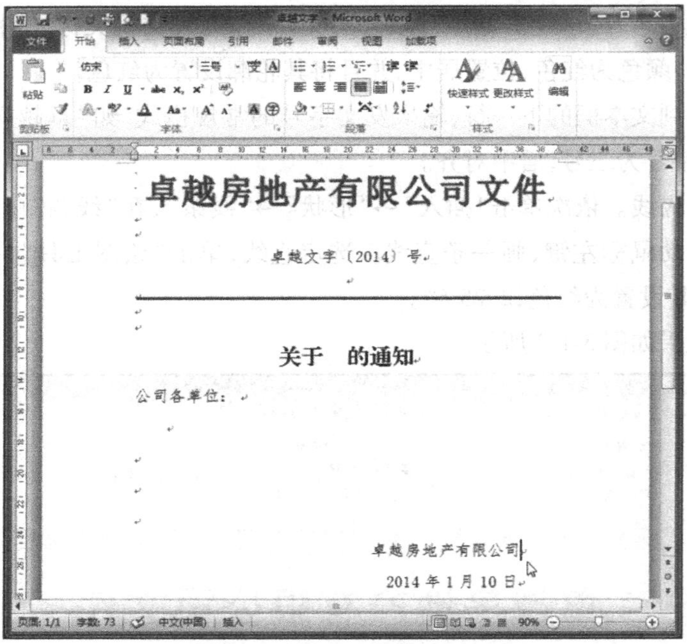

图 3-1-3　公文标题和正文

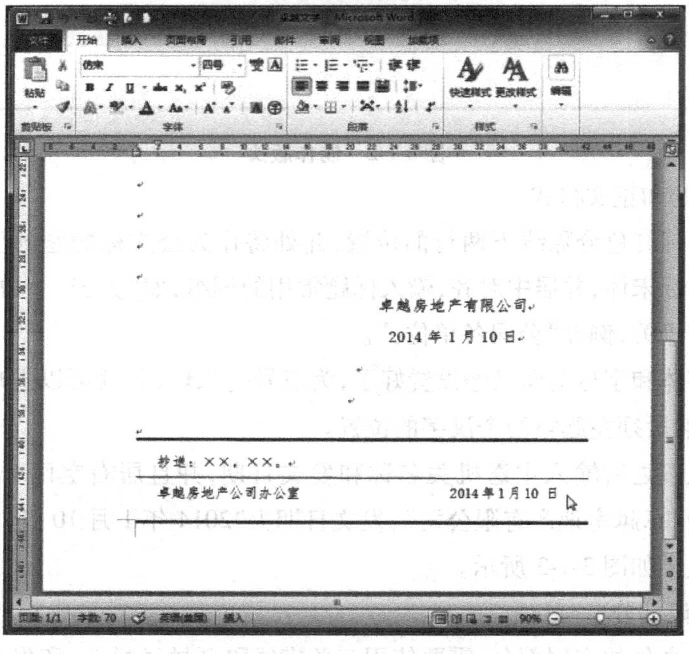

图 3-1-4　公文的版记部分

(6)保存为模板

单击"文件"→"另存为",选择"保存类型"为"Word 模板",在"文件名"输入模板名称并选择保存位置,单击"保存",如图 3-1-5 所示。

保存为模板后,以后工作中如果需要编辑红头文件,则可以直接从该模板新建文档。模板的格式设置将在新文档中得到应用,减少了重复设置。

图 3-1-5 保存为母版

2) 应用 Word 2010 红头文件模板编辑公文

(1) 使用红头文件模板新建文档

启动 Word,单击“文件”→“新建”,在“可用模板”栏中选择“我的模板”,如图 3-1-6 所示。单击“我的模板”后,弹出模板选择框,选择“卓越公司红头文件模板”。

图 3-1-6 从模板新建文档

(2)撰写公文

在从公文模板新建的文档中根据具体需要对文档中的原有内容进行修改,例如修改发文字号中的序号、发文日期等。

(3)保存打印

文件撰写完成后,仔细检查确保无误,将完成的文件及时保存,并在打印机上输出。

3.2 财务分析

知识目标:

- 了解 Excel 2010 中数据处理的高级技巧及不同工作表之间协同工作的操作;
- 熟悉公式和函数的基本编辑及图表的处理。

能力目标:

- 熟练掌握工作表间协同工作的方法;
- 熟练掌握图表的制作方法和添加趋势线的操作方法。

3.2.1 工作任务

根据公司某段时间内的财务数据进行财务分析和预测,为投资和经营活动提供准确、翔实的依据。

3.2.2 任务分析

数据比较和分析最常用到的工具是 Excel 2010,使用它制作数据变化对比图和趋势分析线,可直观地看出财务收支的变化情况。

3.2.3 任务处理

1)制作数据表

将公司一段时间内的财务数据制作成工作表"经营情况分析表",如图 3-2-1 所示。

2)制作月损益分析表

将上述两表保存在工作表 sheet1 中,更名为"月经营情况表",将工作表 sheet2 更名为"月损益分析表"。以 2013 年 12 月为基础,分析两年同期数据的变化。

(1)数据输入

输入月损益分析表的各个项目。

(2)数据引用

在 B3 单元格中输入 12 月份"总投资"数据,这里采用数据的相对引用和工作表之间的协同工作。单击 B3 单元格，输入“ = ”，之后单击工作表“月经营情况分析表”，选择“G18”(2014 年 12 月总投资数据)，按【Enter】键结束。

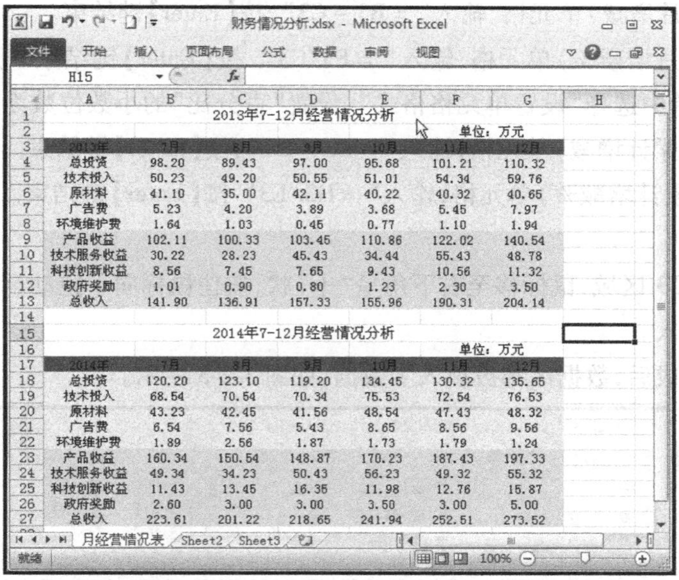

图 3-2-1　经营情况分析表

选中 B3 单元格，移动鼠标到单元格右下方呈“**+**”状时，按住鼠标向下拖动至 B12，即可填充 2014 年 12 月份的其他项目数据。

采用同样方法，填入 2013 年同期数据，完成后的数据如图 3-2-2 所示。

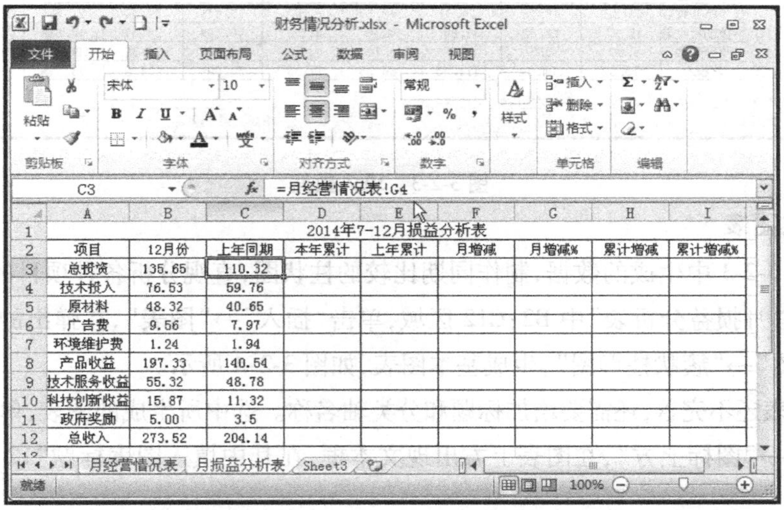

图 3-2-2　填入数据

(3)函数运用

填充 2014 年 7—12 月总投资累计数据。选中 D3 单元格，单击求和图标“Σ”，单元格中出现“=SUM(B3:C3)”，这时单击工作表“月经营情况表”，鼠标选择 B18：G18 区域，按【Enter】键结束，填入“本年累计”数据和“上年累计”数据。

(4)公式运用

“月增减”等其他四列数据通过编辑公式填入。

①选中 F3(月增减)单元格,输入“ = B3 - C3”,按【Enter】键结束。

②选中 G3(月增减%)单元格,输入“ = F3/C3”,按【Enter】键结束。选中 G3,右击鼠标,在弹出的菜单中选择“设置单元格格式”,设置“百分比”的小数位数为“2”。

③选中 H3(累计增减)单元格,输入“ = D3 - E3”,按【Enter】键结束。

④选中 I3(累计增减%)单元格,输入“ = H3/E3” 按【Enter】键结束。同 G3 设置百分数的格式。

⑤选中 F3:G3 区域,鼠标移至右下角呈“+”状,按住鼠标向下拖动至第 12 行,其他项目的数据即被填入。

以上操作完成后,数据区都被填入了数据,如图 3-2-3 所示。

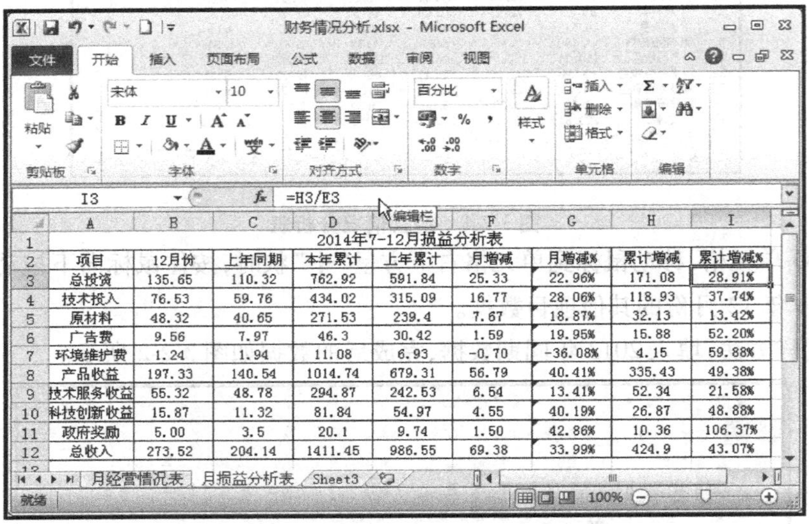

项目	12月份	上年同期	本年累计	上年累计	月增减	月增减%	累计增减	累计增减%
总投资	135.65	110.32	762.92	591.84	25.33	22.96%	171.08	28.91%
技术投入	76.53	59.76	434.02	315.09	16.77	28.06%	118.93	37.74%
原材料	48.32	40.65	271.53	239.4	7.67	18.87%	32.13	13.42%
广告费	9.56	7.97	46.3	30.42	1.59	19.95%	15.88	52.20%
环境维护费	1.24	1.94	11.08	6.93	-0.70	-36.08%	4.15	59.88%
产品收益	197.33	140.54	1014.74	679.31	56.79	40.41%	335.43	49.38%
技术服务收益	55.32	48.78	294.87	242.53	6.54	13.41%	52.34	21.58%
科技创新收益	15.87	11.32	81.84	54.97	4.55	40.19%	26.87	48.88%
政府奖励	5.00	3.5	20.1	9.74	1.50	42.86%	10.36	106.37%
总收入	273.52	204.14	1411.45	986.55	69.38	33.99%	424.9	43.07%

图 3-2-3　填入数据

3)生成图表

使用图 3-2-3 中生成的数据,制作同期比较的柱状图,直观分析各种项目的变化情况。

①选中“月损益分析表”中 B2:C12 区域,单击“插入”→“图表”,在弹出的下拉菜单中选择“柱形图”→“簇状柱形图”,生成基本图表,如图 3-2-4 所示。

这张图表还不完善,还需要增加标题和分类轴名称。选中所生成的图表,单击“布局”→“图表标题”→“图标上方”,在图表上方出现文本框,在其中填入图表标题“12 月份损益分析图”。

②选中图表,单击鼠标右键,在弹出的菜单中单击“选择数据”,弹出“选择数据源”对话框,如图 3-2-5 所示。在右侧的“水平(分类)轴标签”栏中选择“编辑”按钮,用鼠标选中 A3:A12 单元格,单击“确定”,这时图 3-2-5 中右侧水平分类轴的标签由数字变为名称,单击“确定”。

以上操作完成后,损益分析图表的效果如图 3-2-6 所示。按照同样方法制作“7—12

月累计损益分析图”，此处不再赘述。

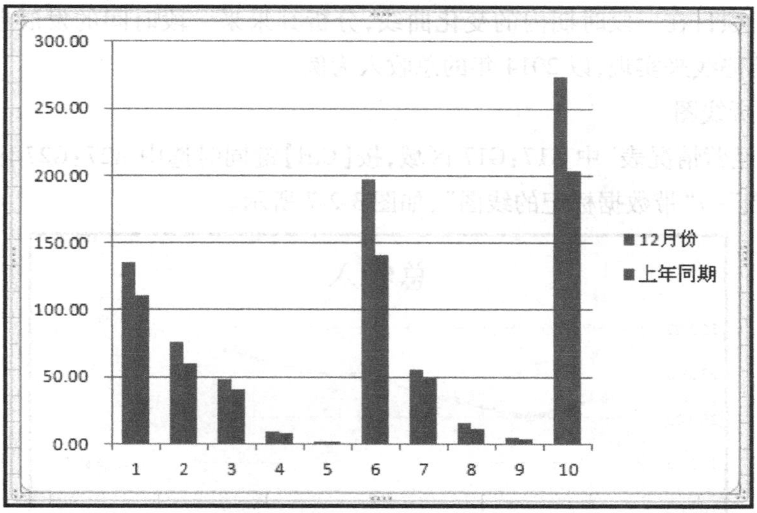

图 3-2-4　柱形图

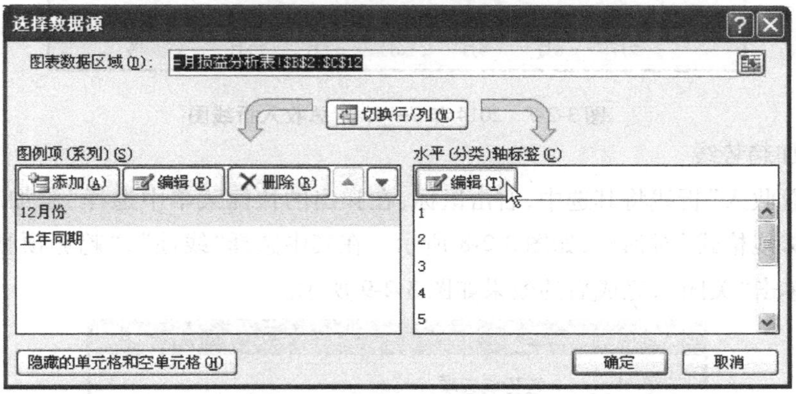

图 3-2-5　选择数据源

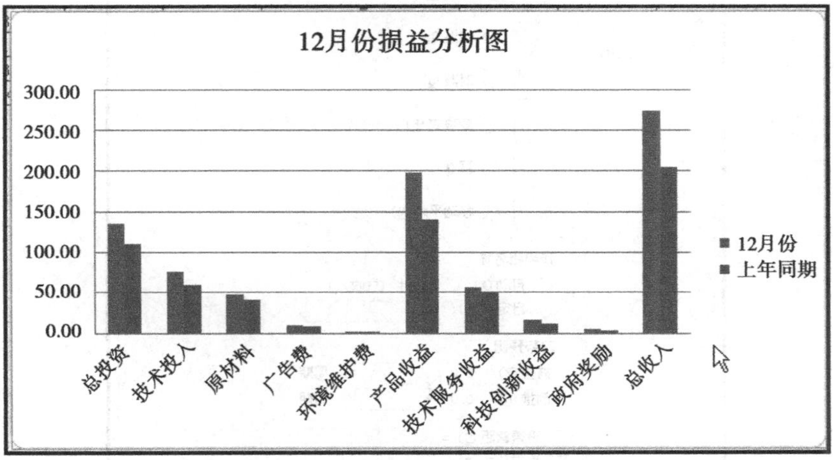

图 3-2-6　损益分析图

4)趋势分析

研究某一项目在一段时期内的变化曲线,分析其未来一段时间的发展趋势。此任务可通过添加趋势线来实现,以 2014 年的总收入为例。

(1)绘制折线图

选定"月经营情况表"中 A17:G17 区域,按【Ctrl】键同时选中 A27:G27 区域,单击"插入"→"折线图"→"带数据标记的线图",如图 3-2-7 所示。

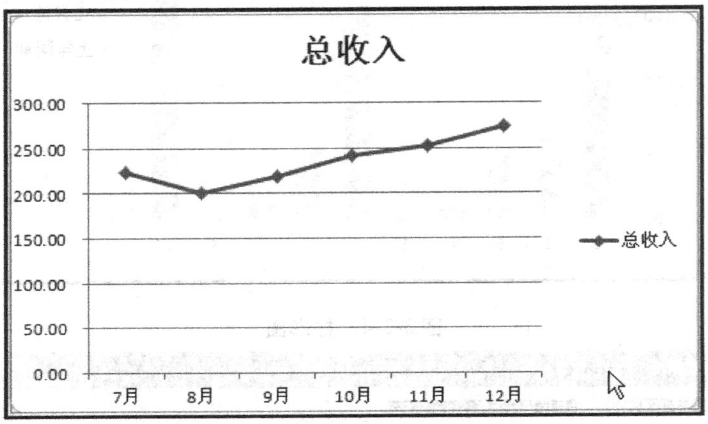

图 3-2-7　2014 年 7—12 月总收入折线图

(2)添加趋势线

单击"总收入"折线将其选中,右击鼠标,在弹出的快捷菜单中选择"添加趋势线",弹出"设置趋势线格式"对话框,如图 3-2-8 所示。在其中选择"线性","趋势预测"设置为前推 2 周期,单击"关闭",完成后的效果如图 3-2-9 所示。

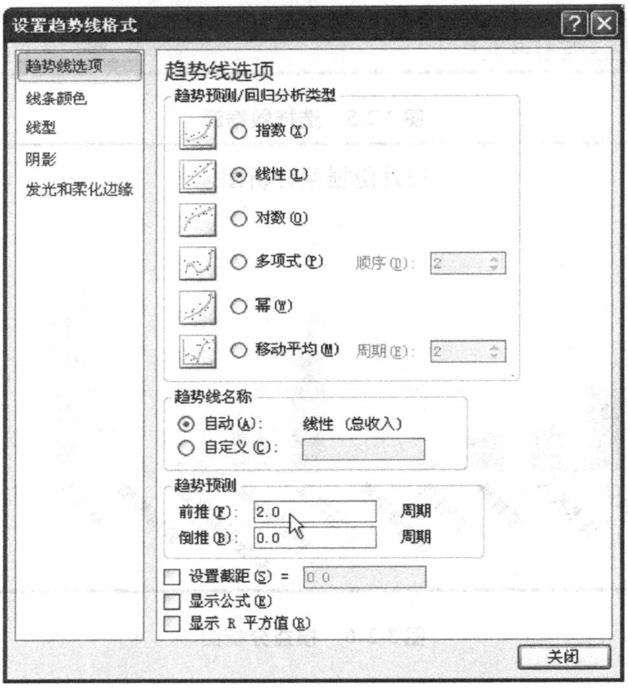

图 3-2-8　设置趋势线格式

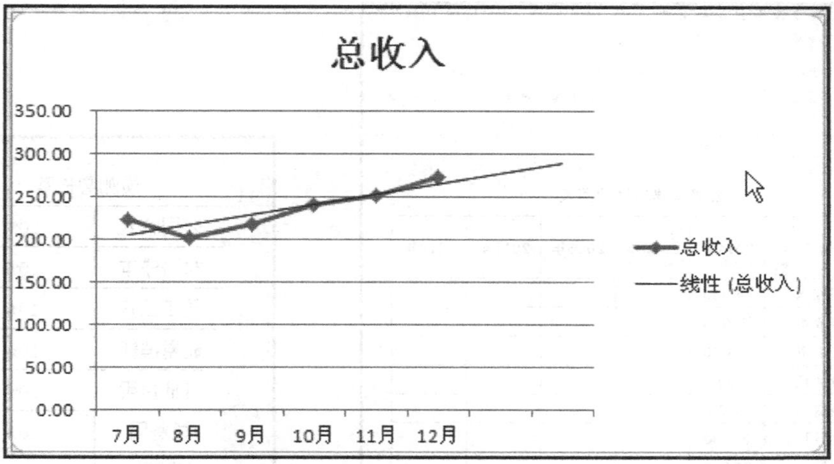

图 3-2-9　趋势线完成效果

3.3　项目预测分析

知识目标：

➢ 了解 Excel 2010 中“方案管理器”功能，熟悉数据绝对引用技术。

能力目标：

➢ 熟练掌握数据的绝对引用；
➢ 掌握“方案管理器”的编辑方法。

3.3.1　工作任务

现有某公司 2014 年某基建项目的收、支数据，请据此对未来几年内类似项目的经营情况进行预测。

3.3.2　任务分析

在公司经营项目的管理中，通过设计几种方案，对某一项目进行预测分析比较，可帮助公司有的放矢地进行项目的规划。在 Excel 2010 中，“方案管理器”功能可帮助人们实现这一要求。

3.3.3　任务处理

1）录入各项目数据

根据本项目 2014 年各项数据在 sheet1 中制作“公司项目预测表”，并将文档命名为“数据表”，如图 3-3-1 所示，计算“总费用” = SUM(B4:B7)，“利润” = B3 − B8。

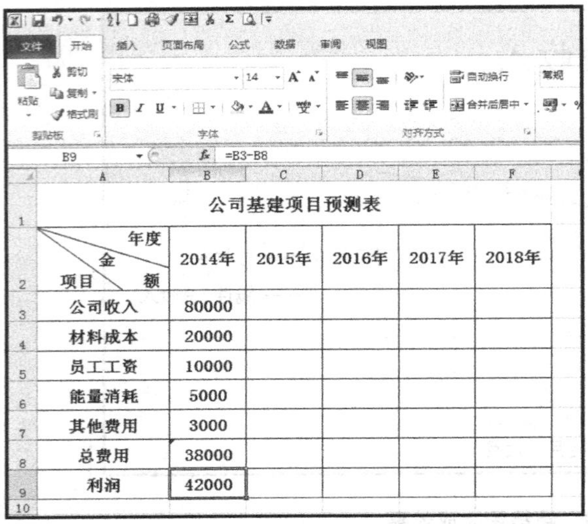

公司基建项目预测表					
年度 金额 项目	2014年	2015年	2016年	2017年	2018年
公司收入	80000				
材料成本	20000				
员工工资	10000				
能量消耗	5000				
其他费用	3000				
总费用	38000				
利润	42000				

图 3-3-1　数据表

预测增长率	
公司收入	10%
材料成本	10%
员工工资	10%
能量消耗	10%
其他费用	10%
总费用	10%
利润	10%

图 3-3-2　各年度 10% 增长预测数据

2）设定预测增长率

在 A11:B17 区域中输入本项目中各项数据的预测增长率，设定为 10%，如图 3-3-2 所示。

3）计算各项数据年度增长值

本步骤要使用绝对引用概念，以减省操作环节。首先输入 2015 年预测数据，选中 C3 单元格，输入"=B3*(1+$B$12)"。同样，依次选中 C4—C7 单元格，分别输入"=B4*(1+$B$13)""=B5*(1+$B$14)""=B6*(1+$B$15)""=B7*(1+$B$16)"。同前述方法计算"总费用"和"利润"的数值。

选中 C3:C9 区域，移动鼠标至右下角呈"十"状，按住鼠标向右拖动至 F 列，2016—2018 年预测数据即可填入，如图 3-3-3 所示。

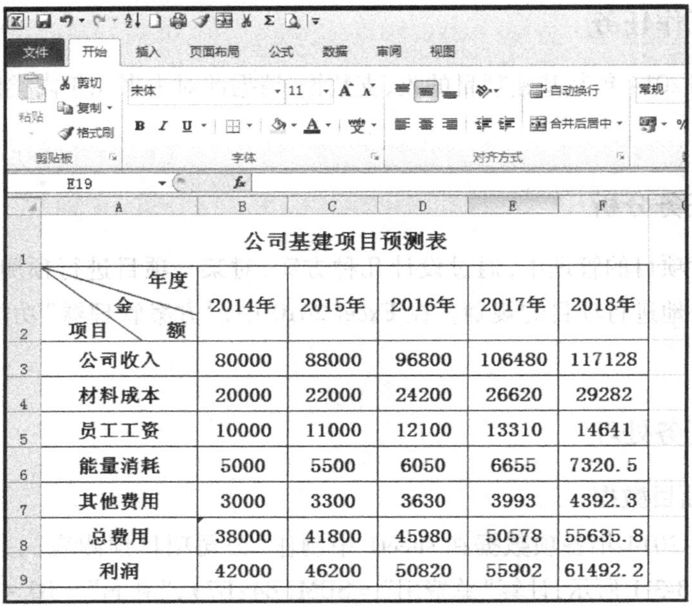

公司基建项目预测表					
年度 金额 项目	2014年	2015年	2016年	2017年	2018年
公司收入	80000	88000	96800	106480	117128
材料成本	20000	22000	24200	26620	29282
员工工资	10000	11000	12100	13310	14641
能量消耗	5000	5500	6050	6655	7320.5
其他费用	3000	3300	3630	3993	4392.3
总费用	38000	41800	45980	50578	55635.8
利润	42000	46200	50820	55902	61492.2

图 3-3-3　填入数据

4)设定方案

设定不同的增长方案,通过预测数据的比较,为公司提供有效决策依据。

(1)添加方案

选中预测增长率 B12:B16,单击“数据”→“模拟分析”,弹出“方案管理器”对话框,如图 3-3-4 所示。单击“添加”,输入方案名(如 30% 方案),如图 3-3-5 所示,单击“确定”。在弹出的窗口中设置各单元格的方案变量值(0.3),如图 3-3-6 所示,单击“确定”。

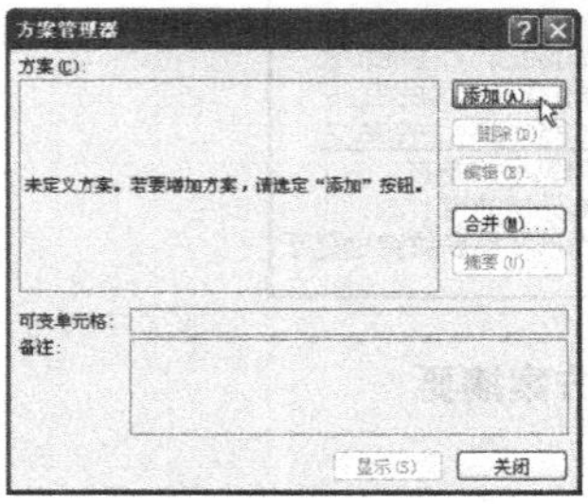

图 3-3-4 方案管理器对话框

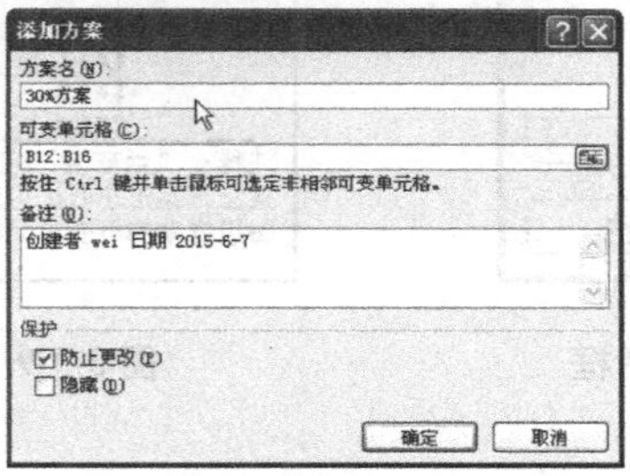

图 3-3-5 设定方案名称

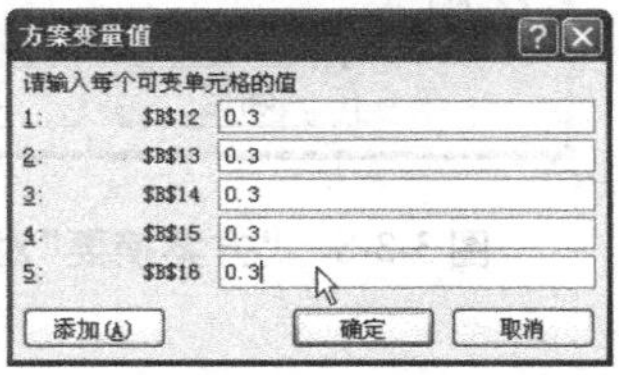

图 3-3-6 方案变量值窗口

(2)“显示”功能

此功能可直接观察同一方案不同年度的数据。单击“方案管理器”中的“显示”,则在“数据表”中显示不同预测方案情况下各年度的数据变化,如图 3-3-7 所示。

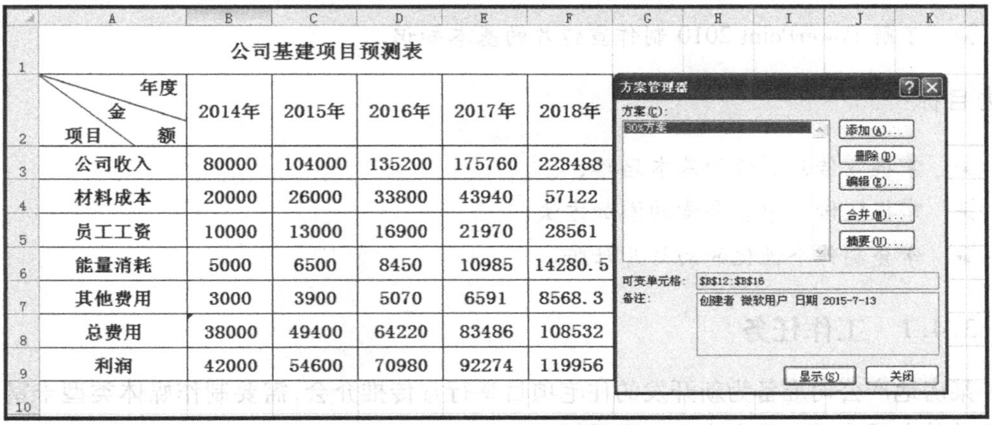

公司基建项目预测表

项目 \ 金额 \ 年度	2014年	2015年	2016年	2017年	2018年
公司收入	80000	104000	135200	175760	228488
材料成本	20000	26000	33800	43940	57122
员工工资	10000	13000	16900	21970	28561
能量消耗	5000	6500	8450	10985	14280.5
其他费用	3000	3900	5070	6591	8568.3
总费用	38000	49400	64220	83486	108532
利润	42000	54600	70980	92274	119956

图 3-3-7 “方案管理器”显示功能

(3)“摘要”功能

单击“方案管理器”中的“摘要”,在弹出的窗口将“报表类型”选择为“方案摘要”,“结果单元格”中输入 F2:F9(2018 年数据),如图 3-3-8 所示。单击“确定”,即生成“方案摘要”分析表,如图 3-3-9 所示。

另外,除不同年度外,还可在“结果单元格”输入某一项具体数据,如 A9:F9(“利润”)可生成不同方案下“利润”的预测数据方案摘要。

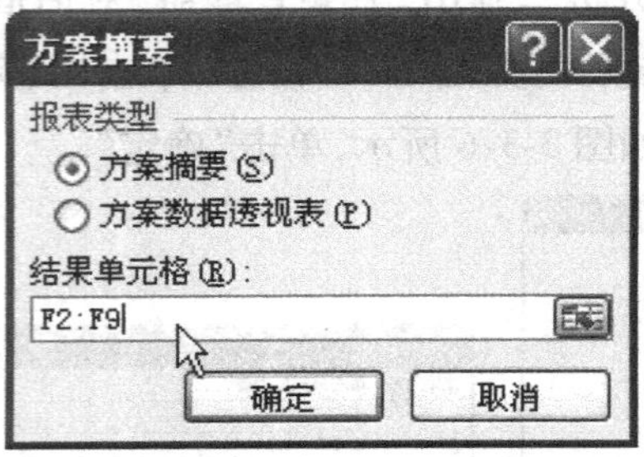

图 3-3-8 “方案摘要”对话框

方案摘要		
	当前值:	30%方案
可变单元格:		
$B$12	30%	30%
$B$13	30%	30%
$B$14	30%	30%
$B$15	30%	30%
$B$16	30%	30%
结果单元格:		
$F$2	2018年	2018年
$F$3	228488	228488
$F$4	57122	57122
$F$5	28561	28561
$F$6	14280.5	14280.5
$F$7	8568.3	8568.3
$F$8	108531.8	108531.8
$F$9	119956.2	119956.2

注释:“当前值”这一列表示的是在
建立方案汇总时,可变单元格的值。
每组方案的可变单元格均以灰色底纹突出显示。

图 3-3-9 方案摘要

3.4 产品宣传

知识目标:

➢ 了解 PowerPoint 2010 制作宣传片的基本知识。

能力目标:

➢ 掌握宣传片制作的基本思路;
➢ 掌握宣传片中各要素的添加方法;
➢ 学会制作个性化的幻灯片母版。

3.4.1 工作任务

某房地产公司准备为新开发的住宅项目举行宣传推介会,需要制作媒体类型丰富、风格生动的电子演示文稿在会上演示播放。

3.4.2 任务分析

在学术交流、工作汇报、产品展示等场合进行演讲时,往往需要借助于声音、图像文字和图表等加深观众的印象。PowerPoint 2010 是制作电子演示文稿(简称 PPT 文档)最常用的工具。在本任务中,所要制作的 PPT 文档需要在对外推广展示活动中放映,从而达到宣传目的。宣传片不仅要能够全面展示项目信息,而且要注重形式的美观与新颖。

3.4.3 任务处理

1)制作公司个性化模板

PowerPoint 2010 提供了多种模板供用户选用,但为了突出单位用户的形象和行业特点，我们可以考虑制作具有个性化色彩的模板。该模板采用建筑行业图片作为背景，同时带有公司 Logo，主要操作方法是采用背景填充图片。

(1)进入母版视图

打开 PowerPoint 2010 软件，新建一个空白文档。单击“视图”→“幻灯片母版”，进入母版设计状态，如图 3-4-1 所示。

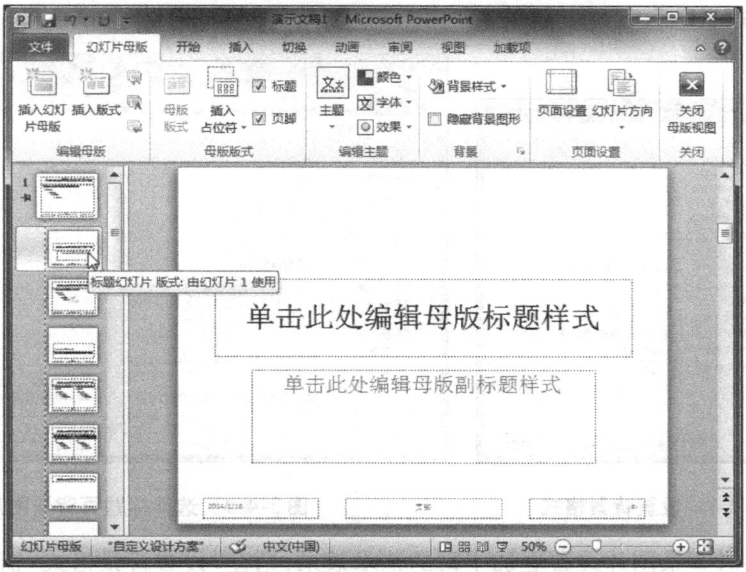

图 3-4-1　母版视图

(2)制作标题幻灯片

①设置标题幻灯片字体字号。

选中标题幻灯片，在功能区单击“开始”选项卡，然后分别选中母版标题和副标题，设置其字体与字号，完成后效果如图 3-4-2 所示。

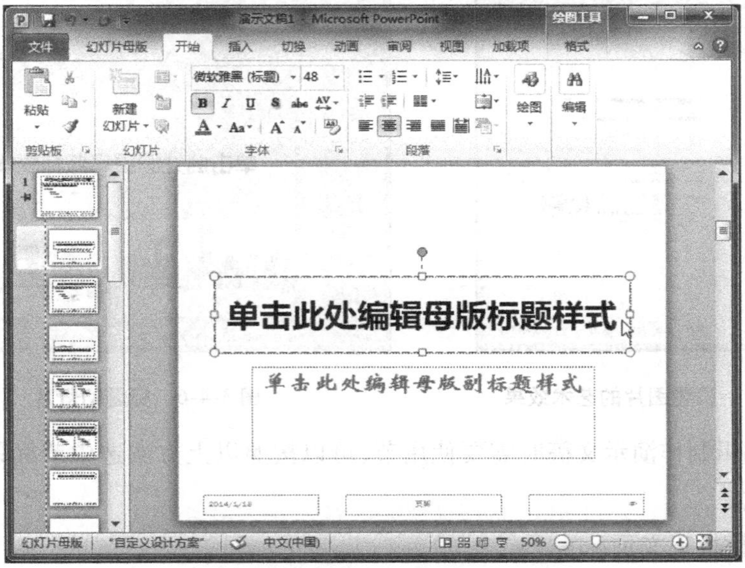

图 3-4-2　设置标题幻灯片

②设置标题幻灯片背景。

在空白页面处右击，在弹出的菜单中选择“设置背景格式”，如图 3-4-3 所示。幻灯片背景既可以是纯色、渐变色、图案，也可以是图片或纹理，这里选择图片作为标题幻灯片的背景。建议在选择背景图的时候采用本企业的形象图片，可以增强宣传效果。

选中“图片或纹理填充”项，在下方会出现相关设置选项。在“插入自…”中单击“文件”，弹出选择图片对话框，如图 3-4-4 所示，找到作为背景的图片并单击“插入”。

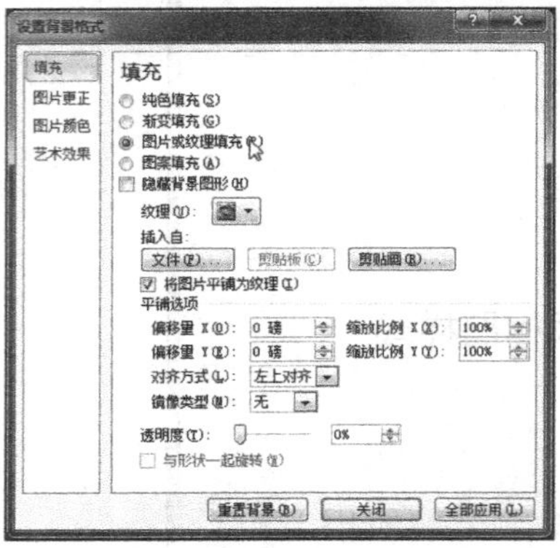

图 3-4-3　设置背景格式

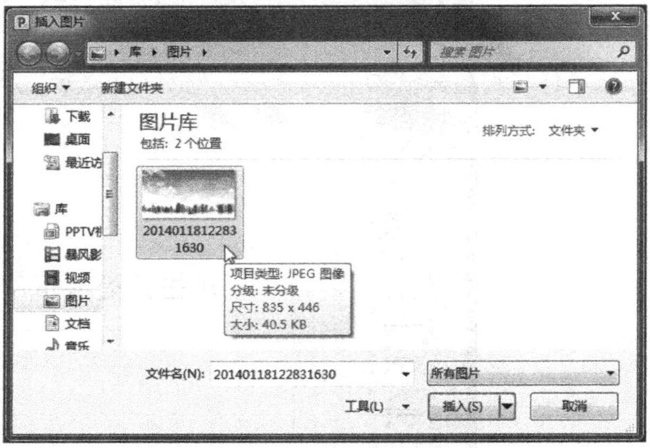

图 3-4-4　选择标题页背景图片

如果需要对背景图片设置更加丰富的艺术效果，则在“设置背景格式”窗口中单击“艺术效果”选项卡，选择内置的多种效果，如图 3-4-5 所示。选择的同时，标题幻灯片的背景图片会同步进行预览展示。

完成以上操作后，标题幻灯片效果如图 3-4-6 所示。

图 3-4-5　设置图片的艺术效果

图 3-4-6　标题幻灯片

如果在编辑制作演示文稿时需要使用节，可以按照以上方法选中节标题幻灯片设置其背景和格式。

(3)制作模板正文页

按照上面介绍的方法，将正文页面的背景设置成为“纹理”，再设置正文页的标题和内容的字体、字号等。设计完成后，效果如图 3-4-7 所示。

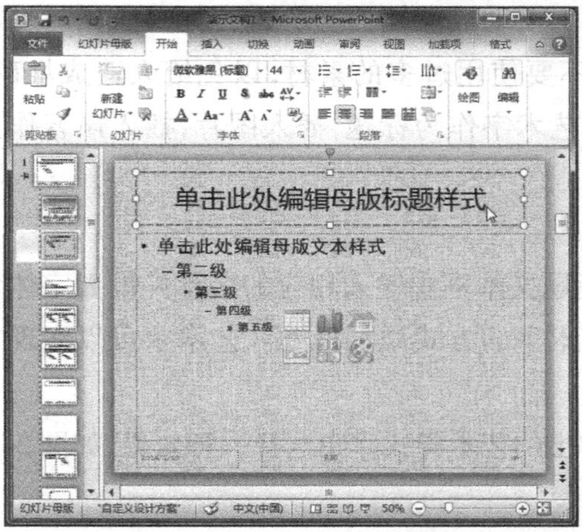

图 3-4-7　模板正文页

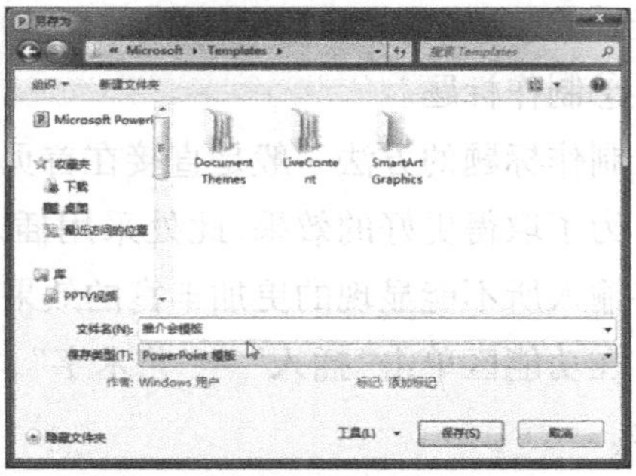

图 3-4-8　保存为模板

(4)保存为模板

以上设计完成后，单击“文件”→“另存为”，输入文件名称（将其命名为“推介会模板”），选择“保存类型”为“PowerPoint 模板”，如图 3-4-8 所示。保存好后，单击“关闭母版视图”，退出模板编辑状态。

2)制作标题页、目录页并插入节

完成模板编辑以后，用户就可以使用该模板制作幻灯片了，新建的幻灯片标题页和正文将使用模板相应的设置并保持与之一致的风格。标题页和目录页位于所有幻灯片比较靠前的位置，能够对文档内容或活动主题进行提示和引导。

(1)使用模板新建文档

启动 PowerPoint 2010，单击“文件”→“新建”→“我的模板”，弹出新建个人模板选择窗口，如图 3-4-9 所示。选择前面保存的“推介会模板”并单击“确定”，即可根据该模板建立一个新文档，效果如图 3-4-10 所示。

图 3-4-9　应用模板

图 3-4-10　应用模板新建文档

(2)制作标题页

标题页一般是第一张幻灯片,向观众展示活动或文档的名称,揭示主题,同时也可以对观众表示欢迎。标题页要求简洁、醒目,不要使用过多的素材,以免给人造成堆砌感。本任务制作标题页主要涉及三个方面:插入艺术字作为标题,插入图片,插入声音作为背景音乐。

①制作标题。

制作标题的方法一般是直接在首页的标题文本框中输入相应的名称并设置字体和字号。为了取得更好的效果,此处采用插入艺术字的方式添加标题。艺术字可以实现常规文字输入所不能显现的更加丰富的效果。

在功能区单击"插入"→"艺术字",在弹出的艺术样式库中选择一种效果,如图 3-4-11 所示。

图 3-4-11 选择艺术字样式

选择艺术字样式后,在幻灯片窗格中会出现艺术字的占位符并输入提示,在编辑框中输入本次推介会的名称,并设置好字体、字号等。

在副标题栏输入公司名称和日期并选中这些文字,单击"艺术字"并选择一种样式,就能够将文字转化为艺术字形式。

操作完成后的效果如图 3-4-12 所示。

②插入背景音乐。

背景音乐可以增强幻灯片放映的现场效果,为观众带来听觉上的享受,从而使内容获得更好地传达效果。首先要选择音频并插入幻灯片适当位置,其次要设置该声音的播放方式(如开始与结束、是否循环等)。

插入音频:单击"插入"→"媒体"→"音频",选择"文件中的音频",在弹出的选择框中选择作为背景音乐的音频文件。PowerPoint 2010 支持的音频文件格式较多,建议选择 mp3 格式的文件,这种文件体积较小而音质较好。音频的内容方面,本任务适合于选择轻音乐。确定音频后，在页面中出现声音图标和播放控件，如图 3-4-13 所示，单击“▶”可以播放该音频进行试听。

图 3-4-12　标题页插入图片效果

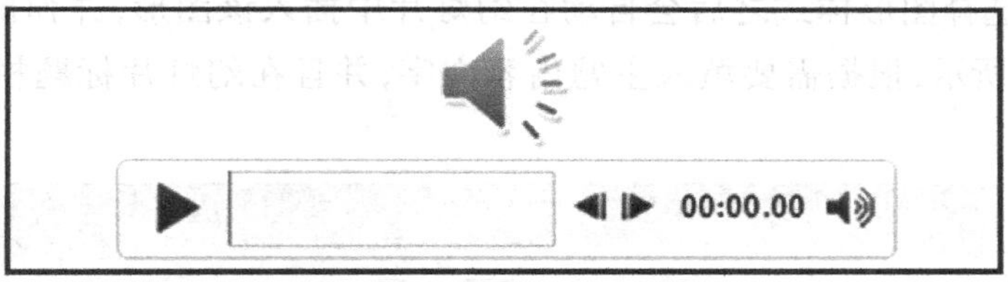

图 3-4-13　音频图标与播放控件

设置音频：选中音频图标，单击“播放”选项卡，出现对音频设置的各种选项，如图 3-4-14所示。

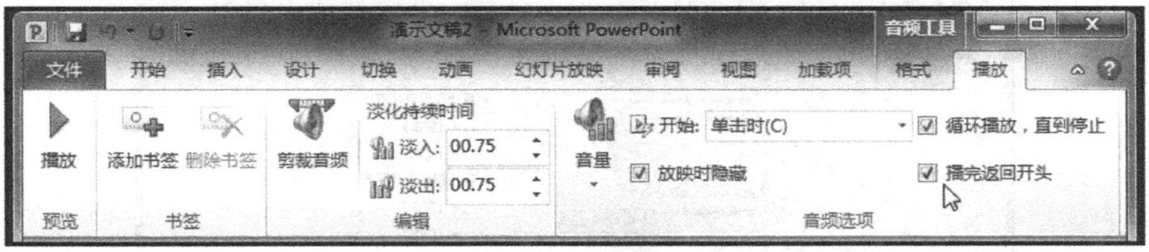

图 3-4-14　设置音频

在“播放”功能组中，可以根据需要对音频进行剪裁，删去不需要的声音片段，这里保留全部声音并设置淡入淡出时间。在“音频选项”组中选择好音量，在“开始”中选择“单击时”，选中“放映时隐藏”就会隐藏声音图标，选中“循环播放，直到停止”并选中“播完返回开头”。完成以上设置后，在整个放映过程中将有背景音乐，单击“放映”可验证播放效果。

(3)制作目录页

目录页列出了演示文稿的主要内容提纲，起到引导观众把握全部内容的作用。本任务中，制作目录页主要采用 SmartArt 图形获得美化效果。

①插入 SmartArt 图形。

选择第二张幻灯片，单击“插入”→“SmartArt”，弹出“选择 SmartArt 图形”窗口，如图 3-4-15 所示。在左侧的类别中选择“列表”，在中间的样式中选择“垂直图片列表”，在右侧可以看到这种图形的预览效果与说明。

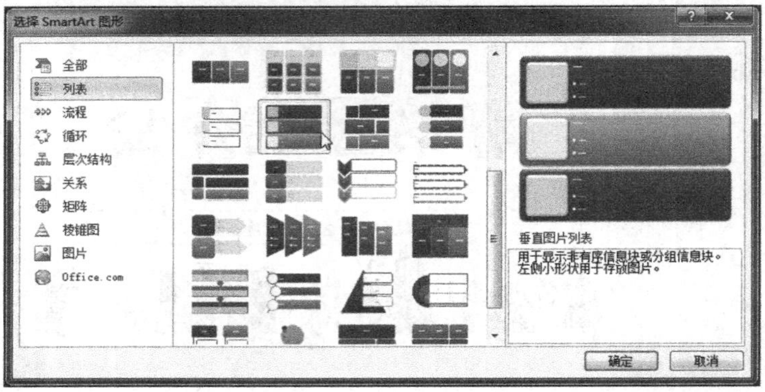

图 3-4-15 选择 SmartArt 图形

②编辑 SmartArt 图形。

输入文字：选择图形样式之后会自动在幻灯片中插入该图形，并弹出录入文字的窗口，如图 3-4-16 所示，根据需要填入主题内容文字，并且在幻灯片标题栏中输入“目录”二字。

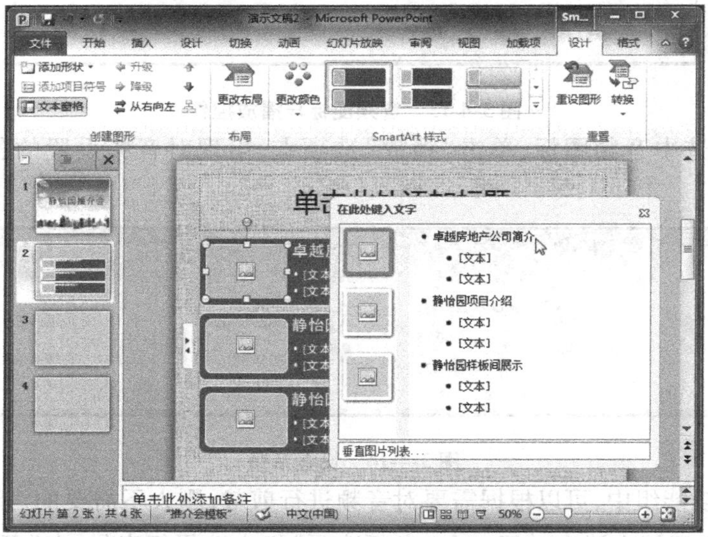

图 3-4-16 目录项页面

设置颜色：如果对默认的图形颜色不满意，可以进行重新设置。用鼠标选中 SmartArt 图形，单击“设计”→“更改颜色”，如图 3-4-17 所示。选择适当的配色，图形就会同步变化。

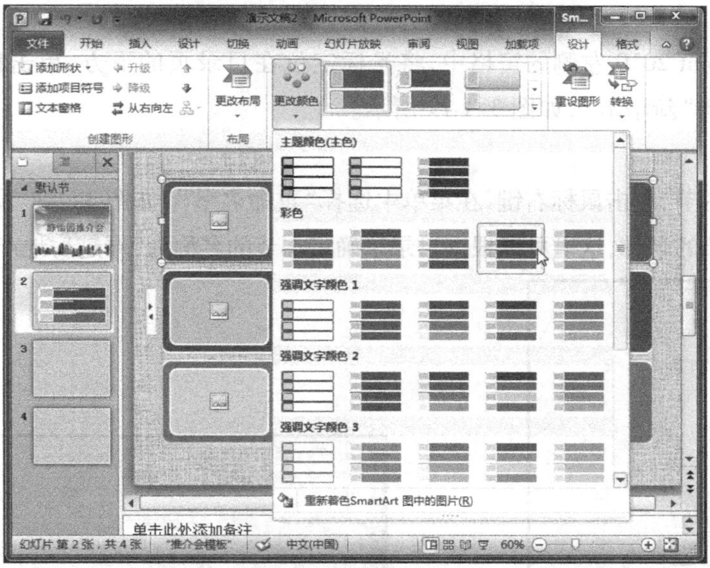

图 3-4-17　更改 SmartArt 图形颜色

设置图片：HTSmartArt 图形中可以添加图片，从而使外观更加美观。单击图形中的图片占位符，弹出选择窗口，选中适当的图片即可插入相应位置，完成后的效果如图 3-4-18 所示。

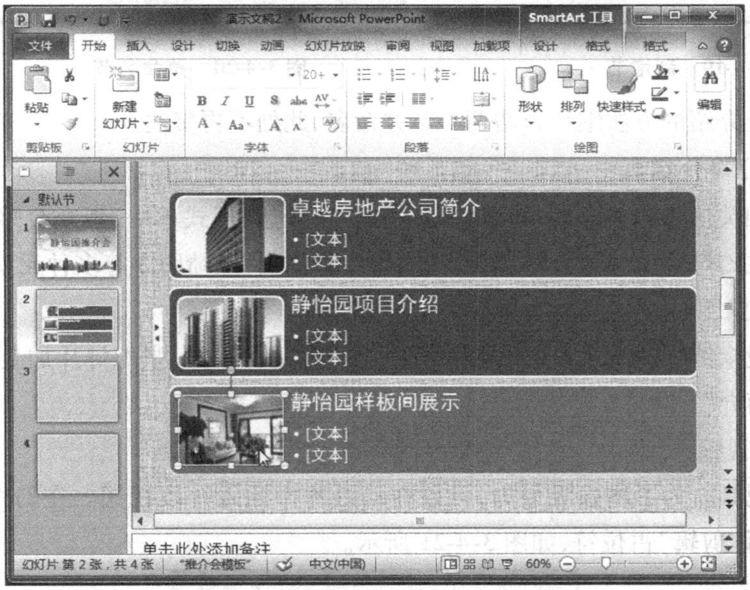

图 3-4-18　SmartArt 图形中插入图片

(4)插入节

从目录中可以看出，整个演示文稿的内容主要分为三部分，为了便于组织构建所有幻灯片，需要使用三个“节”。插入三个节之后，不仅使人能够把握全部幻灯片的结构内容，而且也便于不同的编辑者进行分工合作。

①新增节。

在 PowerPoint 2010 左侧的窗格中，将光标定位在目录页的下方，单击鼠标右键，在弹出的菜单中选择“新增节”，如图 3-4-19 所示。

②命名节。

选中新增的节，单击鼠标右键，在菜单中选择“重命名节”，如图 3-4-20 所示。在弹出的对话框中输入节的名称，这里可以根据目录来确定本节的名称为“卓越房地产公司简介”。

图 3-4-19 新增节

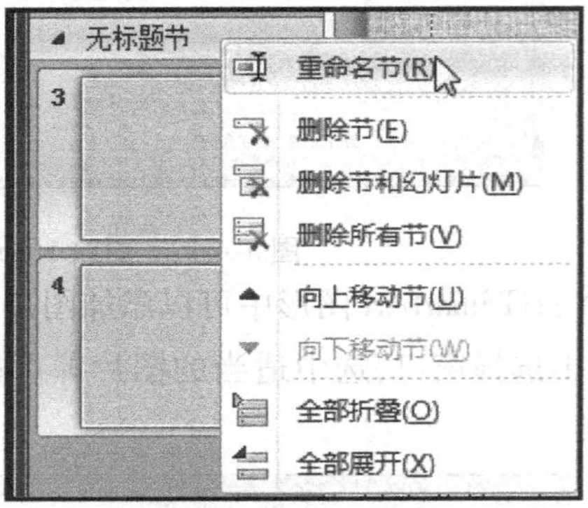

图 3-4-20 重命名节

按照以上介绍的方法继续新增两个节并命名，此处不再赘述。

3）制作公司介绍页

公司的相关信息比较丰富，如果只是采用文字表达，形式单一，观众会感到枯燥无趣。本任务可以在幻灯片中插入公司宣传视频、组织结构图、业绩图表等多种元素形式。

（1）编辑标题

为了给观众清晰的线索，在公司简介这一部分需要为每一张幻灯片加上标题为“卓越房地产公司简介”。

（2）编辑视频

①插入视频。为了增强吸引力，可以在幻灯片中插入一段视频。在幻灯片编辑区中单击“插入媒体剪辑”占位符，如图 3-4-21 所示。

图 3-4-21 插入“媒体剪辑”占位符

在弹出的“插入视频文件”窗口中找到视频所在的位置，选中文件后，单击“插入”，如图 3-4-22 所示。插入视频后，在幻灯片的页面中就会出现视频画面以及播放控件，单击播放按钮可以预览播放效果，如图 3-4-23 所示。

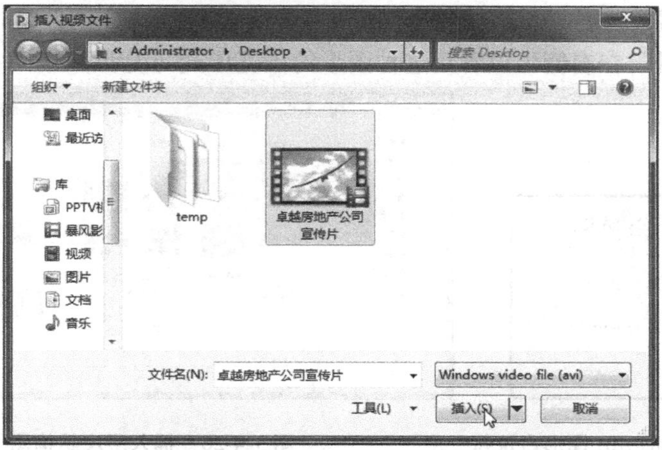

图 3-4-22　插入视频

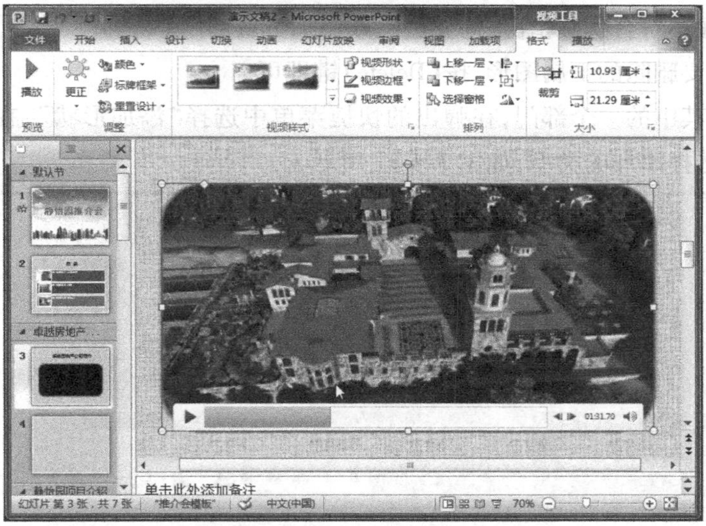

图 3-4-23　视频插入效果

②设置视频格式。视频插入后，还可以对视频进行设置。选中视频，单击“格式”选项卡，如图 3-4-23 所示，能够对视频边框、形状、效果等进行设置，还可以裁剪改变视频的尺寸。

③设置视频播放效果。选中视频，单击“播放”选项卡，可以设置视频的音量、开始方式等项目，如图 3-4-24 所示。

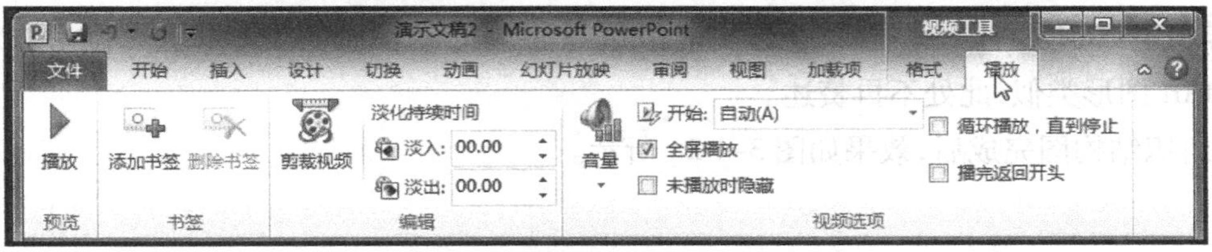

图 3-4-24　视频播放设置

(3)添加组织结构图

①插入组织结构图。新建一张幻灯片,单击“插入 SmartArt 图形”占位符,如图3-4-25所示。

在弹出的“选择 SmartArt 图形”窗口左侧的类别中选择“层次结构”,在中间的样式中选择“组织结构图”,在右侧可以看到这种图形的预览形式与说明,如图 3-4-26 所示。

图 3-4-25 单击 SmartArt 图形占位符

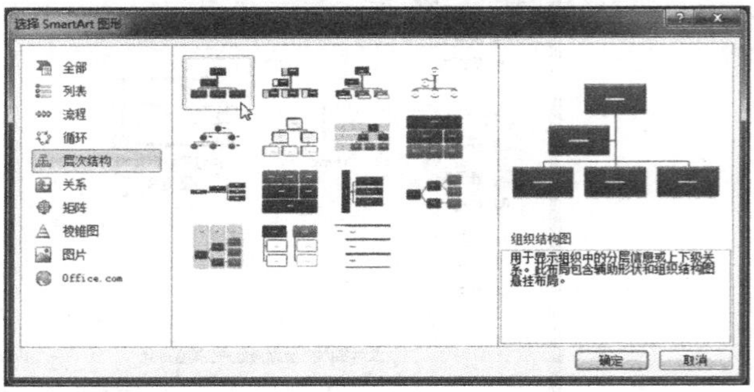

图 3-4-26 插入层次结构图

②删除与添加部门。单击“确定”后,将在幻灯片中插入所选择的组织结构图样式。默认的样式往往不符合实际情况,需要删除或添加下属部门。

删除:选中要删除的下属图形,按【Delete】键即可。

添加:右击其中的一个部门,在弹出的快捷菜单中选择“添加形状”,在弹出的级联菜单中根据需要选择添加的类型,如图 3-4-27 所示。

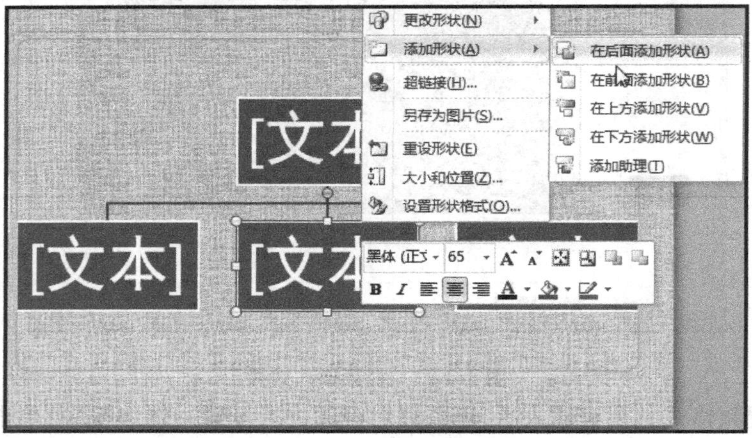

图 3-4-27 添加下属部门

③输入部门名称。确定部门数量与所属关系后,在图形上输入部门的名称,如财务部、施工部、销售部等。

④设置图形格式。如果对默认的组织结构图格式不满意,可以进行自主设置。方法是在功能区的“设计”或“格式”选项卡中选择相应的功能,与上文介绍的目录页设置 SmartArt 图形类似,此处不再赘述。

组织结构图完成后,效果如图 3-4-28 所示。

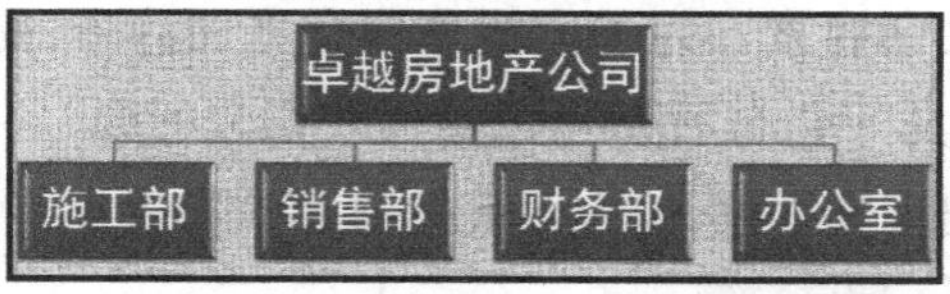

图 3-4-28　组织结构图效果

(4)业绩介绍

这部分内容采用柱状图的形式展示近年业绩增长的情况。

①插入图表。新建一张幻灯片,在编辑区中单击“插入图表”占位符,如图 3-4-29 所示。

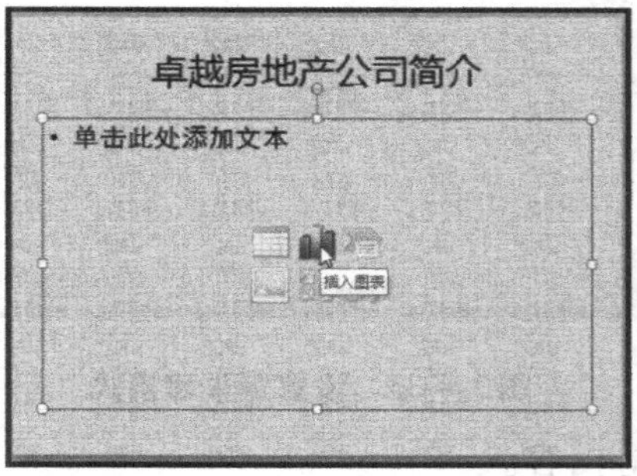

图 3-4-29　插入图表占位符

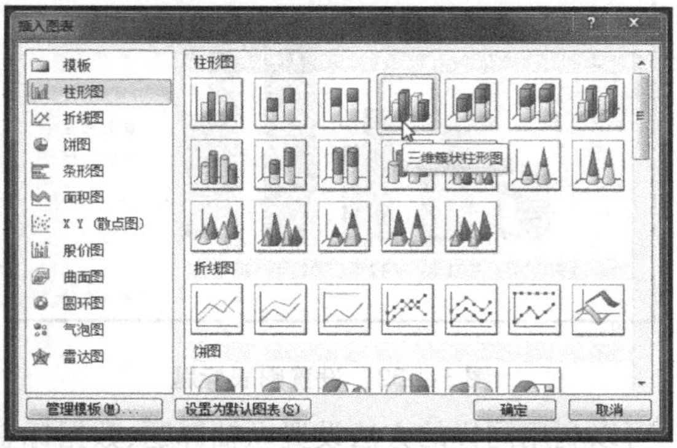

图 3-4-30　插入图表

在弹出的“插入图表”窗口中,左侧选择“柱状图”,右侧选择“三维簇状柱状图”(图 3-4-30),单击“确定”,则在页面中插入所选图形,同时弹出输入数据的 Excel 窗口。

②输入数据。在弹出的数据输入窗口中,可根据需要修改系列和类别的名称,并且可以增加或减少系列和类别。确定系列和类别的名称后,输入相关数据,如图 3-4-31 所示。

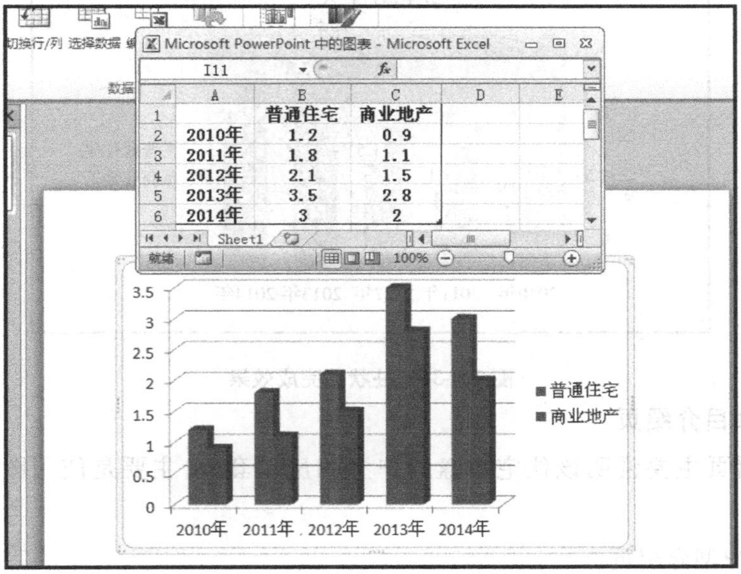

图 3-4-31　编辑图表数据

③设置图表标题等文字要素。为了让图表信息更加清晰,需要设置标题等其他文字要素。依次单击“图表工具”→“布局”→“标签”→“图表标题”→“图表上方”(图3-4-32),在幻灯片页面图表上方出现文本框,输入图表标题,例如“近年销售收入”。

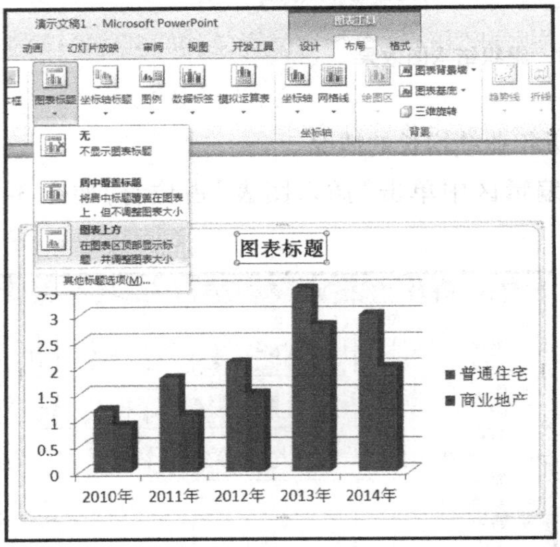

图 3-4-32 设置图表标题

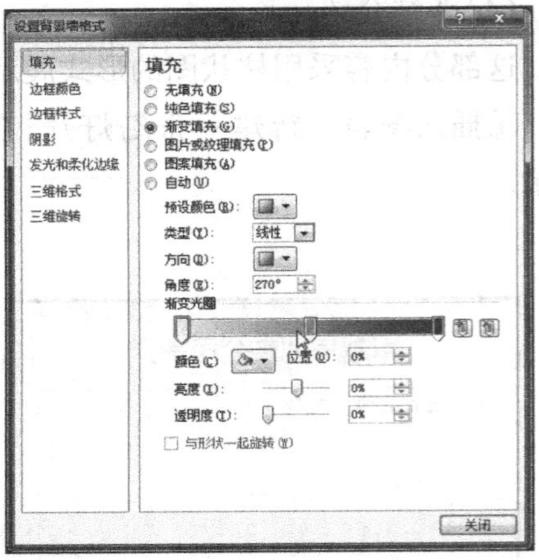

图 3-4-33 设置背景墙格式

可以利用同样的方法设置纵轴标题、数据标签等内容。

④设置背景。依次单击“图表工具”→“布局”→“背景”→“图表背景墙”→“其他背景墙选项”,在“设置背景墙格式”窗口中将填充设置为“渐变填充”,如图 3-4-33 所示。按照这一方法还可以设置边框、阴影、三维效果等项目。

操作完成后,效果如图 3-4-34 所示。

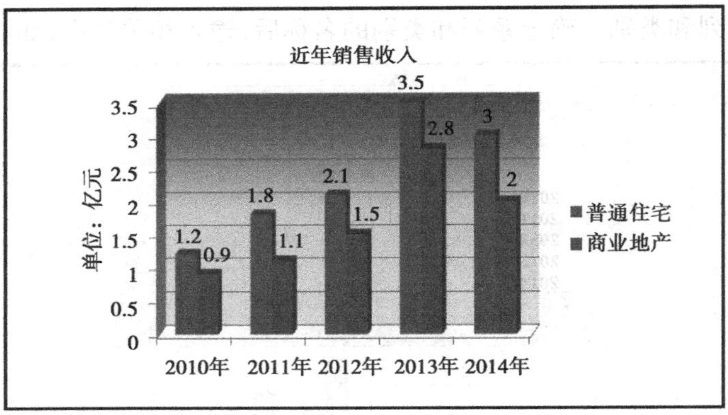

图 3-4-34 柱状图完成效果

4)制作项目介绍页

项目介绍页主要说明该住宅楼盘的户型和房屋套数,主要是使用图片、文本框和表格。

(1)制作户型介绍页

①插入图片。新建一张幻灯片,在编辑区中单击“插入来自文件的图片”占位符,在弹

出的对话框中选定图片并单击“插入”。

②删除图片背景。如果图片有比较复杂的背景，为了便于展示，需要将背景删除，只保留主体形象。PowerPoint 2010 提供了简单易用的图片背景删除功能。首先选中图片，单击“格式”→“删除背景”，功能区中会切换出相应的操作按钮，如图 3-4-35 所示。

图片的背景会被覆盖粉红色，而图片的主体则保持原色。图片主体周围有 8 个句柄构成了封闭矩形，用鼠标拖动句柄到合适位置，只保留主体图形，然后单击“保留更改”，就可以将背景去除了，如图 3-4-36 所示。也可以通过功能区的“标记要保留的区域”或“标记要删除的区域”按钮，精确地勾勒出背景，然后执行消除。

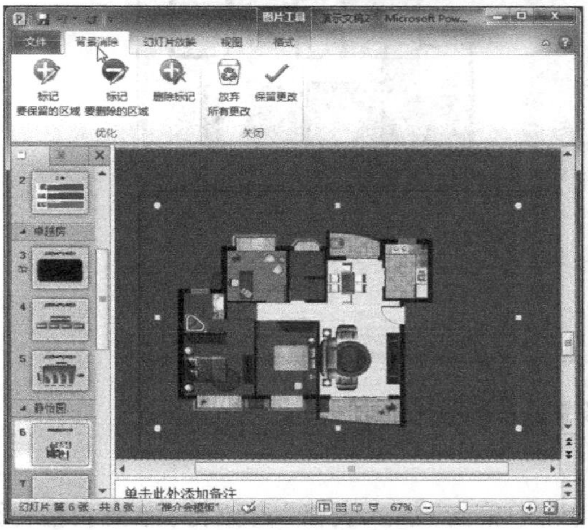

图 3-4-35　消除背景

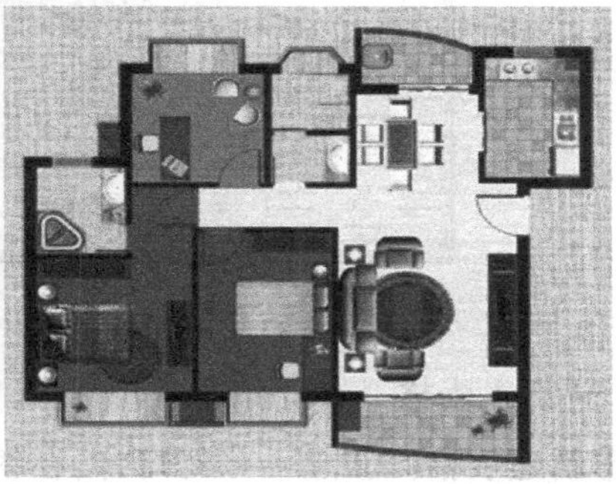

图 3-4-36　消除背景后的图片

③设置图片的其他格式。选中图片，在“格式”选项卡中还可以对图片进行剪裁、添加边框、添加阴影、调节大小等操作，此处不再赘述。

(2)插入文字

在演示文稿中，往往需要图片和文字相互配合传达信息，添加了户型图，还需插入文字。

①插入文本框。在“插入”选项卡中的文本组中单击“文本框”→“横排文本框”，如图 3-4-37 所示。

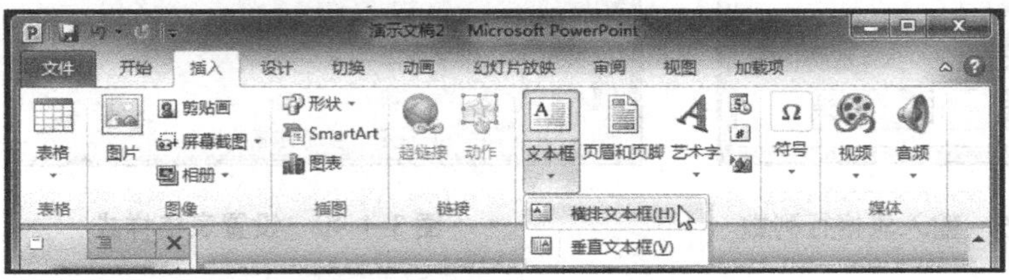

图 3-4-37　插入横排文本框

此时鼠标会变为“+”形，在幻灯片的适当位置拖动，会出现文本框。

②输入文字。根据需要在文本框中输入文字，并设置字体、字号、颜色等格式。

③设置文本框格式。选中插入的文本框，单击“格式”选项卡，可以对文本框的形状样式进行设置，完成后效果如图 3-4-38 所示。

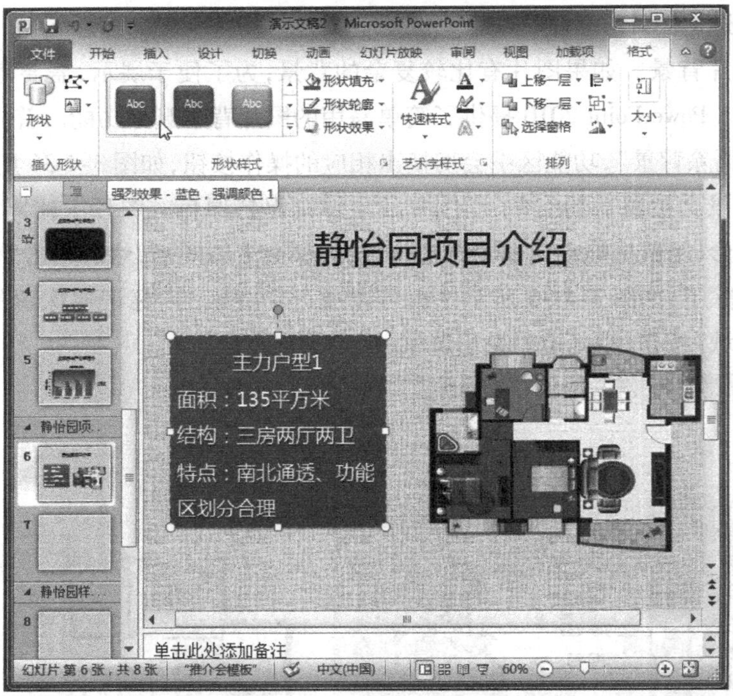

图 3-4-38　设置文本框形状样式

(3)插入表格

①新建表格。新建一张幻灯片，在编辑区中单击“插入表格”占位符，弹出表格行列设定框，如图 3-4-39 所示。输入合适数字并单击“确定”，在幻灯片中插入一份表格。

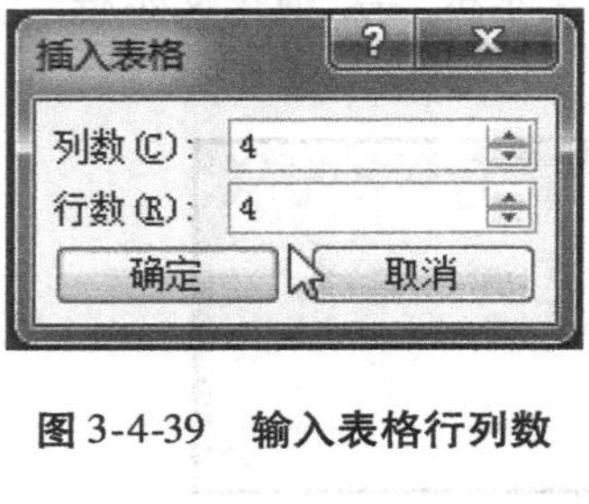

图 3-4-39　输入表格行列数

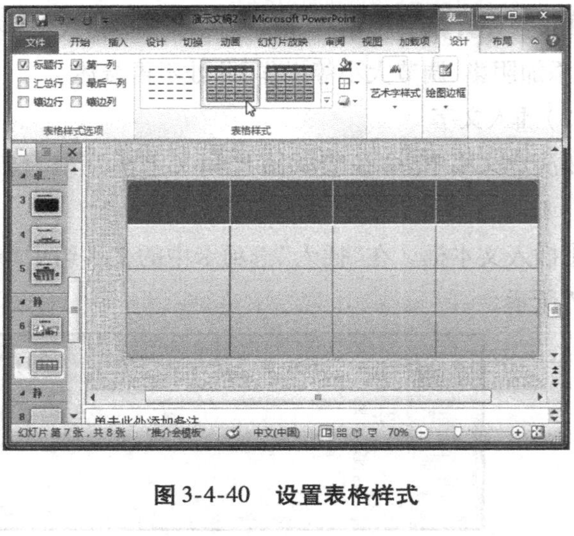

图 3-4-40　设置表格样式

②设置表格样式。选中整个表格，单击“设计”选项卡，在“表格样式”组中就可以看到各种样式，选择一种使用即可，如图 3-4-40 所示。同样，在此可以设置表格的阴影、边框、填充等效果。

③设置表格对齐。默认状态下，表格中的文字是左对齐并不美观，可以重新设置对齐方式。选中整个表格，在“布局”选项卡中单击“对齐方式”→“垂直居中”，将所有单元格

的文字设定为垂直居中，如图 3-4-41 所示。

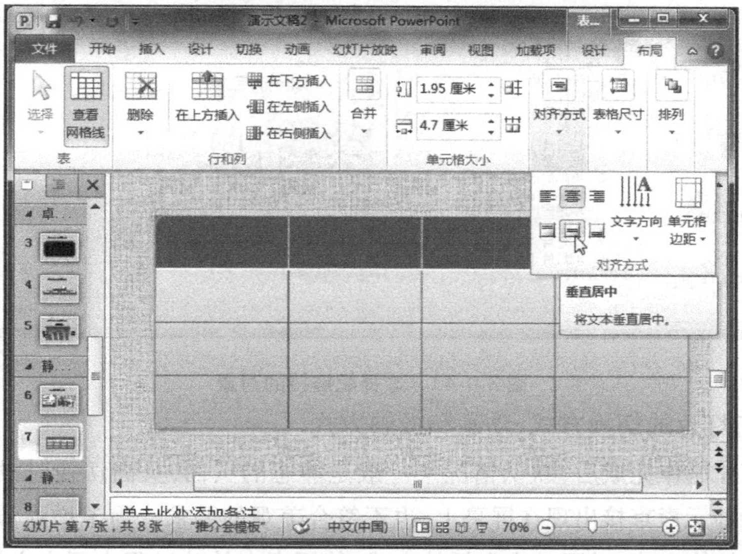

图 3-4-41　设置表格对齐方式

在表格中填入项目和数据并添加标题，完成后效果如图 3-4-42 所示。

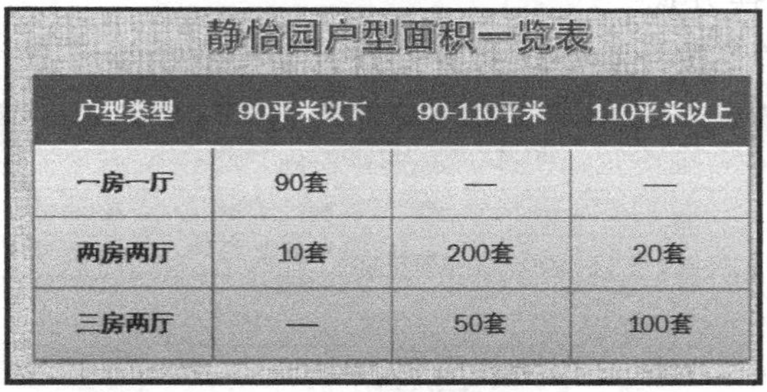

静怡园户型面积一览表

户型类型	90平米以下	90-110平米	110平米以上
一房一厅	90套	—	—
两房两厅	10套	200套	20套
三房两厅	—	50套	100套

图 3-4-42　表格完成效果

(4)设置文字和图片页的超链接

为了增强幻灯片之间的联系性，可以使用文档内的超链接在两张幻灯片之间建立关联，例如观众可以在上图表格中单击“三房两厅”即可切换到该户型的介绍页面。

操作步骤如下：

①选中“三房两厅”四个字作为热点，单击“插入”→“超链接”。

②在“插入超链接”对话框中，左侧选中“本文档中的位置”，中间将出现本文档的所有幻灯片编号；选择目标幻灯片，右侧会出现其预览图以便于用户选择，如图 3-4-43 所示。单击“确定”，热点文字即被建立链接，并默认添加了下划线。

从图 3-4-43 中可以看出，超链接的对象可以有多种，也可以链接到网络地址。按照此方法可以将目录页中的各个目录项与正文中的相关幻灯片建立超链接，使目录项的导航功能更强。同时也可以将公司名称与其网站之间设为超链接，在播放幻灯片时可以通过单击企业名称打开公司网站。

按照以上介绍的方法制作内容的第三部分“项目现场与样板间”等内容，完成整个幻灯片的制作。

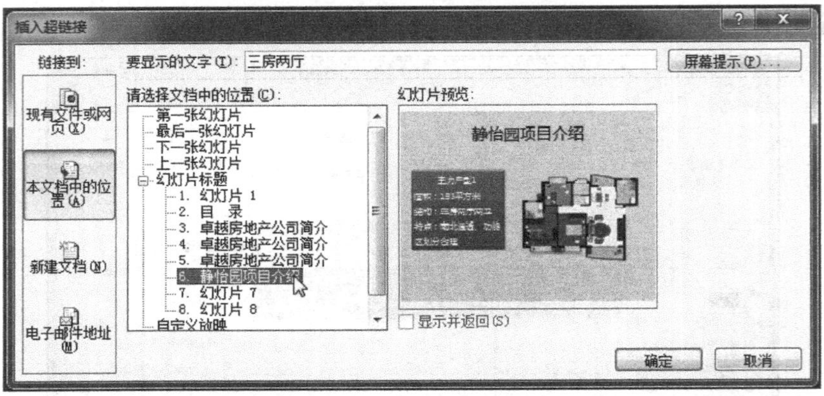

图 3-4-43　选择超链接的对象

5) 设置幻灯片的切换方式、动画和放映方式

所有幻灯片制作完成后，默认情况下一般是静态的页面，页面切换时没有任何变化，同时页内的各种元素直接出现在屏幕上，也不符合美观的要求。为了增强演示效果，可以为幻灯片设置切换方式、动画效果和播放方式，使用者在放映过程中可自主控制信息的显示进度。

(1) 设置幻灯片切换方式

选中幻灯片，单击“切换”选项卡，打开幻灯片切换的功能设置，如图 3-4-44 所示。

图 3-4-44　幻灯片切换设置

选择一种切换类型，并设置效果选项、声音、换片方式、时间等，可以逐一对每一张幻灯片的切换方式进行设置。如果想让演示文稿中的所有幻灯片都使用相同的切换方式，那么可以选中“全部应用”。

(2) 自定义动画

以目录页为例说明自定义动画的设置方法。

①动画设置功能。选中要设置效果的对象，如标题“目录”二字和 SmartArt 图形目录，

在功能区单击“动画”选项卡即出现多种动画效果设置选项，如图 3-4-45 所示。选择“动画窗格”，在窗口右侧出现相应的窗格，便于直观地查看动画效果。

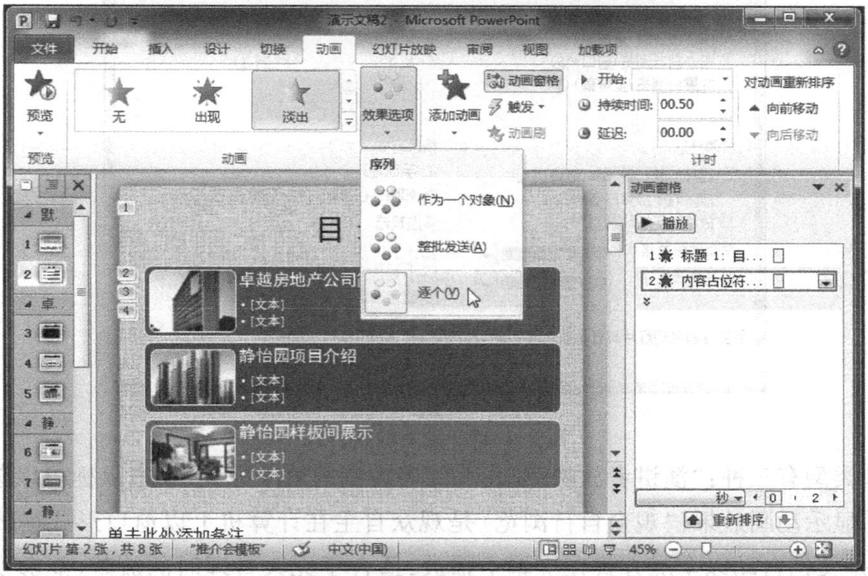

图 3-4-45　自定义动画

②设置动画效果。针对不同的对象设置不同的动画效果，例如可为 SmartArt 图形的每个图块逐个定义动画。

③预览动画效果。如果预览按钮下的“自动预览”处于选中状态，则将在主页面中展示所选择的动画效果，也可以单击动画窗格中的“播放”按钮进行预览。

④调整先后次序。设置动画效果后，被设置的元素左上角会带有数字编号，表示动画效果出现的前后顺序。在右侧的动画窗格中可调整各个动画的先后次序。

⑤删除动画效果。如果需要删除动画效果，选中对象后，直接在功能区选“无”即可。也可以在动画窗格中用鼠标右键单击想要删除的动画，选择其中的“删除”。或选中某个动画后，按【Delete】键直接删除。

(3)设置放映方式

①单击功能区的“幻灯片放映”选项卡，切换到设置放映方式的界面，如图 3-4-46 所示。

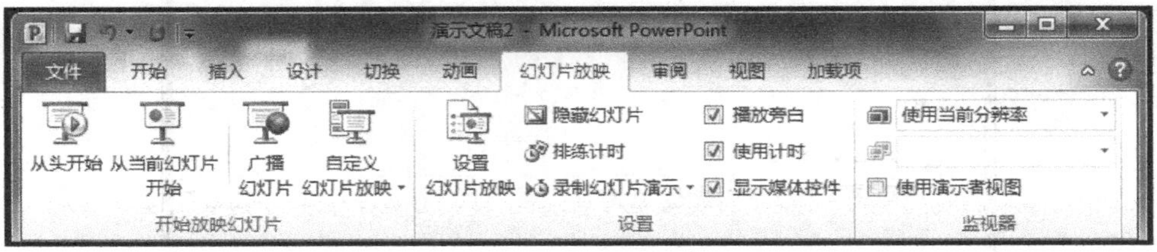

图 3-4-46　幻灯片放映设置

单击“从头开始”或“从当前幻灯片开始”就可以进行播放了。

②选择放映类型。单击“设置幻灯片放映”，则会弹出“设置放映方式窗口”对话框，如

图 3-4-47 所示。

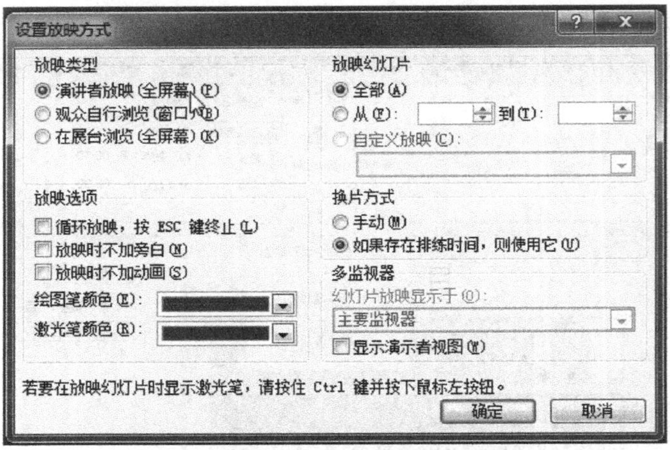

图 3-4-47　设置放映方式

放映类型有三种："演讲者放映"是由介绍者控制的放映方式，单击鼠标可以进行幻灯片切换并显示动画效果；"观众自行浏览"是观众自主在计算机上以窗口形式播放；"在展台浏览"是文档自动以全屏方式在屏幕上播放，适合于无人管理时的放映，能够实现自动循环播放。一般情况下选择"演讲者放映"即可，其他设置采用默认选项。

6）演示文稿的保存

（1）常规保存

单击"保存"或"文件"→"保存"，输入保存文件名称后单击"保存"可以将该文件保存，默认后缀名为. pptx。

（2）保存为放映文档

单击"文件"→"另存为"，在弹出的对话框中输入文件名，将保存类型选为"PowerPoint 放映"，单击"保存"，如图 3-4-48 所示。

图 3-4-48　保存为放映文档

放映文档格式的图标为“ ”，该种格式文档可以直接双击打开播放，不用事先打开 PowerPoint 2010 软件放映。

实训六

1. 搜集学校相关资料，制作一个介绍本学校的演示文档，要求设计具有本校特色的模板，文档中包含文字、图片、表格、超链接等元素，并且合理设置动画效果和切换方式。

2. 网络搜索某一品牌的运动服的相关图片、视频或其他数据资料，为该运动服做一份宣传片，设置宣传片的放映方式为自动播放。

3. 按照“最新国家标准公文格式”要求，设计一份标准的电子公文格式模板，并保存为《公文模板》。利用此模板，制作两份不同内容的公文，内容自定。

4. 利用图 3-4-49 中提供的数据，帮助公司进行财务分析和预测，为投资和经营活动提供准确、翔实的依据。

2015年1-6月公司每月经营情况分析

2015年	1月	2月	3月	4月	5月	6月
营业收入2013	125.40	138.30	124.50	157.62	170.36	177.25
成本投入	25.12	23.52	29.14	21.78	31.25	30.20
营业费用	42.50	59.41	37.54	66.26	52.47	43.78
税及附加费	5.23	6.14	7.42	7.68	7.54	7.97
管理费用	34.12	36.15	42.61	67.41	62.98	65.24
财务费用	0.46	0.87	0.52	0.69	0.08	0.75
投资收益	12.00	15.00	14.00	13.00	13.00	13.00
营业外收入	1.20	0.35	0.68	0.96	1.70	2.50
营业外支出	0.02	0.04	0.05	0.04	0.00	0.08
利润2013	10.20	9.64	16.20	13.70	18.14	20.14
总费用2013	87.32	104.50	94.14	107.64	118.66	106.47

图 3-4-49　公司经营数据

(1) 以 2015 年 6 月为例，制作月损益分析表（柱形图）；

(2) 绘制 2015 年 1—6 月累计损益分析图（柱形图）；

(3) 添加趋势线，直观分析公司近期经营损益趋势。

第 4 章　教育培训

学习目标:

➢ 掌握 Microsoft Office 2010 中常用软件的基本功能;

➢ 熟练掌握制作电子教案、设计电子试卷以及对学生成绩分析和管理的基本操作方法。

4.1　电子教案制作

知识目标:

➢ 熟悉 Word 2010 中高级操作技巧。

能力目标:

➢ 掌握 Word 2010 生成目录的方法;

➢ 掌握 Word 2010 审阅的功能及操作方法。

4.1.1　工作任务

制作一份包含文字、表格、目录、示意图的电子教案,并进行批注。

4.1.2　任务分析

在教育培训工作中,编辑制作教案是教师应当具备的基本技能。在编辑制作电子教案过程中,会应用到 Word 2010 多种图、文、表的混排功能。在同行之间进行交流时,也会将电子教案送给他人参阅或批阅他人的电子教案,这时就会使用到 Word 2010 的审阅批注功能。如果电子教案的篇幅比较长,为了使内容体系更加清晰,同时也为了翻阅的方便,往往会在正文之前使用目录,Word 2010 提供了方便的目录生成功能。

4.1.3　任务处理

1) 输入文本

新建 Word 文档,输入教案内容文字,保存为《教案》。

2)格式化文本

教案的文本格式要求:一级标题三号黑体居中排列,二级标题四号黑体居左排列,三级标题五号黑体居左排列,正文五号宋体居左排列并且首行缩进两个字符。

(1)修改样式

因为制作目录必须使用“样式和格式”功能来格式化文本,因而先修改样式。单击“开始”选项卡,右击“样式”功能中的“标题1”,选择“修改”,根据文本格式要求将“标题1”格式改为文本一级标题的要求,即“三号黑体居中排列”。

用同样的方法将“标题2”“标题3”和“正文”的格式分别改为文本二、三级标题和正文的格式要求。

(2)应用样式

选择一级标题文本,单击“开始”→“样式”中的“标题1”,这样一级标题中的文本即被“标题1”的格式所刷新。同样将文本中二、三级标题分别使用“标题2”“标题3”的格式刷新;选中正文内容,使用“正文”的格式刷新。

(3)制作封面和目录

①插入封面。光标置于文本首部,单击“插入”→“封面”,选择一种封面类型,这里选择“传统型”,则在文档前面插入一个页面作为封面,根据提示输入文档标题、副标题、日期、摘要等信息。

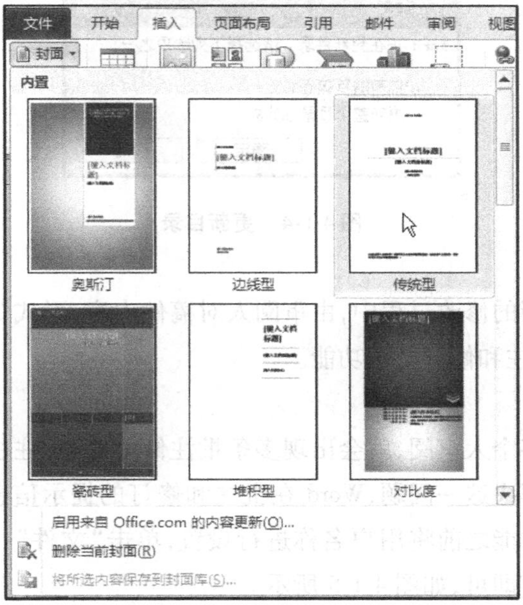

图4-1-1　选择封面类型

②生成目录。将光标放在封面页与正文文字之间的空行上,单击“引用”→“目录”→“插入目录”,在弹出的“目录”对话框中设置相关选项,如图4-1-2所示。在“目录”选项卡中选择“显示页码”和“页码右对齐”,选择一种“制表符前导符”样式;在右侧的Web预览区下方选中“使用超链接而不使用页码”,这样在目录中就会设置文档内的超链接。单击“确定”,即在光标位置生成目录,如图4-1-3所示。

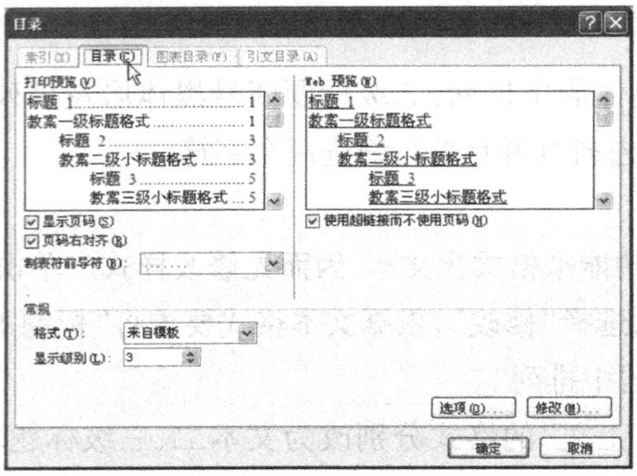

图 4-1-2　目录对话框

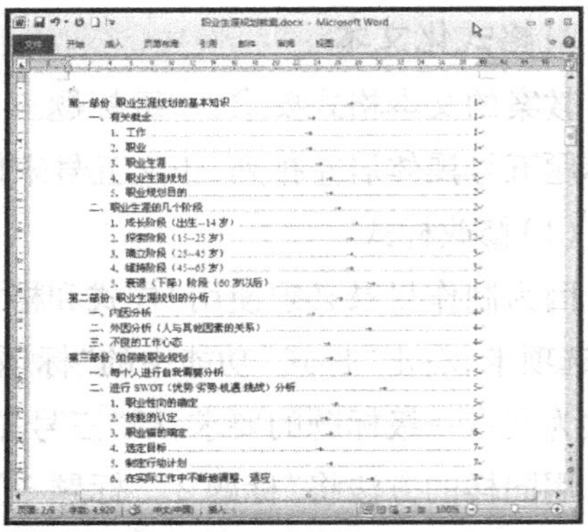

图 4-1-3　正文目录

目录汇集的是教案中的各级标题，使用时将鼠标指向某一条目录内容，这时会弹出提示“按住 Ctrl 并单击鼠标以跟踪链接”，按照这一提示操作即可直接跳转到相应正文处。

③更新目录。当正文各级标题进行了修改，或正文内容增减等因素造成目录与正文不一致时，需要对目录进行更新。右击目录区域任何一个位置，在快捷菜单中选择“更新域”，弹出“更新目录”对话框，如图 4-1-4 所示。其中，“只更新页码”适合于页码发生错乱的情况，仅用来调整页码；“更新整个目录”就会将目录标题内容和页码一并进行更新。可以根据情况选择其中一种，然后单击“确定”即可完成目录的更新。

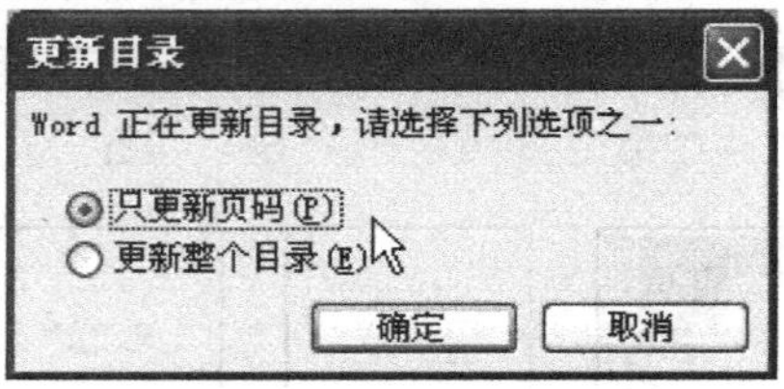

图 4-1-4　更新目录

3）审阅功能

审阅是指在对文档的修改过程中，由审阅人对稿件内容、形式等方面进行审查并提出修改意见，一般包括批注和修订两个功能。

（1）设置用户信息

一篇文档如果由多个人审阅，就会出现多条批注修订信息，往往不易辨认是哪位审阅人作出的批注。为了解决这一问题，Word 在批注和修订的提示信息中会带有用户名。这就需要用户在使用该功能之前将用户名称进行设置，单击“文件”→“选项”→“常规”，设置用户信息中相关内容即可，如图 4-1-5 所示。

（2）批注和修订

“批注”是审阅者为文档添加的注释或批语，提示作者修改意见，并不影响文档原文的内容。“修订”一般是指对文档作出的改动，如删除、插入或其他更改。

①添加批注。单击“审阅”→“新建批注”，在文档右侧出现批注输入框“”，在此输入批注内容，批注信息包含审阅者姓名和批注编号及批注意见等，如图 4-1-6 所示。

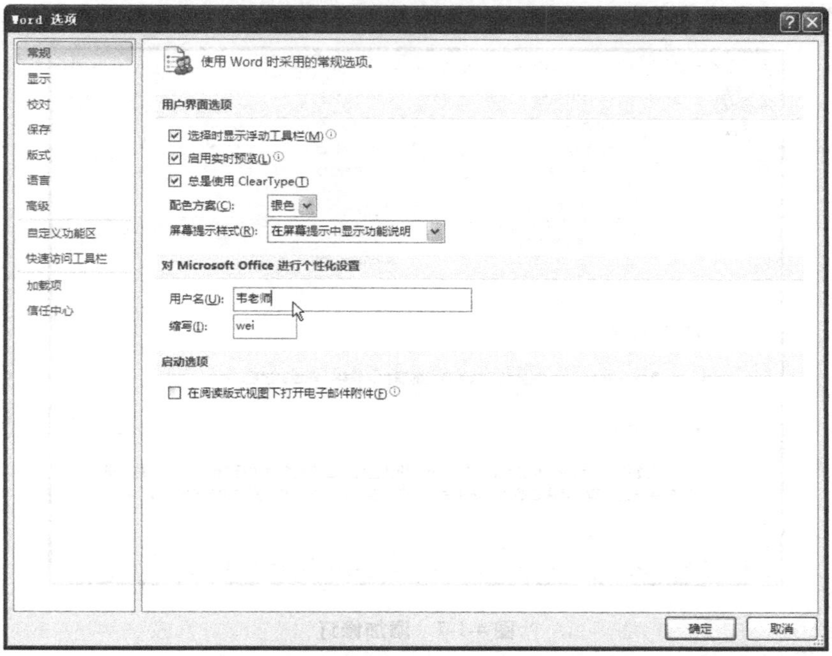

图 4-1-5　设置 Word 用户信息

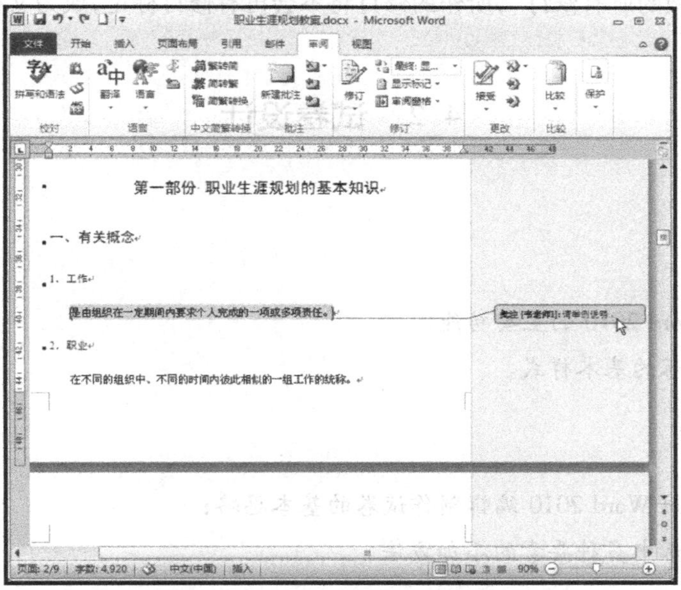

图 4-1-6　添加批注

②添加修订。单击“审阅”→“修订”→“修订”，进行编辑后，即对原文进行了修改，修改后的内容会用特定的标记显示出来，如图 4-1-7 所示。

③删除批注和修订。作者阅读批注后可将批注删除。如果不采用审阅人的修订内容，也要将其删除。

在“审阅”选项卡下单击选中某批注或修订，选择“”（批注）或“”（修订）按钮可逐一删除；也可使用两个按钮下拉菜单中的“删除文档中所有批注”或“拒绝对文档所做的所有修订”，把全文中所有批注或修订一次删除。

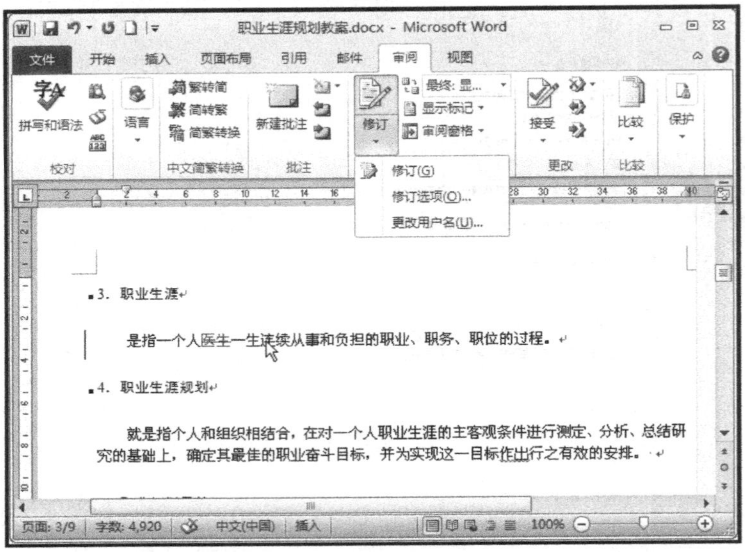

图 4-1-7　添加修订

④接受修订。接受审阅人作出的修订内容，单击“审阅”→“接受”→“接受修订”或“接受对文档所做的所有修订”，所作的修订将不会再有修订标记，成为文档的一部分。

4.2　试卷设计

知识目标：

- 了解 Word 2010 的主要功能；
- 了解试卷的基本样式。

能力目标：

- 掌握使用 Word 2010 编辑制作试卷的基本思路；
- 掌握试卷中多种要素的添加方法。

4.2.1　工作任务

编辑制作一份横向展开的试卷，要求带有卷头、卷首评分框。

4.2.2　任务分析

目前比较规范的试卷样式是：横向，每个页面试题分为两栏，左侧为卷头和密封线；密封线内的卷头包括试卷名称、课程名称、学生信息等；卷首评分框包括各题的分值以及考生得分和总分；试卷下方显示试卷总页数与当前页码；试卷正文中包括数学公式等内容。

Word 2010 提供了强大的文档编辑功能，可以灵活使用它的页面设置、文本框、表格、图文混排、数学公式等功能编辑制作一份比较规范的试卷，并且将文档保存为试卷模板便于以后使用。

4.2.3　任务处理

1）新建文档，设置页面

新建 Word 文档。将页边距设置为上下右均为 2 cm，左边距 4.5 cm（为卷头留出空间），方向为横向；纸张大小设为 B4 纸型。

2）制作卷头

在试卷最左侧使用文本框制作卷头。单击"插入"→"文本框"→"绘制竖排文本框"，在页面最左侧制作一竖向文本框，设置填充和线条的颜色均为无色。在文本框中输入学校名称、试卷类型、考试科目、学生姓名、学号、密封线等内容，设置字体格式和文字方向。

3）分栏

由于试卷是横向展开的，为了便于使用，需要将页面分为左右相等的两栏。

4）制作卷首表格

卷首的表格主要用来记录各题分值以及学生的得分。

在左栏第一行插入 3 行 7 列的表格，将最后一列第二、三行合并，用以存放总分。在表格中输入相应题号和分值等内容，调整表格大小、对齐方式，效果如图 4-2-1 所示。

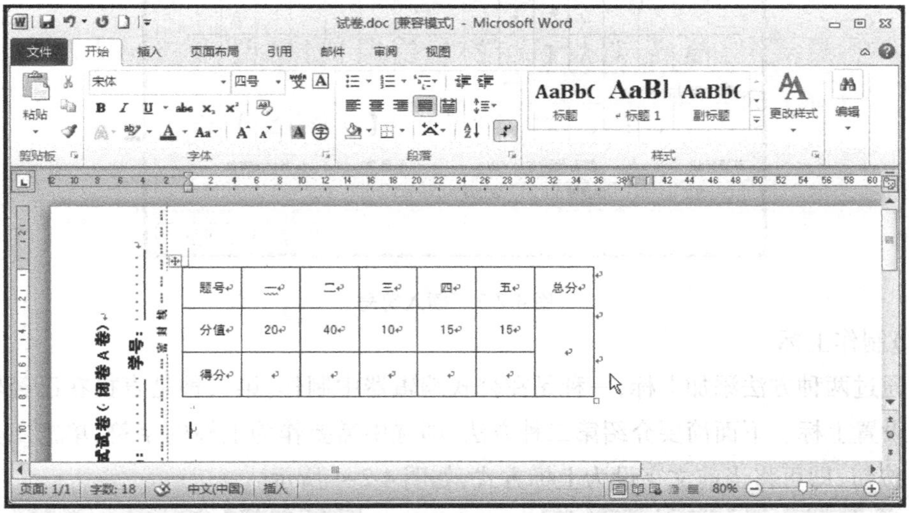

图 4-2-1　卷首表格

5）插入页码

为便于考生检查试卷是否完整，需要在页面底部插入页码及试卷的总页数。虽然已将页面分为两页，但 Word 仍将其视为一页，但使用"插入"菜单中的"页码"命令不能给每栏设置一个页码，在此使用 Word 中的另一种"域"的功能。

以试卷共有 10 页为例，单击 "插入"→"页脚"→"编辑页脚"，定位页脚，在左栏居中位置输入“第{ ={PAGE} *2 -1}页,共10页”,在右栏居中位置输入“第{ ={PAGE} *2}页,共10页”,如图4-2-2所示。

“{ }”即为“域”,使用组合键“Ctrl + F9”输入。

完成后分别选中“{ ={PAGE} *2 -1}”和“{ ={PAGE} *2}”,右击选择快捷菜单中的“更新域”选项,即可显示每页左右两栏的页码,同时,试卷各页都添加了页码。

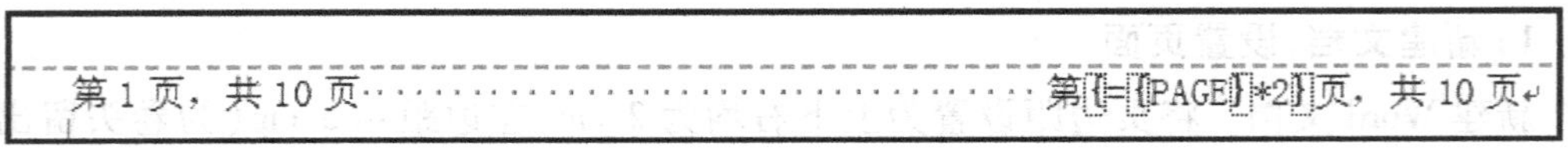

图4-2-2 插入页码

6)试卷正文的制作

在制作试卷的过程中,除了文字、数据外,经常需要输入特殊符号、公式等。为了让试卷更美观,往往需要上下行之间某些内容严格对齐。

(1)添加符号

将光标定位在需要插入符号的位置,单击“插入”→“符号”→“其他符号”,弹出“符号”对话框,如图4-2-3所示。选择所需符号,单击“插入”,即可将该符号插入当前位置。

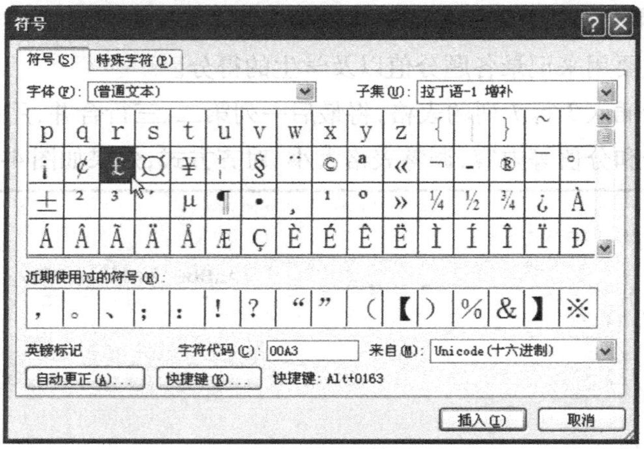

图4-2-3 插入符号

(2)制作上标

可通过两种方法添加上标,一种是在公式编辑器中制作,第二种是直接在已经输入的文本上设置上标。下面简要介绍第二种方法,即选中需要作为上标的字符,单击工具栏上标“x^2”按钮,即可将当前文字设为上标方式,如图4-2-4所示。

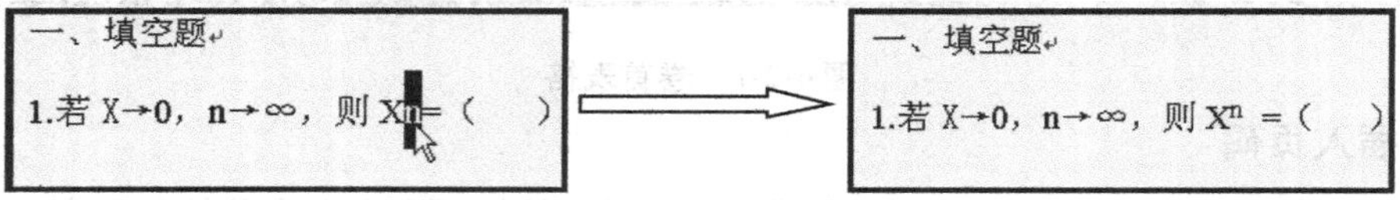

图4-2-4 设置上标

(3)插入公式

单击“插入”→“对象”,在“对象类型”中选择“Microsoft 3.0 公式”,在弹出的公式编辑器中选择所需要的公式即可进行编辑。

7）保存使用

试卷制作成功后，可保存为模板，在以后使用中只修改试卷内容即可。

4.3　成绩统计分析

知识目标：

- 了解 Excel 2010 的函数、公式及图表的操作方法。

能力目标：

- 掌握公式、函数的编辑技巧；
- 掌握图表的绘制方法。

4.3.1　工作任务

利用 Excel 2010 统计全班学生的考试成绩，需要计算每位学生各门功课的总分与平均分，并对全体学生按照总分进行排序，分析全班同学的成绩分布情况。

4.3.2　任务分析

在这个任务中，需要使用到 Excel 2010 中函数、公式及图表的编辑功能。通过对公式及函数参数的编辑，可以实现多种数据的计算。

4.3.3　任务处理

1）创建数据表

新建 Excel 工作簿，输入学生成绩信息，保存为《学生成绩》，计算出每位学生的总分和平均分，如图 4-3-1 所示。

2）排出名次

这里根据每生的总分来排序，添加一个名为“名次”的列标题。

排名需要使用函数 RANK。RANK 函数有三个参数：number、ref、order，即数值、引用、排序。选中 J3 单元格，单击“公式”→“插入函数”，在弹出的对话框中选择类别为“全部”，在下方函数列表中找到 RANK 函数，在函数参数对话框中设置各个参数，如图 4-3-2 所示。其中，number 为 H3（也就是为总分排序），ref 为排序所针对的范围（注意：引用的范围需要转变成绝对引用，也就是需要在行号和列号前面都添加上“$”符号），order 输入 0，按照降序排序。复制函数到 J4—J21 单元格，即可得出所有学生总分的名次。

这样排序的结果是：如果有相同成绩则并列排名，下一个排名自动向后增加 1。本例中有两个第 13 名，则下一名为第 15 名，结果如图 4-3-3 所示。

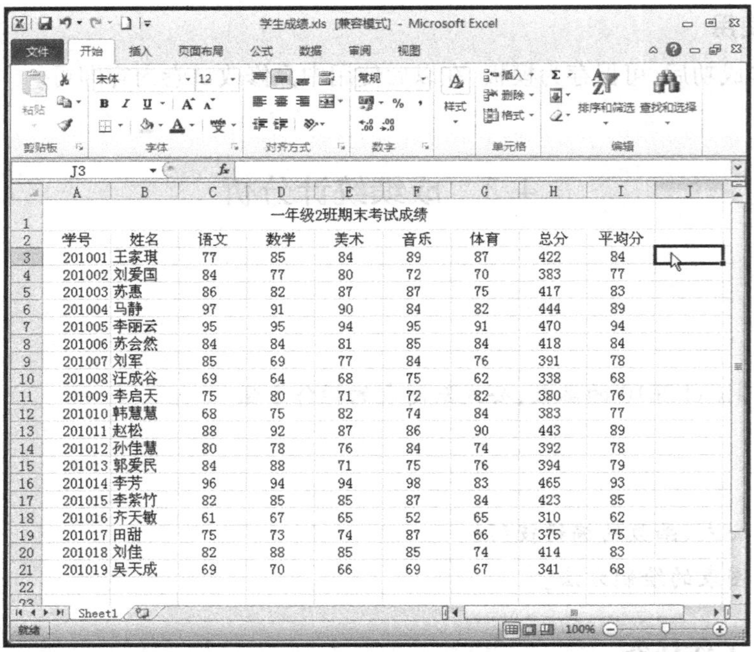

学号	姓名	语文	数学	美术	音乐	体育	总分	平均分
201001	王家琪	77	85	84	89	87	422	84
201002	刘爱国	84	77	80	72	70	383	77
201003	苏惠	86	82	87	87	75	417	83
201004	马静	97	91	90	84	82	444	89
201005	李丽云	95	95	94	95	91	470	94
201006	苏会然	84	84	81	85	84	418	84
201007	刘军	85	69	77	84	76	391	78
201008	汪成谷	69	64	68	75	62	338	68
201009	李启天	75	80	71	72	82	380	76
201010	韩慧慧	68	75	82	74	84	383	77
201011	赵松	88	92	87	86	90	443	89
201012	孙佳慧	80	78	76	84	74	392	78
201013	郭爱民	84	88	71	75	76	394	79
201014	李芳	96	94	94	98	83	465	93
201015	李紫竹	82	85	85	87	84	423	85
201016	齐天敏	61	67	65	52	65	310	62
201017	田甜	75	73	74	87	66	375	75
201018	刘佳	82	88	85	85	74	414	83
201019	吴天成	69	70	66	69	67	341	68

图 4-3-1　学生成绩

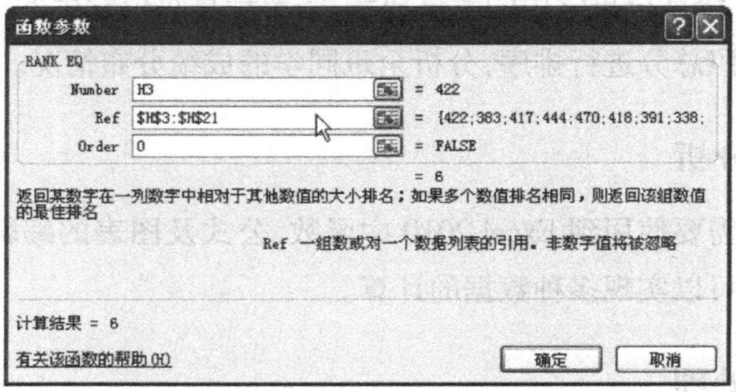

图 4-3-2　使用排序函数

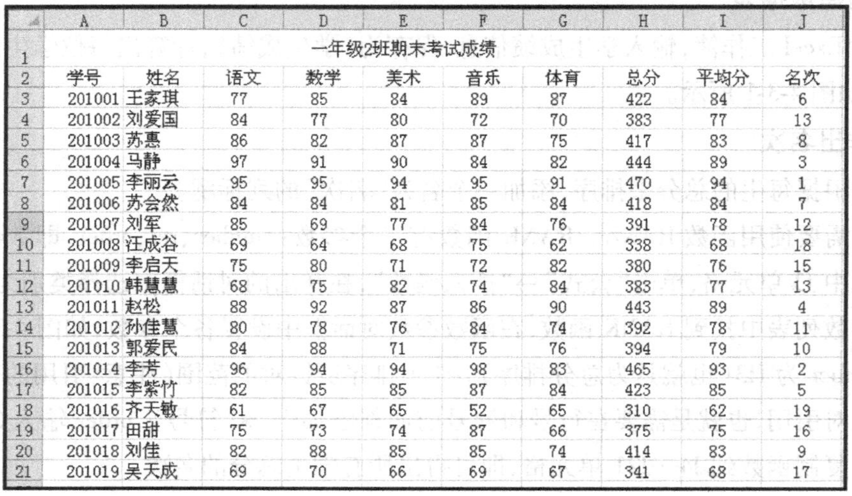

一年级2班期末考试成绩

学号	姓名	语文	数学	美术	音乐	体育	总分	平均分	名次
201001	王家琪	77	85	84	89	87	422	84	6
201002	刘爱国	84	77	80	72	70	383	77	13
201003	苏惠	86	82	87	87	75	417	83	8
201004	马静	97	91	90	84	82	444	89	3
201005	李丽云	95	95	94	95	91	470	94	1
201006	苏会然	84	84	81	85	84	418	84	7
201007	刘军	85	69	77	84	76	391	78	12
201008	汪成谷	69	64	68	75	62	338	68	18
201009	李启天	75	80	71	72	82	380	76	15
201010	韩慧慧	68	75	82	74	84	383	77	13
201011	赵松	88	92	87	86	90	443	89	4
201012	孙佳慧	80	78	76	84	74	392	78	11
201013	郭爱民	84	88	71	75	76	394	79	10
201014	李芳	96	94	94	98	83	465	93	2
201015	李紫竹	82	85	85	87	84	423	85	5
201016	齐天敏	61	67	65	52	65	310	62	19
201017	田甜	75	73	74	87	66	375	75	16
201018	刘佳	82	88	85	85	74	414	83	9
201019	吴天成	69	70	66	69	67	341	68	17

图 4-3-3　学生成绩排序结果

3) 成绩统计

为明晰每门课程的成绩分布情况,需进行分段统计,可使用 COUNTIF 函数完成此项任务。

以数学成绩表为例。新建一张工作表 Sheet2,命名为“成绩分布”,输入分数段和课程名称,如图 4-3-4 所示。在 B2 中输入函数“COUNTIF(Sheet1! $D $3:$D $21,″>=90″)”,即单击“公式”→“其他函数”→“统计”→“COUNTIF”,函数参数引用单元格中数据,切换到“sheet1”表选中 D3:D12 区域,并将其设置为绝对引用;判断条件中输入“ >=90”(图 4-3-4),单击“确定”,90 分以上的人数即可统计出来。

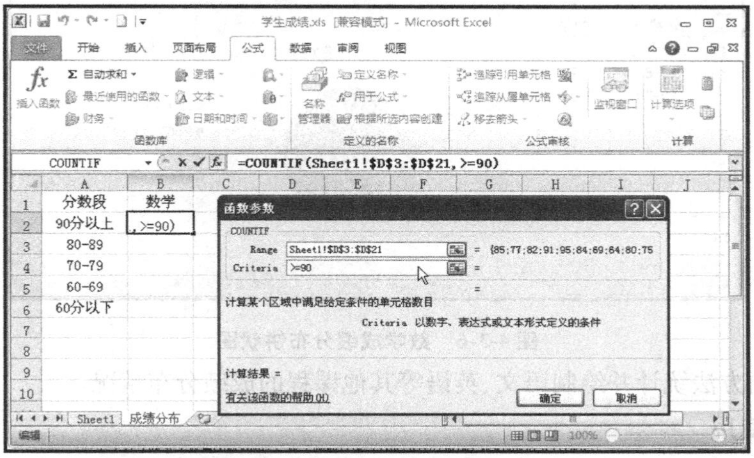

图 4-3-4　使用统计函数

复制函数式到 B3—B6 单元格,并依次减去上一分数段内的学生人数,即 B3 = COUNTIF(学生成绩! $B $3:$B $12,″>=90″) - B2,以此类推,即可统计出各段人数,结果如图 4-3-5所示。

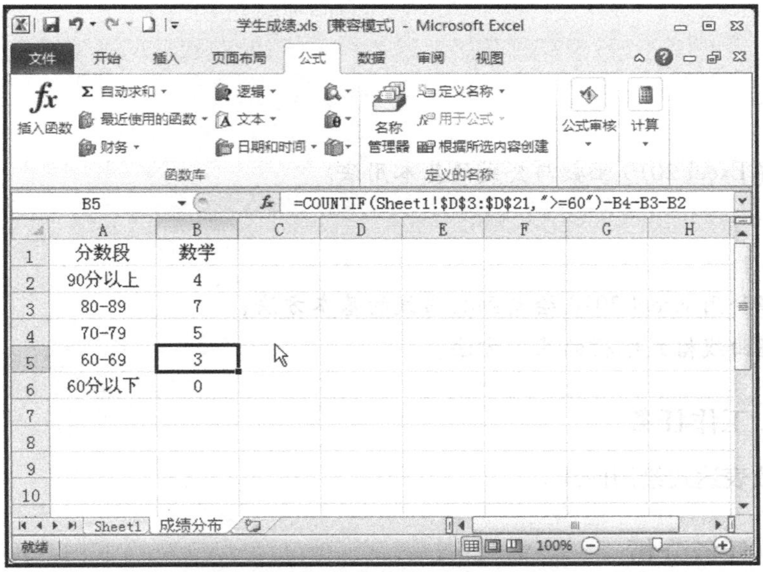

图 4-3-5　统计结果

4）绘制饼状图

绘制图形可以更加直观地分析各门课程的成绩分布情况，本任务以饼状图为宜。

选中数据区域，单击“插入”→“饼图”，选择一种类型，即可自动添加图表标题和图例，完成绘制。如果不满意，可以在图表工具中再对其进行调整与修改，如图4-3-6所示。

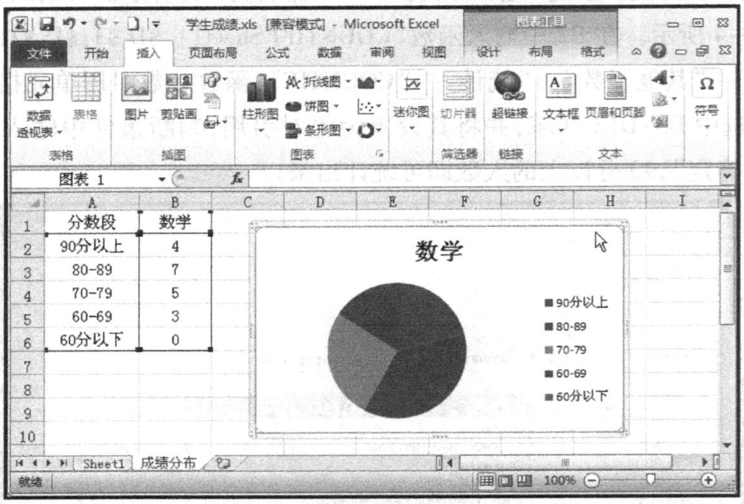

图4-3-6 数学成绩分布饼状图

以同样的方法统计并绘制语文、英语等其他课程的成绩分布情况。

5）保存使用

内容编辑好后，将工作簿保存。以后各学期成绩只需更改课程名称和各科分数，其他统计可以自动生成，便于长期使用。

4.4 绘制曲线

知识目标：

- 了解 Excel 2010 函数与公式的基本用法。

能力目标：

- 掌握利用 Excel 2010 绘制函数曲线的基本方法；
- 掌握曲线格式编辑的基本方法。

4.4.1 工作任务

根据函数表达式绘制曲线。

4.4.2 任务分析

Excel 2010 不仅具有强大的数学计算、统计和生成图表功能，而且其散点图功能可以

绘制多种曲线图，所绘制的各种数学函数曲线图形精度很高，可以弥补使用绘图软件的缺点。本任务以绘制 $y=76+|\log(50x^5)|+x^3$ 的曲线为例说明这一功能。

4.4.3　任务处理

1）输入自变量

新建一个文档，在 A 列存放自变量 x 的值，A1 单元格中输入“x =”，A2 以下单元格输入 x 的数值，如图 4-4-1 所示。

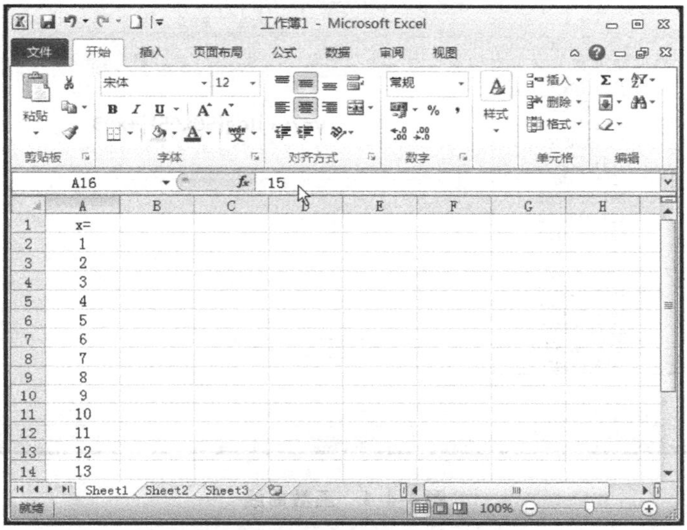

图 4-4-1　输入自变量

2）输入函数式，计算函数值

在 B 列存放函数 y 的值，B1 格输入表达式“$y=76+|\log(50x^5)|+x^3$”，B2 格中输入函数计算公式“=76 + ABS(log10(50 * A2^5)) + A2^3”。其中，ABS 函数的功能是计算参数的绝对值，LOG 函数的功能是计算参数的对数值，如图 4-4-2 所示。向下方单元格复制该公式，得出一系列函数值，如图 4-4-3 所示。

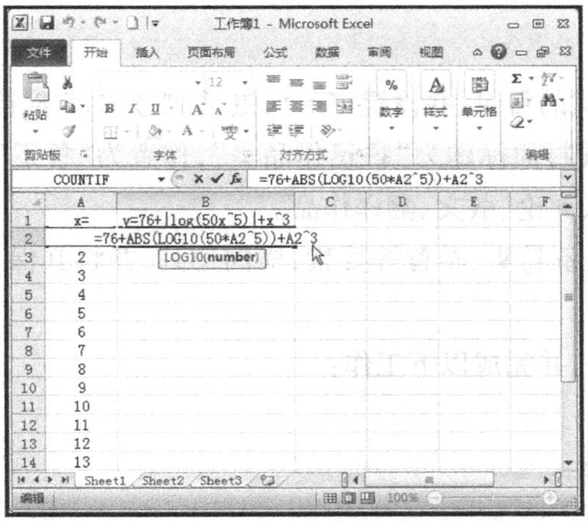

图 4-4-2　编辑计算公式

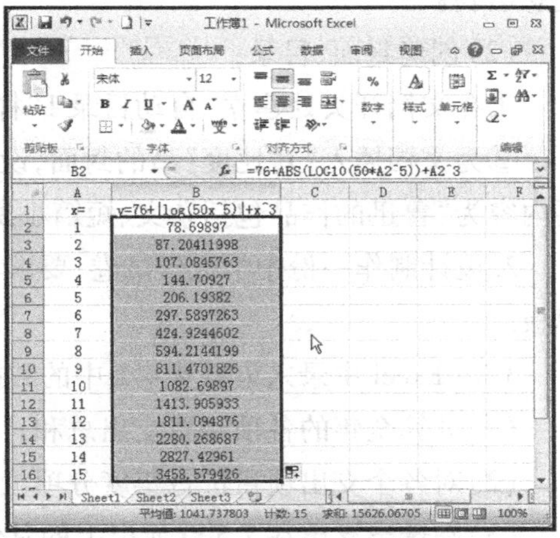

图 4-4-3　复制公式计算函数值

3)绘制曲线

选中全部数据区域,单击"插入"→"散点图"→"平滑线散点图"。在生成的图中,函数表达式默认为标题,将其保留作为曲线的名称,清除坐标轴、网格线、图例和数据标志中的所有选项,函数曲线绘制完成,如图 4-4-4 所示。

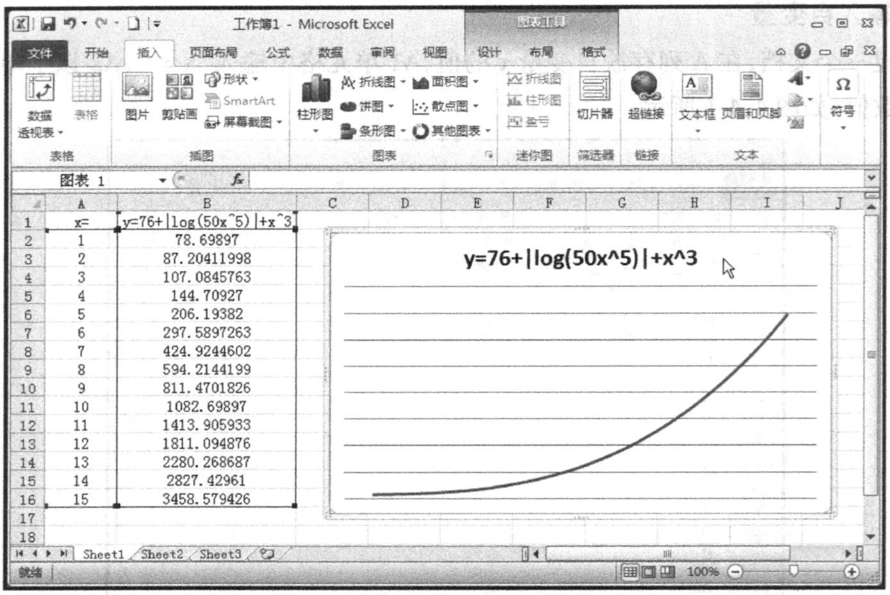

图 4-4-4 函数曲线

实训七

1. 从网络上搜索鲁迅的小说、杂文、散文,汇集到同一文档中,完成以下操作:

(1)插入书签、批注:

①在标题"狂人日记"位置处插入书签"已阅读",以位置作为排序依据。

②为标题"一件小事"添加批注"本篇最初发表于 1919 年 12 月 1 日北京《晨报－周年纪念增刊》。"

(2)创建封面、目录:

①在文档开头处建立"自动目录 1"样式的目录,并设置字形加粗,行距为 1.5 倍行距。

②为文档插入"对比度"型的封面,设置封面标题为"鲁迅作品集",作者为"鲁迅",摘要内容为"鲁迅的作品包括杂文、短篇小说、评论、散文、翻译作品。"

2. 设计制作一份中学数学试卷,要求具备卷头、卷首等要素,横向排列,并将其保存为模板。

3. 在 Excel 中录入表格 4-4-1 中的数据,并完成以下工作:

(1)计算全年的各项经费支出总和;

(2)对各个支出项目进行年度分项汇总;

(3)筛选出支出在 7 500 元以上的月份;

(4)编辑图表(柱状图或饼状图),直观分析每年、每月各种费用的支出情况。

表 4-4-1　某公司 2014 年度支出统计表

（单位:元）

月　份	通讯费	交通费	办公费	招待费	维修费	耗材费	其　他
1 月	489.25	1 023.25	654.23	5 214.45	102	150	305.60
2 月	566.21	1 125.55	541.25	4 957.54	95	150	284.15
3 月	485.23	1 523.54	456.52	5 624.95	66	160	354.25
4 月	562.12	952.25	431.25	6 254.44	44	170	154.25
5 月	584.54	895.55	352.14	5 546.28	25	190	165.36
6 月	456.55	1 125.44	332.56	5 956.25	87	210	179.25
7 月	621.21	1 235.65	358.97	6 324.25	100	150	124.00
8 月	521.35	1 095.44	406.24	4 568.22	120	160	158.55
9 月	625.24	1 023.56	612.25	6 542.15	160	140	162.35
10 月	524.24	1 245.95	460.25	4 569.25	195	155	152.15
11 月	532.45	1 302.45	524.55	5 412.67	241	165	190.44
12 月	602.15	1 209.45	481.11	1 125.56	135	140	159.00

4. 利用 Excel 2010 绘制函数 $y = \sin x + \cos x^3 + 100$ 的曲线。

第5章 个人应用

学习目标:

➢ 学习使用 office 2010 办公软件处理日常个人生活中事务的方法,掌握贺卡、画册、求职简历等的制作方法。

5.1 制作贺卡

知识目标:

➢ 了解 PowerPoint 2010 的基本操作。

能力目标:

➢ 掌握使用 PowerPoint 2010 制作贺卡的思路;
➢ 熟练掌握使用 PowerPoint 2010 制作贺卡的基本方法;
➢ 掌握在同一张幻灯片中元素叠放的技巧。

5.1.1 工作任务

在朋友生日或重要节日来临之际,制作一张贺卡为朋友、同事送上祝福。

5.1.2 任务分析

PowerPoint 2010 不仅具有灵活的艺术字和图片编辑功能,还具有添加动画效果、添加背景音乐等功能。综合使用这些功能可以制作出声情并茂的各种贺卡。在本任务中,我们将所有元素添加到一张幻灯片中,编辑好每一个元素的叠放和播放顺序,就能实现很好的播放效果。

5.1.3 任务处理

将要使用的素材如《背景.jpg》《图片.gif》《祝你生日快乐.mp3》等集中到一个文件夹“生日贺卡”中。

1）制作模板背景

启动 PowerPoint 2010，新建文档，进入母版编辑状态，删除预留区，将背景设置为所选择的背景图片并应用到全部幻灯片，如图 5-1-1 所示。

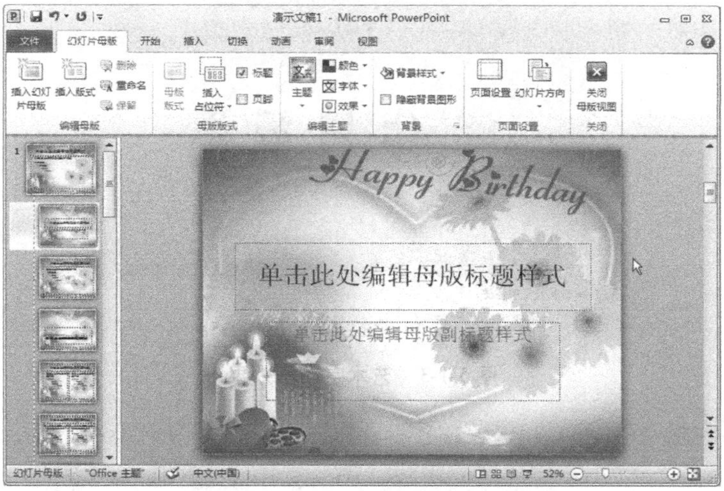

图 5-1-1　设置背景

2）添加背景音乐

关闭母版视图并切换到幻灯片编辑状态，单击“插入”→“音频”→“文件中的音频”，选择《祝你生日快乐. mp3》作为背景音乐，页面上将出现音频播放控件“”，单击“”，自动弹出“音频工具”选项卡。单击“播放”（图 5-1-2），在“音频选项”中将“开始”设为“跨幻灯片播放”，这样播放幻灯片时将自动播放音频文件直至音频结束；选中“放映时隐藏”，将在播放过程中隐藏音频控件图标；选中“循环播放，直到停止”，则音频持续重复播放直至幻灯片放映结束。

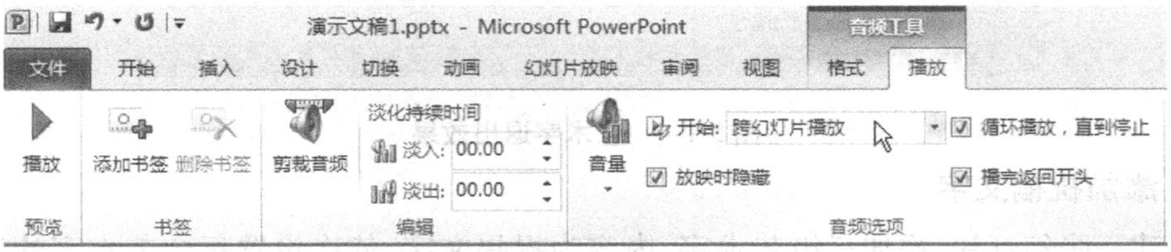

图 5-1-2　设置音频播放

3）添加文字，设置文字动画

①添加艺术字“生日祝福”，设置字体、颜色，拖至居中位置。选择艺术字，自动弹出“绘图工具”，在“动画”选项卡下设置艺术字动画为“陀螺旋转”，动画的“开始”设为“与上一动画同时”，“持续时间”设为“5.5”（即动画持续时间为 5.5 秒），延迟设为“1”（即在出现 1 秒之后开始动画），如图 5-1-3 所示。

②选中艺术字，单击“添加动画”，选择一种退出效果，例如“下沉”，动画的“开始”设为“单击”，“持续时间”设为“3”，延迟设为“0”，如图 5-1-4 所示。

图 5-1-3　艺术字动画效果

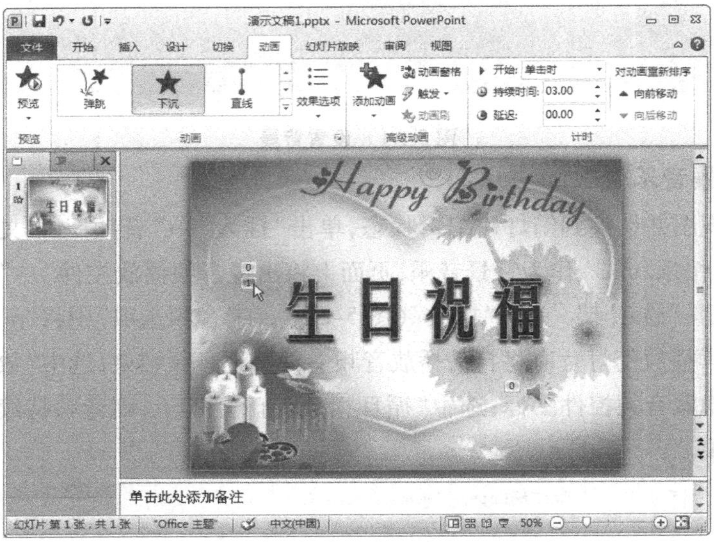

图 5-1-4　艺术字退出效果

4）添加祝福文字

新建一张幻灯片，添加三组艺术字，内容为祝福文字，依次设置每个艺术字的出现和退出动画。例如选中第一个艺术字，设置文字格式和动作路径等项目，完成后如图 5-1-5 所示。

5）设置叠放顺序

设置第二张幻灯片中的第一个动画的开始方式为“上一动画之后”，延迟时间为 3 s。将第二张幻灯片中的内容全部复制到第一张幻灯片中（包括内容、格式、动画等全部），删除第二张幻灯片。这样，两张幻灯片的内容叠放到了同一张幻灯片中，因事前已设置好了播放顺序，所以虽然看上去有些杂乱，但在播放时会井然有序。

6）设置放映

选择“幻灯片放映”中“设置放映方式”，“放映幻灯片”选择“全部”，“放映方式”选择

"循环放映,按 ESC 键终止"。

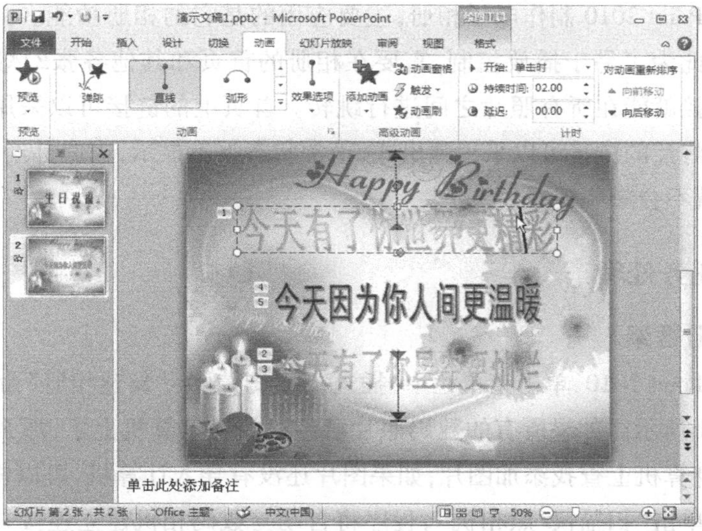

图 5-1-5　设置艺术字动画

以上操作完成后,注意保存文档并输入文件名。

7)预览修改

通过预览效果,进一步修改后,即可通过 Email 方式送给朋友或同事。

5.2　设计个人画册

知识目标:

- ➢ 了解 PowerPoint 2010 的基本操作。

能力目标:

- ➢ 掌握使用 PowerPoint 2010 编辑制作画册的基本思路和方法;
- ➢ 熟练掌握 PowerPoint 2010 添加超链接的基本方法。

5.2.1　工作任务

使用 PowerPoint 2010 制作一个画册,其内容是旅游时拍摄的不同景点的照片,要求能在各组景点之间灵活跳转,并可以随时终止播放。

5.2.2　任务分析

许多人都积累了较多的数码照片,观看这些照片的基本方式是利用计算机的图片浏览器逐张打开浏览。其实还有一种方法,那就是设计制作一个电子相册,给照片设置更加丰富的浏览效果，使查看照片成为一种享受。

使用 PowerPoint 2010 制作电子相册，主要应用的是它的相册功能。由于相册的照片数量比较多，因此为了易于播放控制，需要在相册的首页和其他各张幻灯片之间建立链接，通过单击链接就能在所有照片之间进行跳转。首页上的链接可以采用传统的目录方式，其他各张幻灯片的链接可以采用弹出式，正常状态下不显示，当鼠标经过时再弹出来，这样在播放时就不会影响观看效果了。

5.2.3 任务处理

1)创建相册框架

启动 PowerPoint 2010，单击菜单栏中“插入”→“图片”→“新建相册”命令，弹出相册对话框，如图 5-2-1 所示。如果所有的数码照片已经存放在计算机上了，那么就单击“文件/磁盘”，从本地计算机上查找添加图片；如果图片还没有导入计算机，可以将数码相机与计算机连接后，再单击“扫描仪/照相机”，程序将自动与数码相机建立连接并读取存储卡中的照片。在这里，计算机中已经存有文件，所以单击“文件/磁盘”查找照片所在位置，如图 5-2-2所示。按【Ctrl】键并单击鼠标左键可同时选择多张照片，然后单击“插入”。

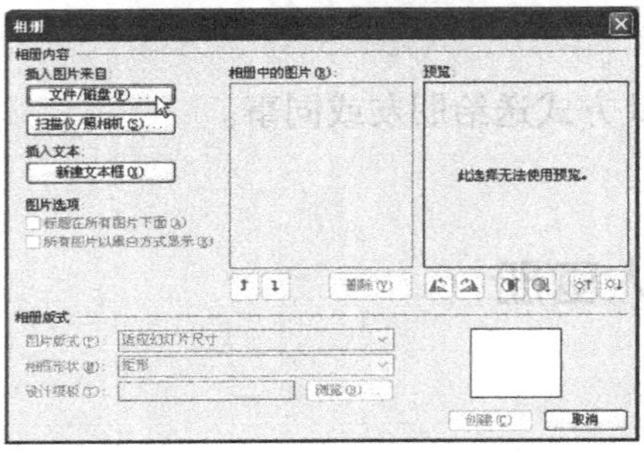

图 5-2-1　新建相册对话框

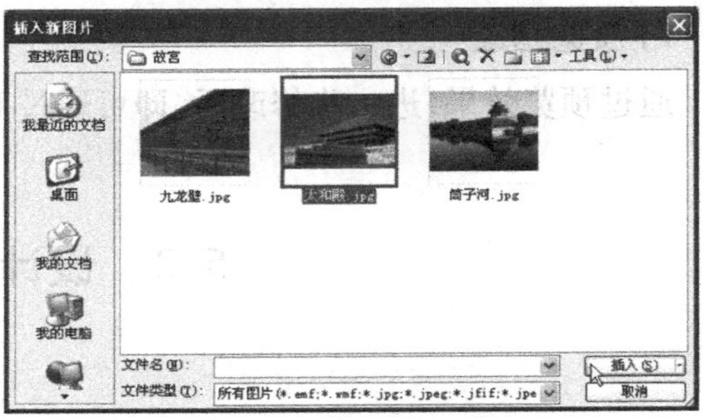

图 5-2-2　添加照片

选择好文件后，返回到“相册”设置对话框(图 5-2-3)，在这里显示该相册中的所有照片列表，可对照片的次序、亮度、对比度或角度等效果进行调整，单击“创建”将新建一个相册演示文档，如图 5-2-4 所示。设置文档背景为一种“画布”效果，保存文件为《相册》。

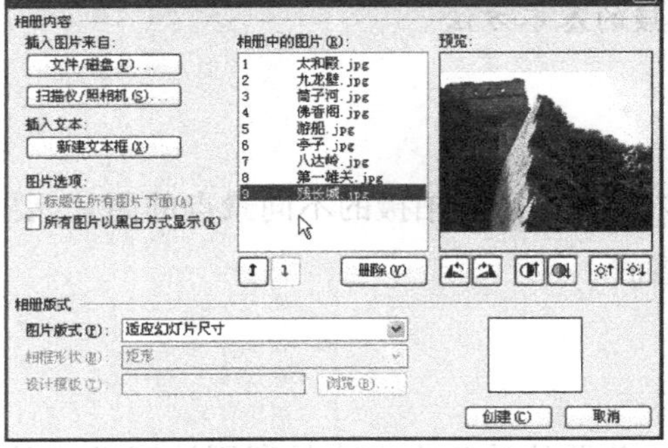

图 5-2-3　调整照片图

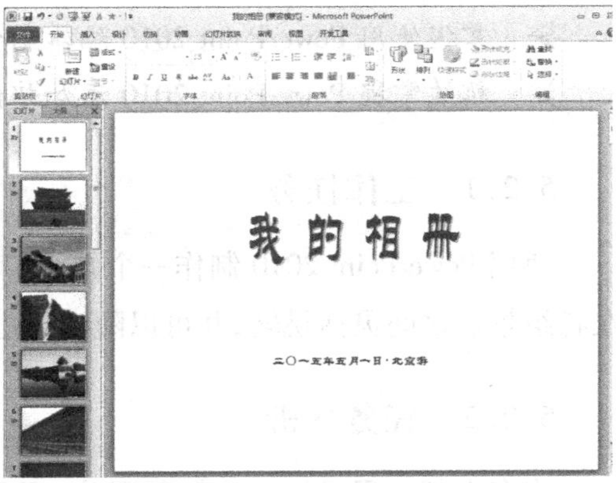

图 5-2-4　新建的相册演示文档

2) 编辑首页文字和超链接

在首页的标题栏中输入相册的名称，副标题栏中分别输入照片分类名称作为导航，设置其字体、字号、文字方向，如图 5-2-5 所示。右击“故宫”文本框，选择“超链接”，将此导航与本文档中“幻灯片 2”建立链接，如图 5-2-6 所示。同样方法，分别将“颐和园”“长城”链接到本文档中本组照片的首页幻灯片上。

图 5-2-5　首页效果

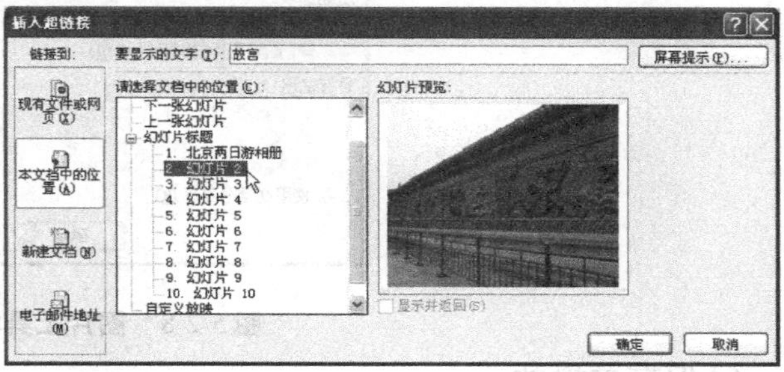

图 5-2-6　设置超链接

3) 设置动画效果

按照本书前面相关章节介绍的方法，分别为每张图片添加动画效果，此处不再赘述。

4) 制作幻灯片页内链接

切换到第二页幻灯片，插入“圆角矩形”，右击矩形选择“添加文本”，输入“故宫”，设置文字格式和圆角矩形的大小、颜色；设置“圆角矩形”，与本文档中“幻灯片 2”建立链接；复制粘贴两个设置好的“圆角矩形”，分别将文字改为“颐和园”和“长城”，将超链接改为各类照片的首页幻灯片，如图 5-2-7 所示。复制粘贴三个导航到每一张幻灯片后在每页都添加了导航，可以通过它来实现多张照片之间的跳转。

此导航也可以在模板中制作，应用于第二张之后的幻灯片。

图 5-2-7　页内导航

5) 压缩图片

由于相册包含了大量图片，而且这些图片容量往往比较大，因此会占用较多的磁盘空间。PowerPoint 2010 提供了对文档的压缩功能,可以在保持相册播放视觉效果基本不变的前提下缩小相册的容量。

选中相册中的一张图片,单击"格式"→"压缩图片",弹出对话框,如图 5-2-8 所示。取消选中"仅应用于此图片",单击"确定",程序将对相册中的图片进行压缩。

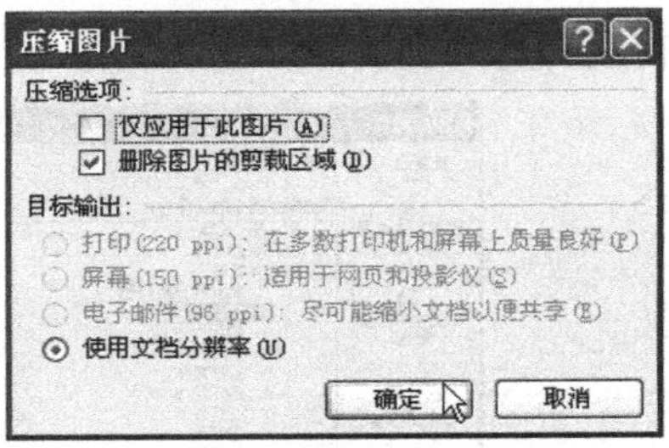

图 5-2-8　图片工具栏

6)保存并播放

播放幻灯片,进一步修改,保存后就成为自己的相册了。

5.3　设计求职简历

知识目标:

➢ 了解 PowerPoint 2010 的基本操作。

能力目标:

➢ 掌握使用 PowerPoint 2010 制作个人求职简历的基本步骤和操作方法。

5.3.1　工作任务

一名应届毕业生到招聘单位求职,用人单位要求求职者利用幻灯片进行自我介绍。

5.3.2　任务分析

求职者在寻找工作时,往往会制作纸质的求职简历。如果能够使用幻灯片推销自己,将取得更好的面试效果。为使求职简历更加醒目美观,在制作时应当充分使用表格来组织简历内容,同时还应当灵活使用图片、动画效果、艺术字等手段丰富幻灯片的播放效果。

5.3.3　任务处理

1)新建演示文档,编辑标题页

新建 PowerPoint 2010 文档,设置背景颜色,在标题页中输入幻灯片标题,如"李明求职简历";同时在副标题文本框中输入求职意向,如"助理",保存为《求职简历》。

2) 制作基本信息页

插入第二张幻灯片，设置背景颜色（注意与第一张的区别），在标题栏中输入“基本信息”，在此采用表格来进行显示个人基本信息。单击页面中间的表格占位符，弹出表格对话框，在其中选择行数和列数，插入4列5行的表格，选中右侧2列4行单元格合并为一个单元格用来放置照片，根据情况在表格中填入求职者的姓名、年龄等相关信息；复制粘贴个人照片，调整大小，使之适合单元格的大小，将照片与表格组合成一个对象，如图5-3-1所示。

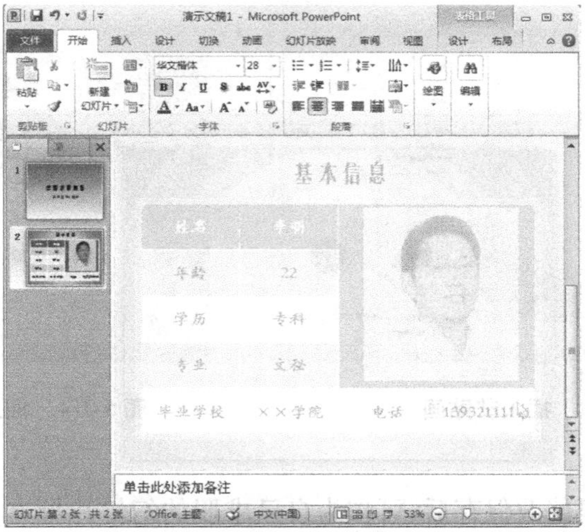

图 5-3-1　填入基本信息

3) 制作工作经历页

新建第三张幻灯片，作为对个人学习工作经历的介绍页面。如在标题栏中输入“工作经历”，然后逐行输入工作经历情况，主要包括时间、单位以及工作岗位，也可以简要介绍所取得的成绩，为文本设置动画效果，如图5-3-2所示。

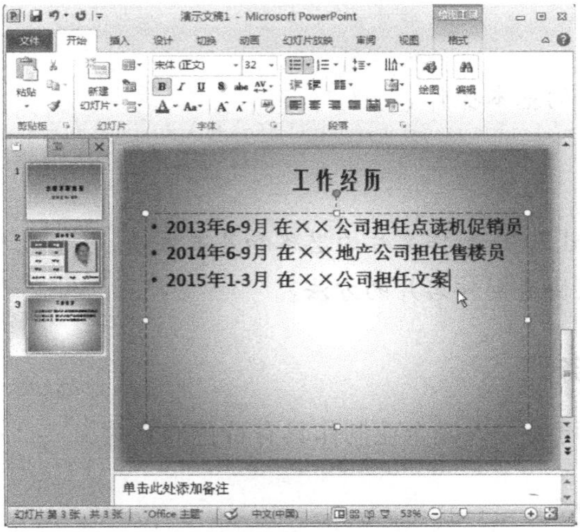

图 5-3-2　工作经历页面

用同样的方法编辑其他页面，如学习成绩、获得荣誉、求职意向等。

4) 制作个人爱好页面

求职简历一般不要求对个人爱好作详细介绍,适当提及即可。因此,我们制作的简历采用文字和剪贴画组合的方式简要介绍兴趣爱好。

新建一张幻灯片并输入标题“兴趣爱好”,然后单击菜单栏“插入”→“剪贴画”,如图5-3-3所示,在右侧窗格中打开剪贴画设置框;在“搜索文字”框中输入“足球”,单击“搜索”,在搜索结果中选择足球图画,将其插入,拖动控制点调整剪贴画的大小和位置,完成后的效果如图5-3-4所示。

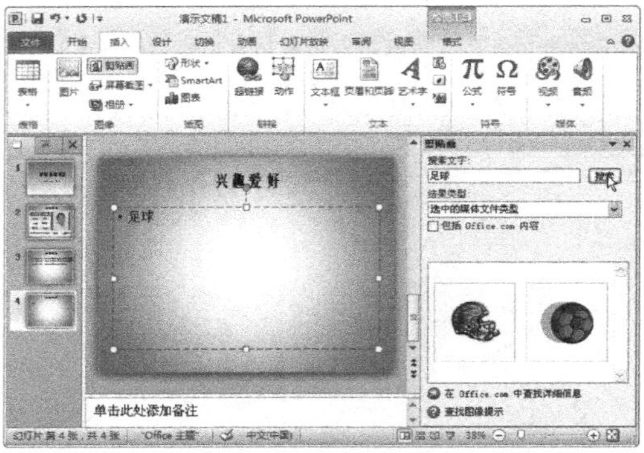

图 5-3-3　插入剪贴画

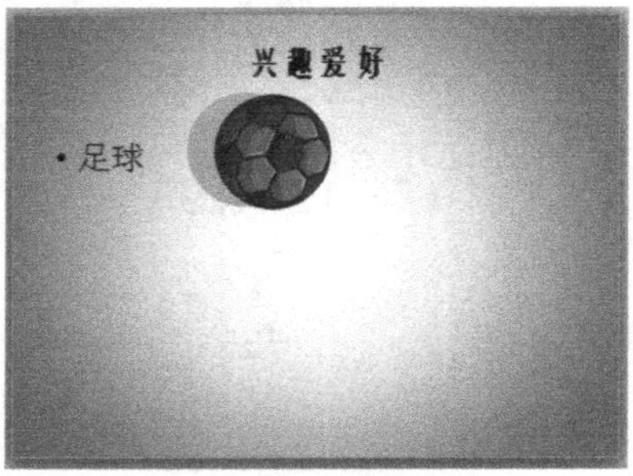

图 5-3-4　插入剪贴画效果

5) 保存留用

对文字等内容反复修改保存后,可作为自己求职的幻灯片母本,以后根据面试单位的性质稍作修改即可使用。

5.4　名片制作

知识目标:

- 了解制作名片的基本操作。

能力目标:

- 掌握使用 Word 2010 制作名片的思路和基本方法;
- 掌握使用模板快速制作名片的方法。

5.4.1　工作任务

为便于开展工作,可为个人或企业制作具有特色的名片。

5.4.2　任务分析

名片是现代社会中应用非常广泛的一种交流工具,它包含公司或个人的基本信息,如姓名、职务、联系方式、主营业务等,是个人或企业的标签。制作名片的专业工具是 Coreldraw 等软件，但对于一般用户来说，专业软件操作复杂，不易掌握，在此介绍使用 Word 软件快速制作名片的两种方法。

5.4.3　任务处理

1）制作个人风格名片

（1）名片布局设计

在开始制作之前，先对名片各部分内容进行详细构思，并准备好相关素材，主要是要用到的图片，如公司 LOGO 等。

（2）新建文档，插入形状

新建 Word 文档，单击“插入”→“形状”→“基本形状”→“矩形”，在文档中插入一个矩形，设置矩形的宽、高分别为 90 mm 和 54 mm（一般名片的规格），如图 5-4-1 所示。

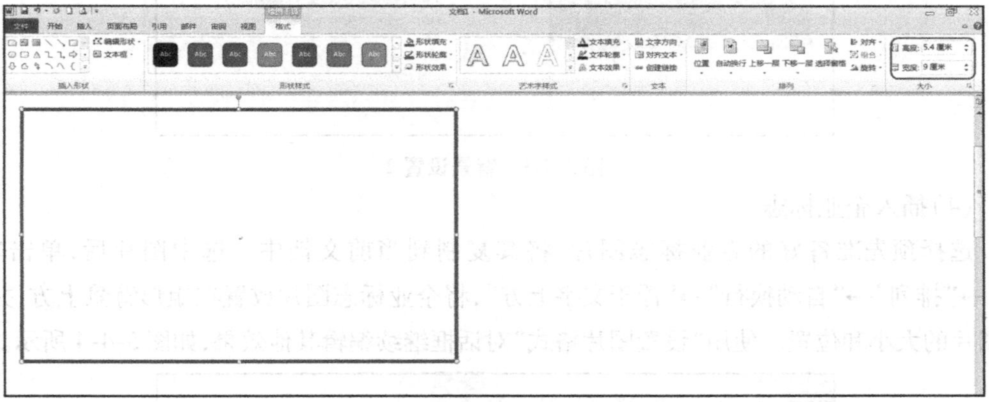

图 5-4-1　插入矩形

（3）设置名片背景

①选中矩形，设置“形状轮廓”为“无轮廓”，“形状填充”为“强烈效果—橄榄色，强调颜色 3”，如图 5-4-2 所示。

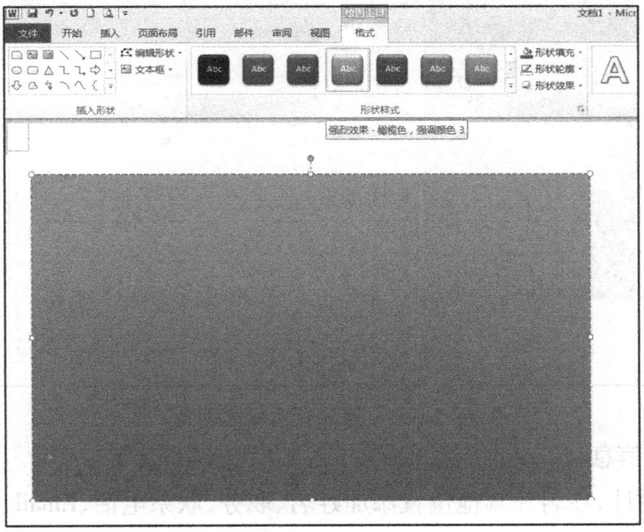

图 5-4-2　背景设置 1

②右击矩形，选择“设置形状格式”，可在对话框中详细设置各项属性，制作更加丰富的背景效果，如图 5-4-3 所示。

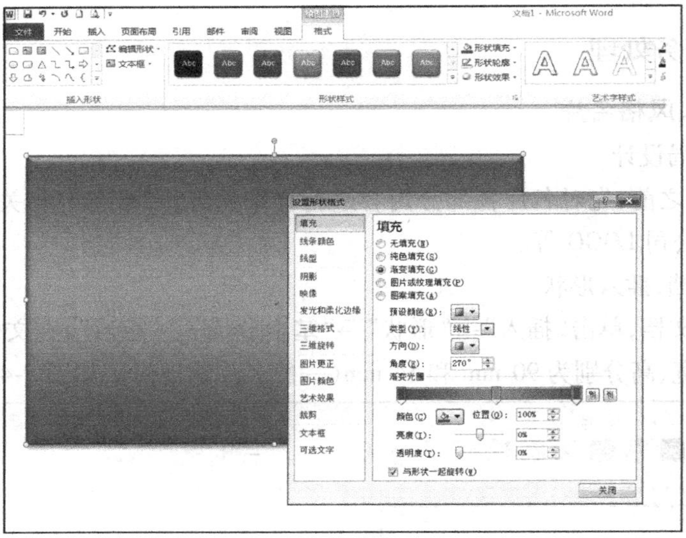

图 5-4-3　**背景设置 2**

(4)插入企业标志

选择预先准备好的企业标志图片，将其复制到当前文档中。选中图片后，单击“格式”→“排列”→“自动换行”→“浮于文字上方”，将企业标志图片放置在矩形背景上方，并调节图片的大小和位置。使用“设置图片格式”对话框继续编辑其他效果，如图 5-4-4 所示。

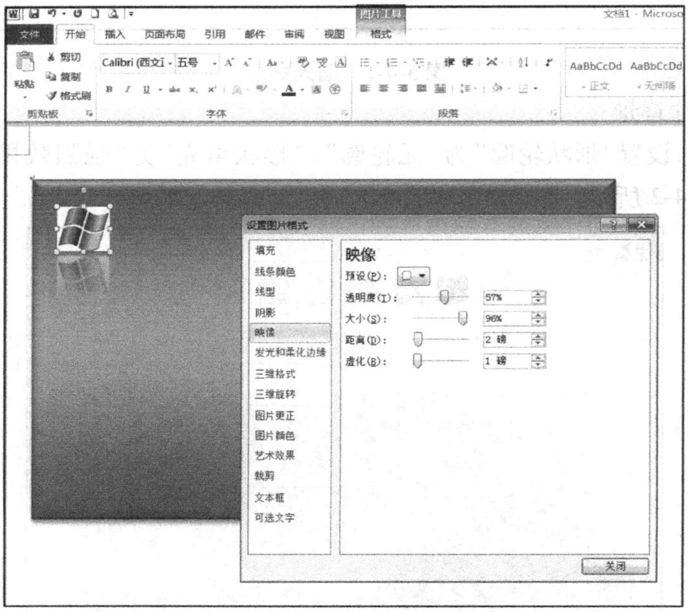

图 5-4-4　**添加企业标志图片**

(5)编辑其他信息

按照事先的设计，在名片其他位置添加姓名、职务、联系电话、Email、联系地址等信息。完成后，效果如图 5-4-5 所示。

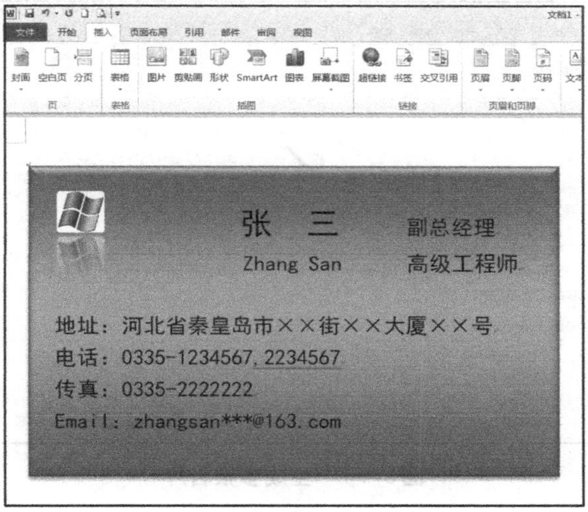

图 5-4-5　添加其他信息

(6)生成多张名片

新建一个 word 文档，将“页边距”设置为“窄”，插入一个四行两列表格，设置表格的行高为 5.4 cm、列宽为 9 cm(与名片的规格相同)。定位 1 行 1 列单元格，单击“插入”→“屏幕截图”→“屏幕剪辑”，在剪辑界面选取整个名片，则名片被自动采集到表格中。复制此单元格中的名片到其他单元格，则可以生成多张名片，如图 5-4-6 所示。

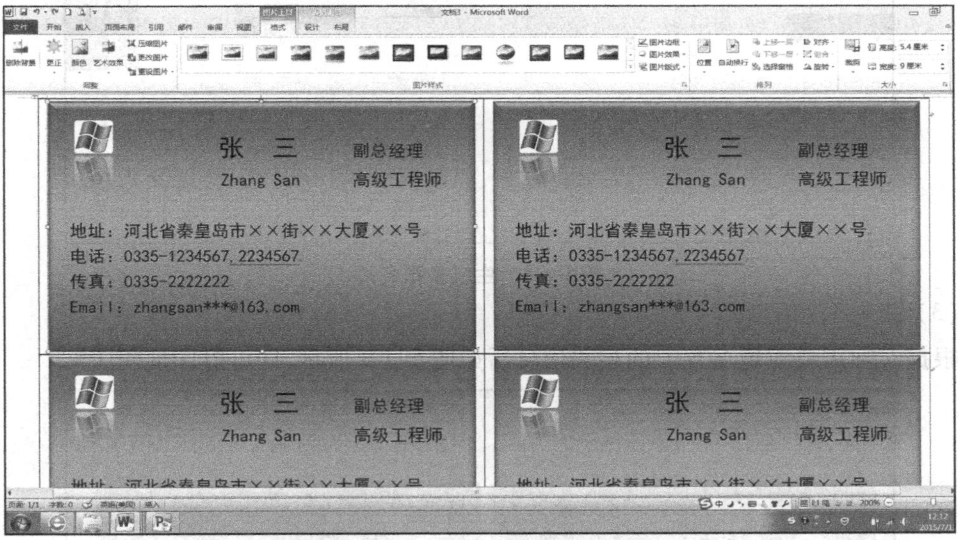

图 5-4-6　生成多张名片

(7)打印裁剪

连接彩色打印机，打印输出后，沿名片边缘裁剪好即可使用。

2)使用现有模板制作名片

(1)搜索模板

启动 Word，单击“文件”→“新建”，在“Office. com 模板”栏中填写“名片”，点击搜索“ ”按钮，如图 5-4-7 所示。

图 5-4-7　生成多张名片

(2)下载模板

在从网络上搜索到许多名片模板中,双击其中一个模板或单击右侧"下载"按钮,即可下载到当前文档中,如图 5-4-8 所示。

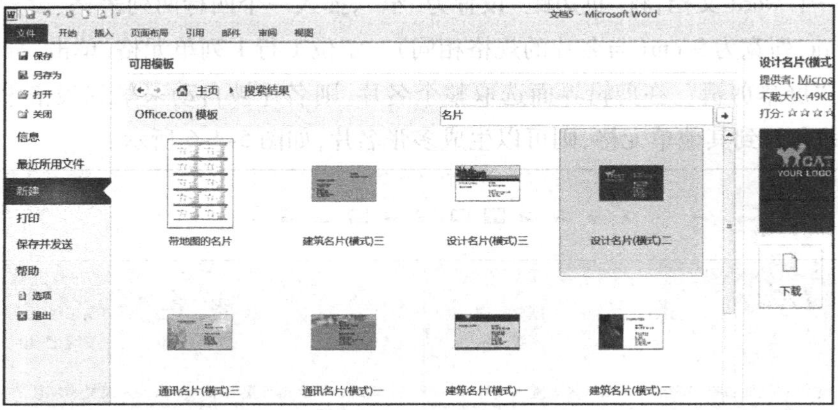

图 5-4-8　生成多张名片

(3)编辑名片信息

根据实际需要编辑名片上的相关信息后如图 5-4-9 所示,即可打印使用了。

图 5-4-9　编辑名片信息

实训八

1. 使用 PowerPoint 2010 制作国庆节或春节主题的贺卡。要求使用艺术字、图片、自定义动画等功能，并且插入相关的音频作为背景播放音乐。

2. 搜集自己家乡的名胜古迹的照片，然后使用 PowerPoint 2010 制作一份以宣传家乡为主题的画册。要求设置丰富的动画效果和放映切换效果，在首页设置文档内的超链接。

3. 整理自己的相关资料，利用 PowerPoint 2010 制作一份个人简介，并且在班内利用多媒体设备进行演示播放。

4. 为“天地房地产公司”的董事长、总经理设计独具特色的名片，并为企业制作一份宣传片。

网络办公篇

第6章 网络办公

学习目标：

- 以实际操作软件为例，介绍常用网络办公的功能设置及使用方法。

6.1 电子政务与政府网上办公

知识目标：

- 熟悉电子政务的基础知识；
- 了解电子政务系统的主要功能。

能力目标：

- 掌握办公室工作环境下电子政务的主要功能模块；
- 电子政务系统各项功能的实现。

6.1.1 电子政务

电子政务是指运用计算机、网络和通信等现代信息技术手段，实现政府组织结构和工作流程的优化重组，超越时间、空间和部门分隔的限制，建成一个精简、高效、廉洁、公平的政府运作模式，以便全方位地向社会提供优质、规范、透明、符合国际水准的管理与服务。

电子政务是在现代计算机、网络通信等技术支撑下，政府机构日常办公、信息收集与发布、公共管理等事务在数字化、网络化的环境下进行的国家行政管理形式。它包含多方面的内容，如政府办公自动化、政府部门间的信息共建共享、政府实时信息发布、各级政府间的远程视频会议、公民网上查询政府信息、电子化民意调查和社会经济统计等。

6.1.2 政府网上办公系统

现阶段，县级以上政府部门基本实现了政府网站建设，不同程度地实现了政府办公自动化。同时不难发现各政府网站的前台界面虽有所差别，其网上办公功能却大体相似。也正是基于这样一种原因，本书以西安弛卓电子科技有限公司的电子政务系统中政府办公平台为例对政府网上办公部分进行介绍。电子政务系统的网上办公包括前台界面和后台办公两部分。

前台部分是政府部门对外信息发布、公民信息查询的窗口,借助该部分还可以实现公民在线办理咨询、政府部门完成民意征集等工作;系统后台则是政府工作人员依据各自的岗位实现网上办公的管理和事务处理的部分。

1)前台操作

前台部分从所设置的栏目来看包括政务公开、服务导航、民意征集、网站导航四部分。其中,政务公开部分又包括政务资讯、政策法规、政府文件、动态新闻、公告通知、组织机构等不同部分;服务导航包括信息查询、在线办理、在线咨询;民意征集包括投诉举报、热点调查、政务论坛等部分。

(1)政务公开

“政务公开”第一部分内容是“政务资讯”,通过该功能,公民可以查看相关的政务资讯,如图 6-1-1 所示。

图 6-1-1 政务资讯信息查看

以同样的方式,用户可以在“政务公开”栏目下了解“政策法规”,查看“政府文件”“动态新闻”“公告通知”和“组织机构”等相关信息。

(2)服务导航

用户通过“服务导航”可以查看政府开设的相关服务内容,如图 6-1-2 所示。

图 6-1-2 服务导航

用户可以通过“信息查询”查询相关信息，通过“在线办理”选择要办理的业务，可以了解办事指南、审批流程、进行表格下载、提交在线受理、进行办理事务状态查询等。如通过点击“服务导航”下方的“在线咨询”，可进行相关问题的在线咨询；若要完成在线咨询需点击“我要咨询”，按要求输入咨询内容及相关信息，单击“提交”，即可提交咨询内容，如图6-1-3所示。

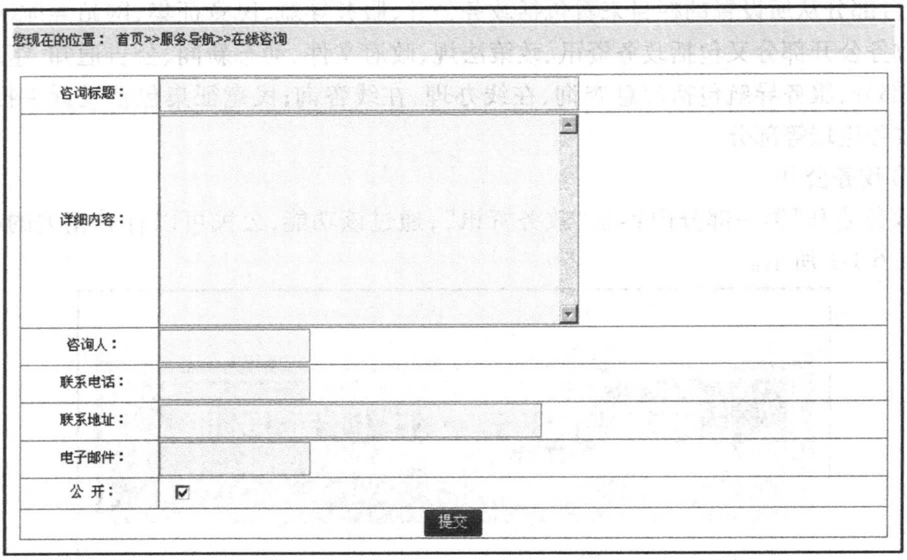

图 6-1-3　在线咨询提交

(3)民意征集

①单击“民意征集”下方的“投诉举报”，进入投诉举报界面，可查看相关的举报投诉。若要进行投诉，需单击“我要投诉”发起投诉，按要求输入投诉内容及相关信息，单击“提交”，如图 6-1-4 所示。

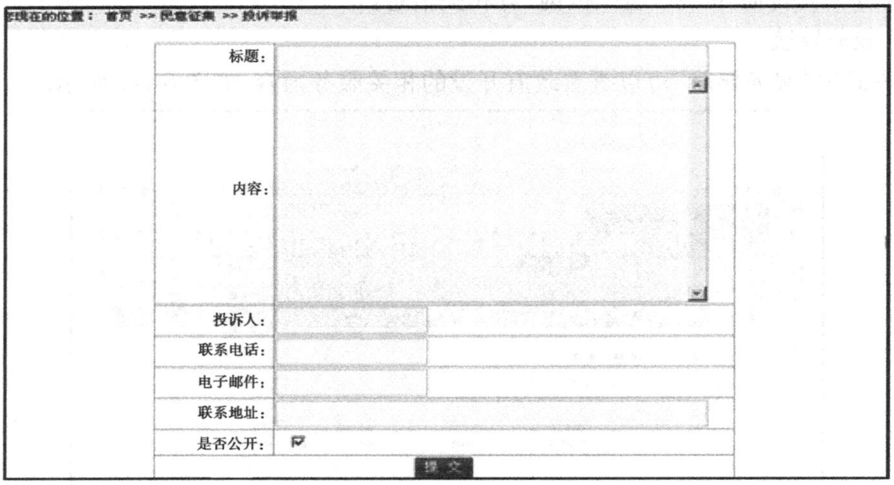

图 6-1-4　投诉提交

②单击“民意征集”下方的“热点调查”进入调查界面，用户可以参与相关的热点调查，根据本人意愿对调查结果进行选择，单击“投票”，如图 6-1-5 所示。

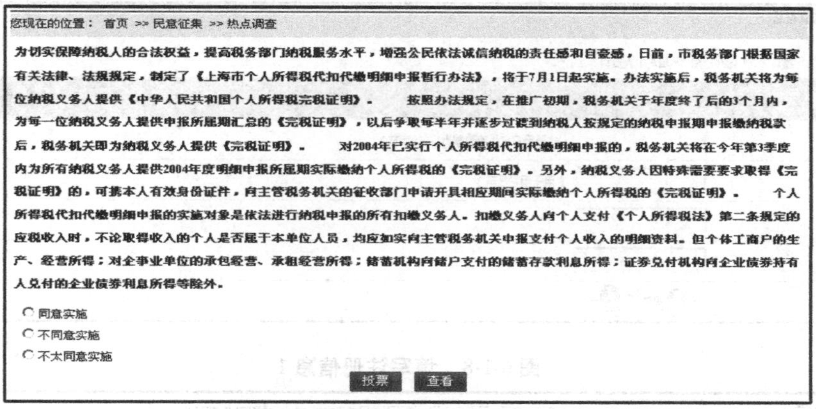

图 6-1-5　热点调查投票

③单击“民意征集”下方的“政务论坛”，进入政务论坛，用于民众查看和操作相关的政务信息，如图 6-1-6 所示。

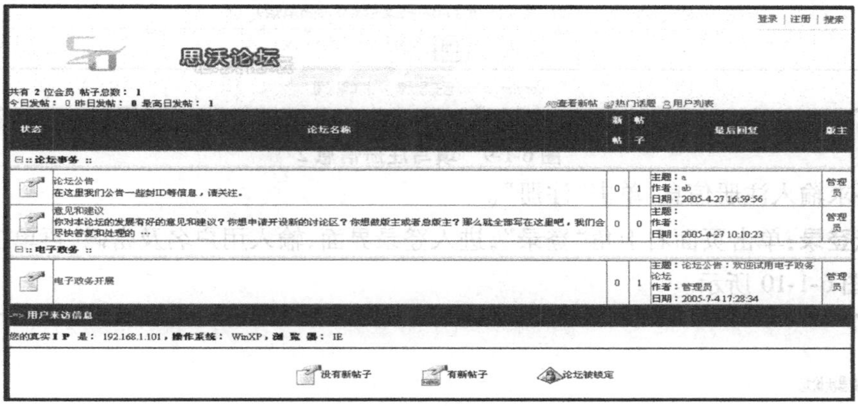

图 6-1-6　登录政务论坛

参与政务论坛需首先注册论坛账号，单击右上角“注册”按钮，进入如图 6-1-7 所示的界面。

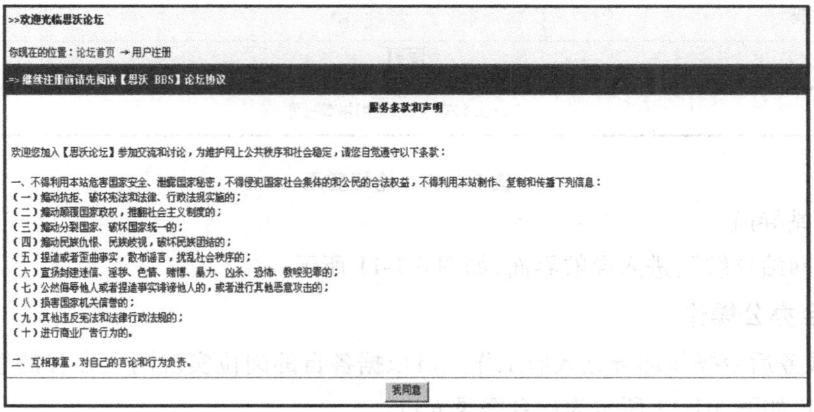

图 6-1-7　论坛用户注册

单击“我同意”，进入注册信息填写界面，如图 6-1-8、图 6-1-9 所示。

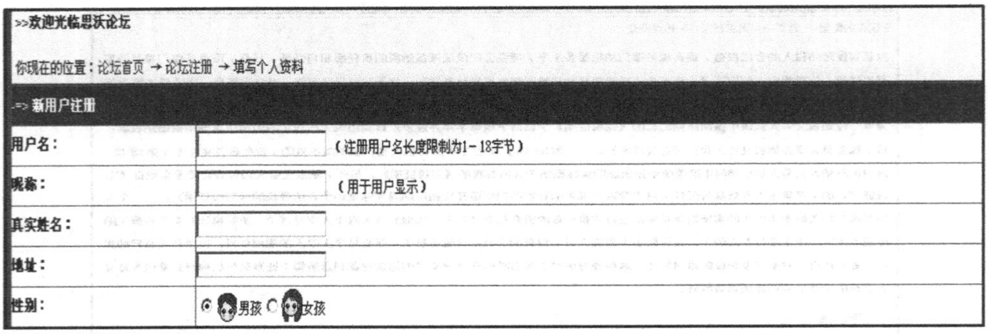

图 6-1-8　填写注册信息 1

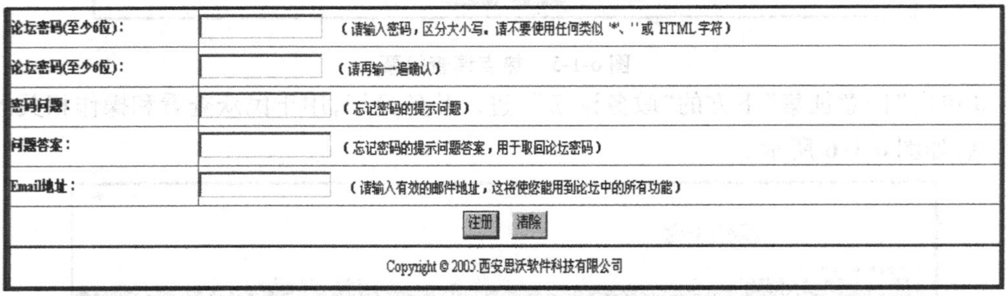

图 6-1-9　填写注册信息 2

按要求输入注册信息，单击“注册”。

论坛登录：单击页面右上角“登录”，进入登录界面，输入用户名及密码，再单击“登录”按钮，如图 6-1-10 所示。

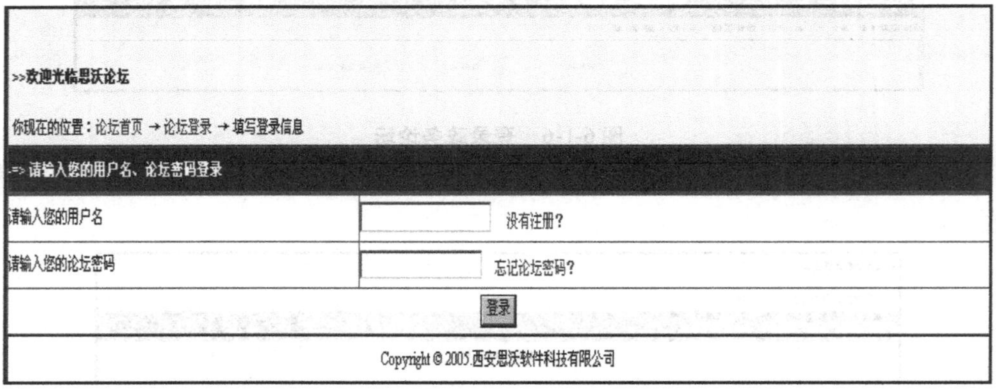

图 6-1-10　论坛登录

(4) 网站导航

单击“网站导航”，进入导航界面，如图 6-1-11 所示。

2) 后台办公操作

电子政务后台操作部分是政府工作人员依据各自的岗位实现网上办公的管理和事务处理的入口，如图 6-1-12 所示为后台登录入口。

图6-1-11　网站导航

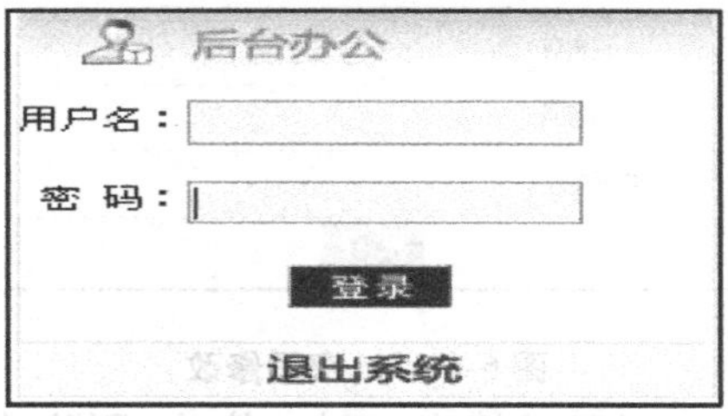

图6-1-12　后台登录

工作人员在登录界面输入管理人员的用户名及密码，单击“登录”进入后台办公主界面，如图6-1-13所示。

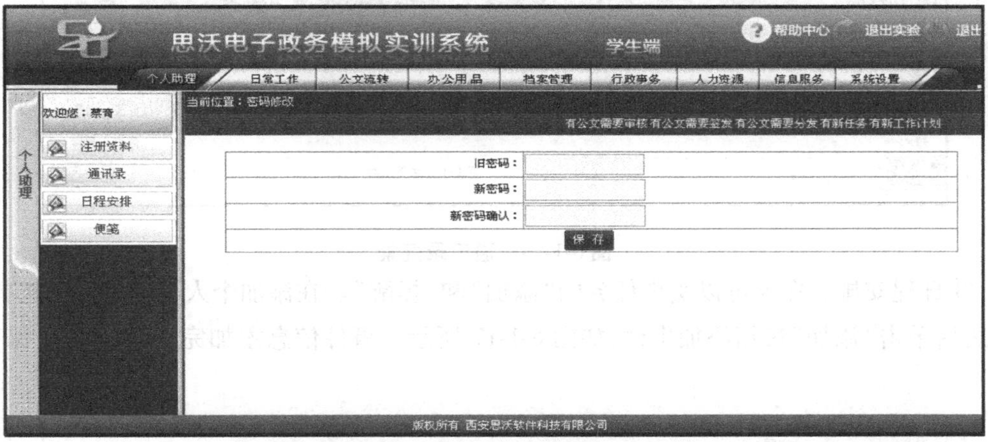

图6-1-13　后台办公主界面

电子政务系统后台办公功能包括个人助理、日常工作、公文流转、办公用品、档案管理、行政事务、人力资源、信息服务等部分。

(1)个人助理

①注册资料。在此可以实现个人资料的查看与修改以及密码的修改等，如图6-1-14、图6-1-15所示。

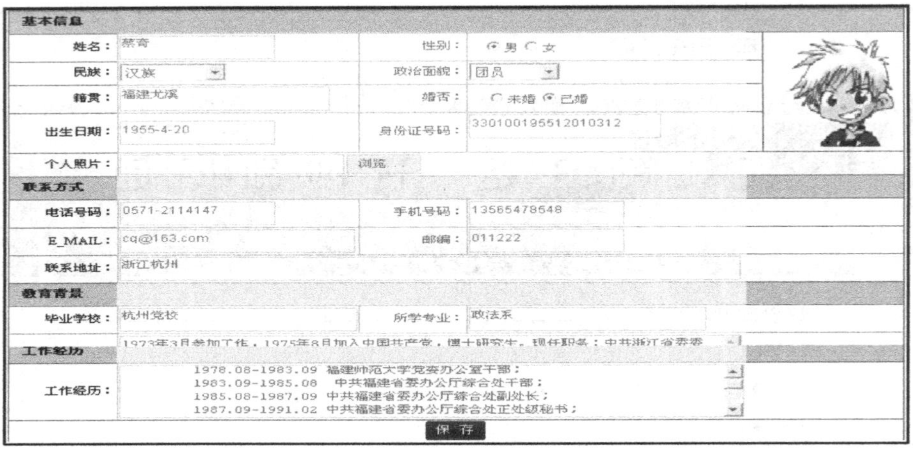

图 6-1-14　个人资料查看与修改

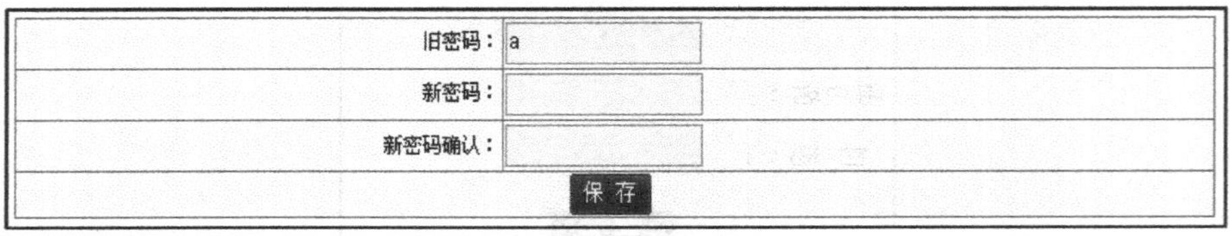

图 6-1-15　密码修改

②通讯录。在此可以实现通讯录搜索、添加、修改、删除功能。在搜索栏中输入姓名或者单位名称，单击“搜索”即可获得搜索结果，如图 6-1-16 所示。

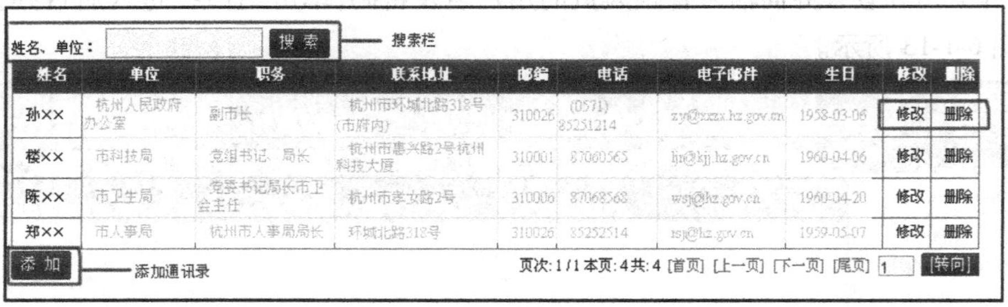

图 6-1-16　通讯录搜索

③日程安排。在此可以实现任务的“添加”和“提醒”。在添加个人事件时需先选择日期，之后单击“添加”按钮添加事件，如图 6-1-17 所示。事件信息添加完毕后，单击“保存”即可。

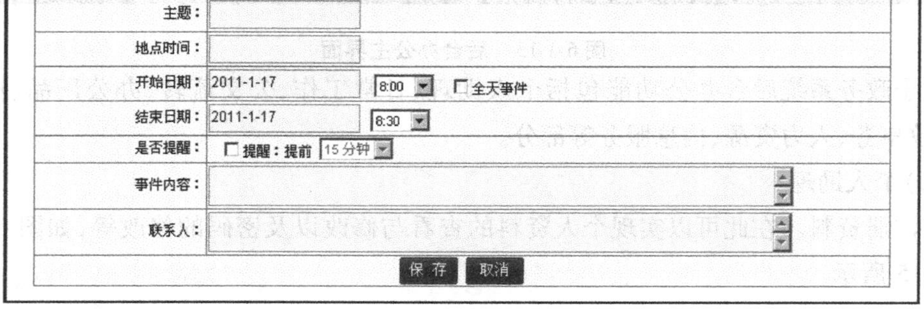

图 6-1-17　添加事件

通过系统中提供的任务列表可以了解个人需完成的任务情况，并能事先查找任务、添加任务、修改任务、删除任务等，如图 6-1-18 所示。

主题	截止日期	开始日期	联系人	修改	删除
努力把杭州打造成为“中国电子商务之都”	2010-04-17	2010-04-14	“中国杭州”政府门户网站	修改	删除
杭州市人民政府办公厅转发	2008-04-17	2008-04-17	博佳欣	修改	删除
杭州市创业投资引导基金管理办法(试行)	2008-04-19	2008-04-19	博佳欣	修改	删除
杭之土资拆许字（2008）第004号房屋拆迁公告	2008-04-19	2008-04-17	杭州市国土资源局	修改	删除
杭土资拆许字（2008）第034号房屋拆迁公告	2008-04-20	2008-04-18	洪晓峰	修改	删除
总结	2010-04-10	2010-04-09	一样	修改	删除
重要会议	2010-03-13	2010-03-12		修改	删除
会议	2010-03-24	2010-03-24		修改	删除
啪啪啪	2010-04-23	2010-04-22	啪啪啪	修改	删除

图 6-1-18　**任务修改与删除**

④便笺。在此可以进入便笺列表，并对便笺进行添加、修改或删除等管理，如图 6-1-19 所示。

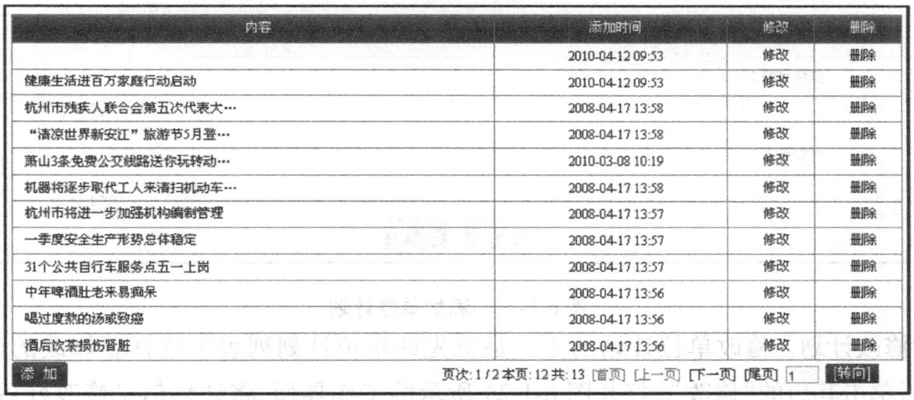

内容	添加时间	修改	删除
	2010-04-12 09:53	修改	删除
健康生活进百万家庭行动启动	2010-04-12 09:53	修改	删除
杭州市残疾人联合会第五次代表大…	2008-04-17 13:58	修改	删除
“清凉世界新安江”旅游节5月登…	2008-04-17 13:58	修改	删除
萧山3条免费公交线路送你玩转动…	2010-03-08 10:19	修改	删除
机器将逐步取代工人来清扫机动车…	2008-04-17 13:58	修改	删除
杭州市将进一步加强机构编制管理	2008-04-17 13:57	修改	删除
一季度安全生产形势总体稳定	2008-04-17 13:57	修改	删除
31个公共自行车服务点五一上岗	2008-04-17 13:57	修改	删除
中年啤酒肚老来易痴呆	2008-04-17 13:56	修改	删除
喝过度热的汤或致癌	2008-04-17 13:56	修改	删除
酒后饮茶损伤肾脏	2008-04-17 13:56	修改	删除

图 6-1-19　**便笺添加、修改、删除**

(2)日常工作

通过导航中“日常工作”按钮可以完成各项日常工作的设置，如单位计划、部门计划、个人任务的添加、修改或删除等，如图 6-1-20 所示。在此仅以“单位计划”为例来说明如何实现计划管理。

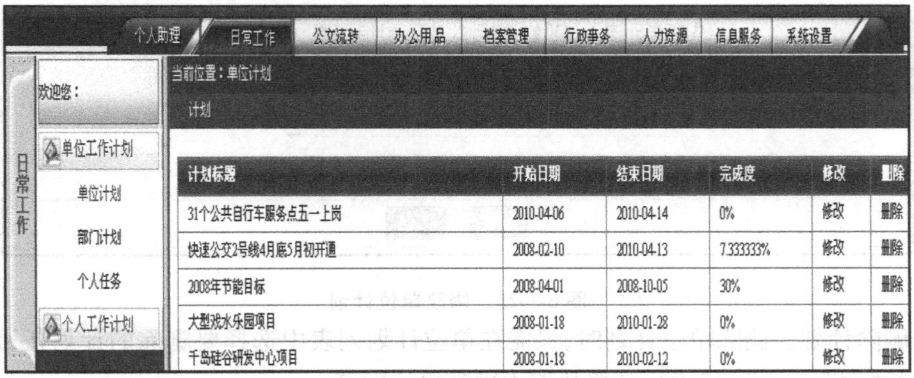

计划标题	开始日期	结束日期	完成度	修改	删除
31个公共自行车服务点五一上岗	2010-04-06	2010-04-14	0%	修改	删除
快速公交2号线4月底5月初开通	2008-02-10	2010-04-13	7.333333%	修改	删除
2008年节能目标	2008-04-01	2008-10-05	30%	修改	删除
大型戏水乐园项目	2008-01-18	2010-01-28	0%	修改	删除
千岛硅谷研发中心项目	2008-01-18	2010-02-12	0%	修改	删除

图 6-1-20　**日常工作操作界面**

单击图 6-1-20 窗口左栏中的“单位计划”，进入单位计划管理界面，如图 6-1-21 所示。

计划标题	开始日期	结束日期	完成度	修改	删除
31个公共自行车服务点五一上岗	2010-04-06	2010-04-14	0%	修改	删除
快速公交2号线4月底5月初开通	2008-02-10	2010-04-13	7.333333%	修改	删除
2008年节能目标	2008-04-01	2008-10-05	30%	修改	删除
大型戏水乐园项目	2008-01-18	2010-01-28	0%	修改	删除
千岛硅谷研发中心项目	2008-01-18	2010-02-12	0%	修改	删除
有机硅工业园区C区块开发	2008-01-18	2010-03-04	0%	修改	删除
就业再就业形势分析	2008-03-20	2008-11-05	0%	修改	删除
2008--坚持改善民生，促进社会和谐	2008-02-26	2008-04-17	0%	修改	删除
建议对外来务工人员进行交通法规培训	2008-02-26	2008-04-17	0%	修改	删除
9月份计划完成任务	2008-04-21	2008-04-21	0%	修改	删除
召开打造全国文化创意产业中心大会	2008-04-21	2008-04-21	0%	修改	删除

图 6-1-21 单位计划管理界面

①添加计划。点击左下角“添加”按钮，将弹出如图 6-1-22 所示的窗口，填写该计划信息后单击“保存”即可完成单位计划的添加。

图 6-1-22 添加单位计划

②修改计划。修改单位计划的方式是首先在单位计划列表中选择要修改的计划条目，然后单击其后的“修改”，打开图 6-1-23 所示的工作界面，将计划信息修改好后，单击“保存”即可完成修改。

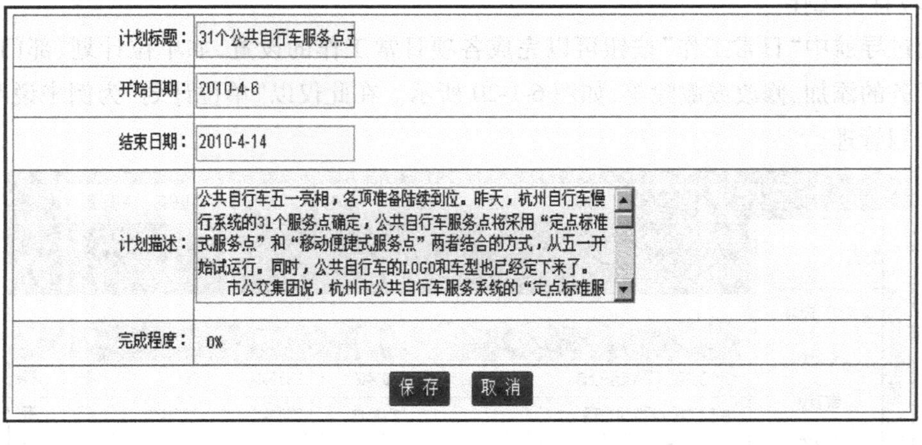

计划标题：31个公共自行车服务点五
开始日期：2010-4-6
结束日期：2010-4-14
计划描述：公共自行车五一亮相，各项准备陆续到位。昨天，杭州自行车慢行系统的31个服务点确定，公共自行车服务点将采用“定点标准式服务点”和“移动便捷式服务点”两者结合的方式，从五一开始试运行。同时，公共自行车的LOGO和车型也已经定下来了。
市公交集团说，杭州市公共自行车服务系统的“定点标准服
完成程度：0%
保 存
取 消

图 6-1-23 修改单位计划

③删除计划。删除单位计划时，只需在单位计划列表中选择要删除的计划条目，再单击其后的“删除”，在随后弹出的确认框中进行确认即可。

(3)公文流转

公文流转项目中包括发文管理、收文管理、远程收发、呈批管理、公文设置、审批流管理等功能,如图 6-1-24 所示。

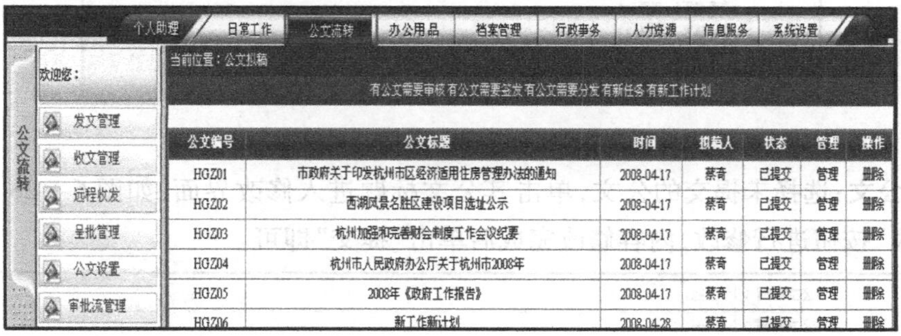

图 6-1-24　公文流转功能项目

以“发文管理”为例,简要说明此部分的功能。发文管理可以实现公文拟稿、公文审核、公文会签、公文签发、发文、公文分发、收取已发公文等功能。

①公文拟稿。如图 6-1-25 所示,单击“发文管理”→“公文拟稿”,进入公文拟稿列表。

图 6-1-25　公文拟稿列表 1

在此界面可以进行公文的添加、修改、管理和删除等操作,如图 6-1-26 所示。

图 6-1-26　公文拟稿列表 2

添加公文:单击图 6-1-25 左下角“公文添加”按钮可添加公文,如图 6-1-27 所示。编辑相关信息后,单击“上传附件”可为公文添加附件,单击“保存”,即可完成公文添加。

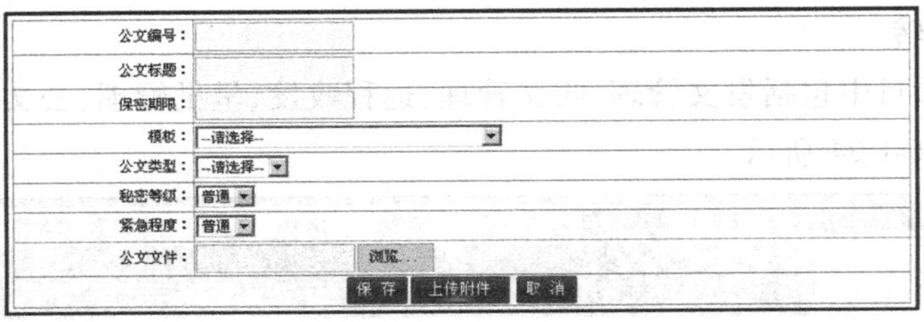

图 6-1-27 公文添加

修改公文：选择未提交的公文，单击其公文标题进入修改界面，如图 6-1-28 所示。再单击“修改”按钮进行修改，内容修改完成后单击“提交”即可。

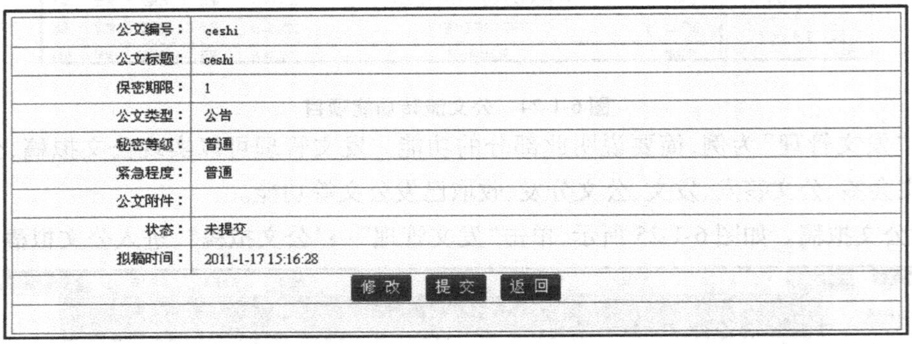

图 6-1-28 公文修改

公文管理：选择未提交的公文，单击其后的“管理”进入管理界面，如图 6-1-29 所示。选择审核人，单击“提交”。

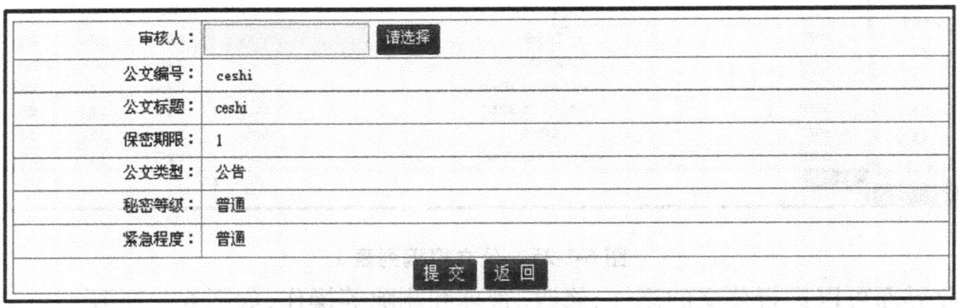

图 6-1-29 公文管理

删除公文：选择要删除的公文，单击其后的“删除”，弹出确认框，单击“确认”后即可删除该公文。

②公文审核。单击左侧“公文审核”，进入公文审核列表，如图 6-1-30 所示。在此界面可以实现查看已处理（审核）的公文和对公文进行审核等操作。

查看已处理公文：选择要查看的已处理的公文，单击其公文标题进行查看，如图 6-1-31 所示。

审核公文：选择需要审核的公文，单击公文标题进入审核界面，如图 6-1-32 所示，即可对该公文进行管理，如退稿、传递、指定会签或指定签发。

公文编号	公文标题	时间	拟稿人	状态
aaaccc	aaaccc	2009-5-11 10:00:26	蔡奇	未审核
88	88	2009-8-21 14:17:07	蔡奇	已处理
888	8888	2010-3-18 10:53:09	蔡奇	已处理
HGZ15	关于暂缓调高旅游专项资金在交通建设附加费中分配比例的请示	2008-4-29 8:50:26	蔡奇	已处理
HGZ16	中国证券监督管理委员会关于xx新华期货经纪有限公司的批复	2008-4-29 8:55:36	蔡奇	已处理
bn	bn	2009-5-6 13:54:04	蔡奇	已处理
tttaaa	tttaaa	2009-5-5 16:14:19	蔡奇	已处理
HGZ03	杭州加强和完善财会制度工作会议纪要	2008-4-17 16:24:19	蔡奇	已处理
HGZ08	加快杭州发展的脚步	2008-4-28 17:02:21	蔡奇	已处理
HGZ09	2007年度杭州纳税大户名单出炉	2008-4-28 17:09:38	蔡奇	已处理
HGZ10	对加强公司员工激励的建议	2008-4-28 17:39:08	蔡奇	已处理
HGZ11	会议纪要	2008-4-29 8:24:18	蔡奇	已处理

页次: 1/2 本页: 12 共: 15 [首页] [上一页] [下一页] [尾页] 1 [转向]

图 6-1-30　公文审核列表

公文编号：	88
公文标题：	88
保密期限：	8
公文类型：	批复
秘密等级：	普通
紧急程度：	普通
公文附件：	
拟稿时间：	2009-8-21 14:17:07

退稿　传递　指定会签　指定签发　返回

图 6-1-31　查看已处理公文

公文编号：	aaaccc
公文标题：	aaaccc
保密期限：	aaa
公文类型：	公告
秘密等级：	普通
紧急程度：	普通
公文附件：	附件1
拟稿时间：	2009-5-11 10:00:26

退稿　传递　指定会签　指定签发　返回

图 6-1-32　审核未审核公文

③公文会签。单击左侧“公文会签”进入会签列表，打开某份文件后，可进行会签，如图 6-1-33 所示。

公文编号	公文标题	拟稿时间	审核人
HGZ11	会议纪要	2008-4-29 8:24:18	蔡奇
HGZ12	对前阶段行风评议情况的通报	2008-4-29 8:25:54	蔡奇
HGZ13	公司党委民主生活会情况的通报	2008-4-29 8:27:14	蔡奇

页次: 1/1 本页: 3 共: 3 [首页] [上一页] [下一页] [尾页] 1 [转向]

图 6-1-33　公文会签列表

④公文签发。单击左侧“公文签发”进入签发列表，如图 6-1-34 所示，可以查看已签发的公文或对未处理的公文进行签发。

公文编号	公文标题	拟稿时间	拟稿人	签发状态
HGZ08	加快杭州发展的脚步	2008-4-28 17:02:21	蔡奇	已签发
HGZ09	2007年度杭州纳税大户名单出炉	2008-4-28 17:09:38	蔡奇	已签发
HGZ10	对加强公司员工激励的建议	2008-4-28 17:39:08	蔡奇	已签发
HGZ11	会议纪要	2008-4-29 8:24:18	蔡奇	已签发
HGZ12	对前阶段行风评议情况的通报	2008-4-29 8:25:54	蔡奇	已签发
HGZ13	公司党委民主生活会情况的通报	2008-4-29 8:27:14	蔡奇	未处理
HGZ16	中国证券监督管理委员会关于xx新华期货经纪有限公司的批复	2008-4-29 8:55:36	蔡奇	已签发
HGZ15	关于暂缓调高旅游专项资金在交通建设附加费中分配比例的请示	2008-4-29 8:50:26	蔡奇	已签发
tttaaa	tttaaa	2009-5-5 16:14:19	蔡奇	已签发
88	88	2009-8-21 14:17:07	蔡奇	已签发

页次：1/1 本页：10 共：10 [首页] [上一页] [下一页] [尾页] 1 [转向]

图 6-1-34 公文签发列表

⑤发文公文分发。单击左侧“发文公文分发”进入分发列表，可选择对象进行文件分发，如图 6-1-35 所示。

公文编号	公文标题	拟稿时间	拟稿人	分发状态	操作
HGZ09	2007年度杭州纳税大户名单出炉	2008-4-28 17:09:38	蔡奇	已分发	分发
HGZ10	对加强公司员工激励的建议	2008-4-28 17:39:08	蔡奇	已分发	分发
HGZ12	对前阶段行风评议情况的通报	2008-4-29 8:25:54	蔡奇	已分发	分发

页次：1/1 本页：3 共：3 [首页] [上一页] [下一页] [尾页] 1 [转向]

图 6-1-35 发文公文分发列表

⑥收文已发公文。单击左侧“收文已发公文”进入列表，可单击某份公文进行查看或删除，如图 6-1-36 所示。

公文编号	公文标题	拟稿时间	拟稿人	删除
HGZ08	加快杭州发展的脚步	2008-4-28 17:02:21	蔡奇	删除
HGZ09	2007年度杭州纳税大户名单出炉	2008-4-28 17:09:38	蔡奇	删除
HGZ10	对加强公司员工激励的建议	2008-4-28 17:39:08	蔡奇	删除
HGZ11	会议纪要	2008-4-29 8:24:18	蔡奇	删除
HGZ12	对前阶段行风评议情况的通报	2008-4-29 8:25:54	蔡奇	删除
HGZ16	中国证券监督管理委员会关于xx新华期货经纪有限公司的批复	2008-4-29 8:55:36	蔡奇	删除
tttaaa	tttaaa	2009-5-5 16:14:19	蔡奇	删除
88	88	2009-8-21 14:17:07	蔡奇	删除

页次：1/1 本页：8 共：8 [首页] [上一页] [下一页] [尾页] 1 [转向]

图 6-1-36 收文已发公文列表

除了发文管理之外，通过系统还可实现收文管理，包括公文登记、公文分发、公文拟办、公文批办、公文承办、已收公文管理等。操作方法与“发文管理”类似，在此不再赘述。

(4)办公用品

通过“办公用品”栏目可以实现办公用品管理、预算管理、库存管理，如图 6-1-37 所示。

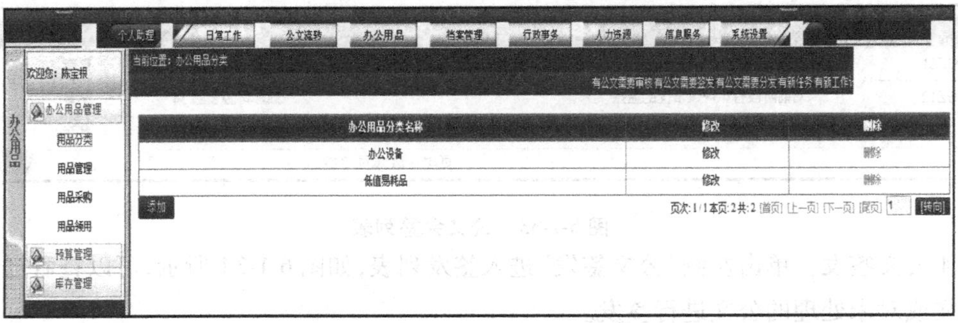

图 6-1-37 办公用品管理

①办公用品管理。借助该模块可以完成“用品分类”“用品管理”“用品采购”“用品领用”等工作。

用品分类：单击左侧“用品分类”，进入办公用品分类界面，如图6-1-37所示。单击右下角“添加”按钮进行添加，并单击“保存”，如图6-1-38所示。

图6-1-38　分类名称添加

用品管理：单击左侧“用品管理”进入管理界面，如图6-1-39所示。选择已有的办公用品分类，可进行修改或删除操作。

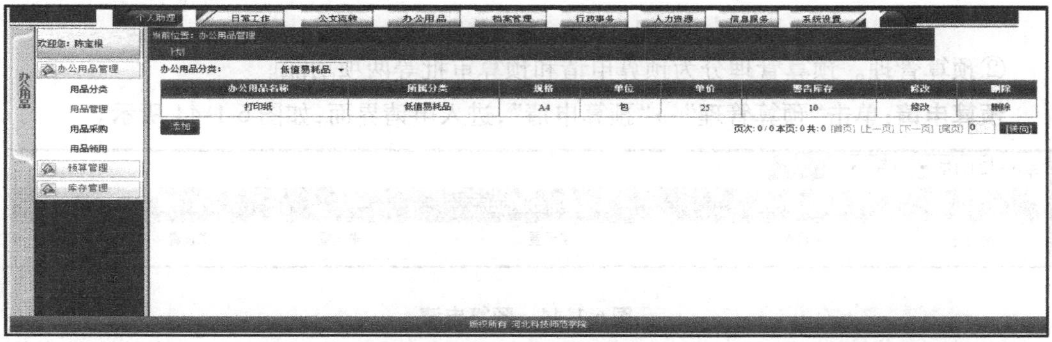

图6-1-39　用品管理

用品采购：单击左侧“用品采购”进入采购界面，如图6-1-40所示。再单击左下角“添加”按钮，完成添加采购，选择办公用品后单击“保存”，如图6-1-41所示。

图6-1-40　添加采购用品

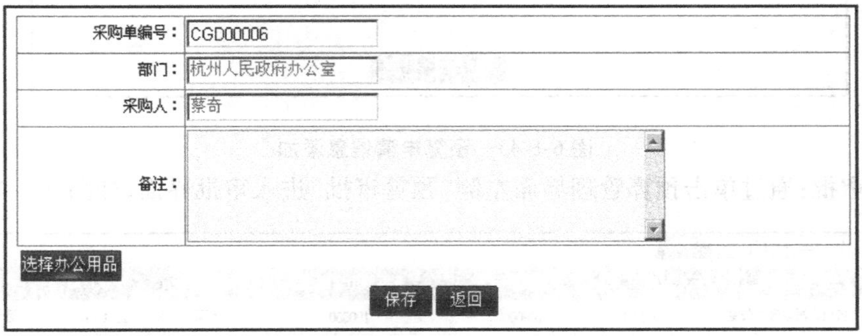

图6-1-41　采购用品信息添加

用品领用：单击左侧“用品领用”进入领用界面，如图6-1-42所示。单击“添加”按钮进行领用信息添加，选择要领用的办公用品，单击“保存”，如图6-1-43所示。

图 6-1-42　用品领用添加

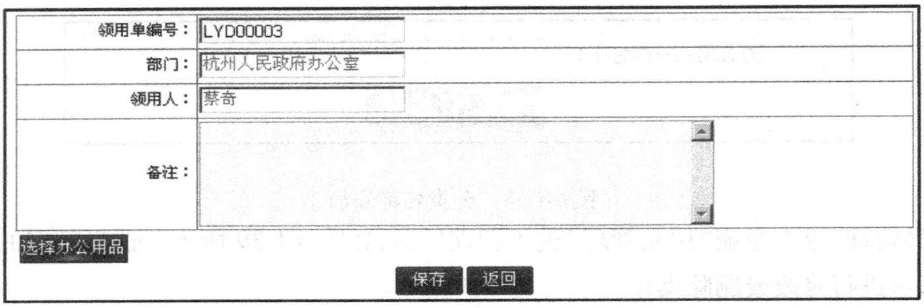

图 6-1-43　领用信息添加

②预算管理。预算管理分为预算申请和预算审批等两项功能。

预算申请：单击"预算管理"→"预算申请"，进入申请界面，如图 6-1-44 所示。

年月：
2011年
1月
搜索
年月　预算金额(元)　实际领用金额(元)　申报人　申报日期　操作
2011-1　未设置　未设置　未设置　未设置　设置

图 6-1-44　预算申请

选择未设置的预算申请，单击"设置"进行申报，如图 6-1-45 所示，输入申报预算金额，单击"保存"即可完成预算申请。

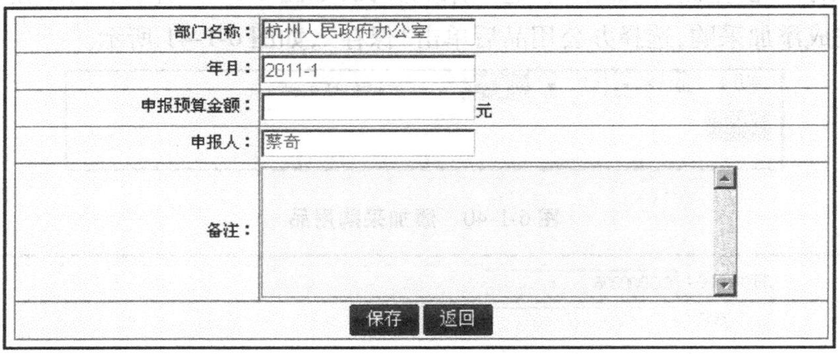

图 6-1-45　预算申请信息添加

预算审批：通过单击预算管理界面左侧"预算审批"进入审批界面，如图 6-1-46 所示。

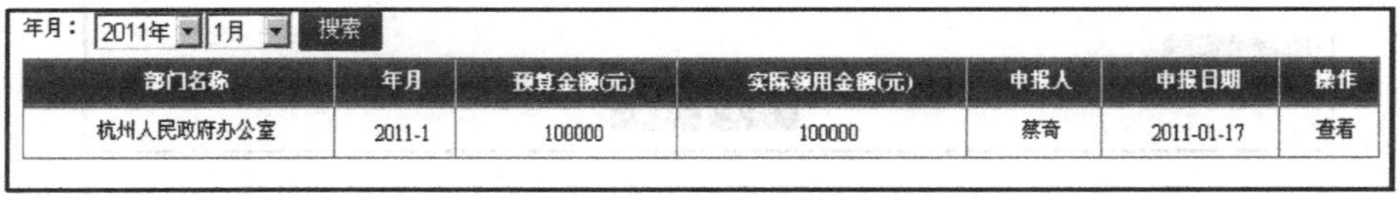

年月：
2011年
1月
搜索
部门名称　年月　预算金额(元)　实际领用金额(元)　申报人　申报日期　操作
杭州人民政府办公室　2011-1　100000　100000　蔡奇　2011-01-17　查看

图 6-1-46　预算审批

③库存管理。库存管理包括用品统计、警报库存等功能，相对简单，不再赘述。

(5)档案管理

档案管理包括接收归档、管理档案、档案借阅等功能,如图 6-1-47 所示。

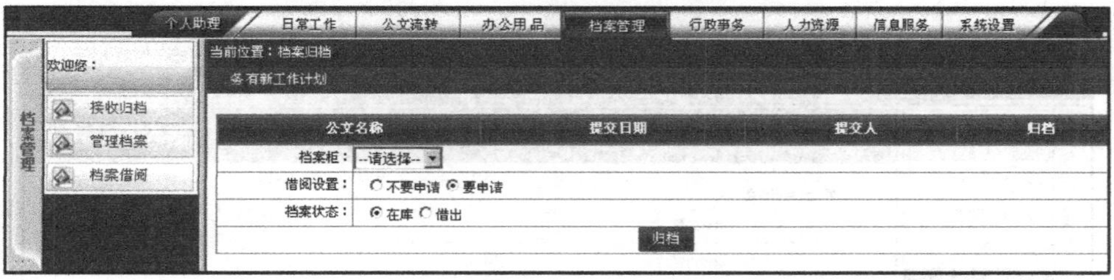

图 6-1-47　档案管理

①借阅模式和档案状态设置。档案归档时要对借阅模式和档案状态进行设置。单击图 6-1-47 左侧的“接收归档”进行借阅模式和档案状态的设置,如图 6-1-48 所示。选择“档案柜”,选择“借阅模式”和“档案状态”,单击“归档”即可完成档案归档。

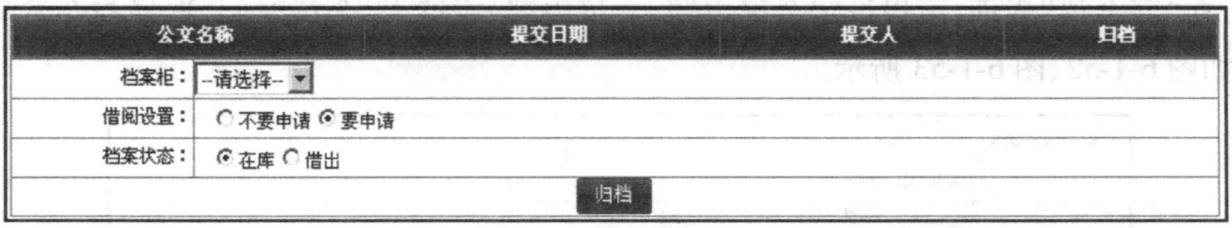

图 6-1-48　借阅模式和档案状态设置

②管理档案。管理档案功能包括档案柜管理、档案查看、销毁记录等功能。

单击图 6-1-47 左侧的“管理档案”,可以进入“档案柜管理”界面,如图 6-1-49 所示,在此界面可以添加档案、修改档案或删除档案。

其他功能的操作方法与此类似,不再赘述。

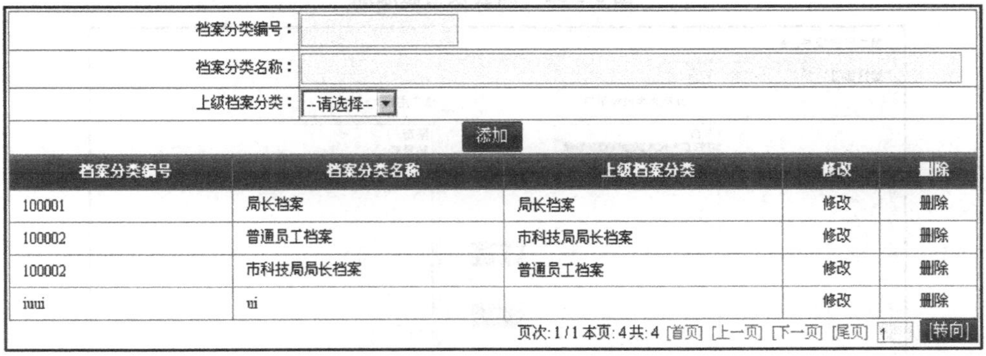

图 6-1-49　档案柜管理

③档案借阅。档案借阅功能包括档案浏览、借阅浏览、借阅审批、借出档案。

单击左侧“档案浏览”进入浏览界面,如图 6-1-50 所示,单击档案名称进入浏览。其他功能的操作方法与此类似,不再赘述。

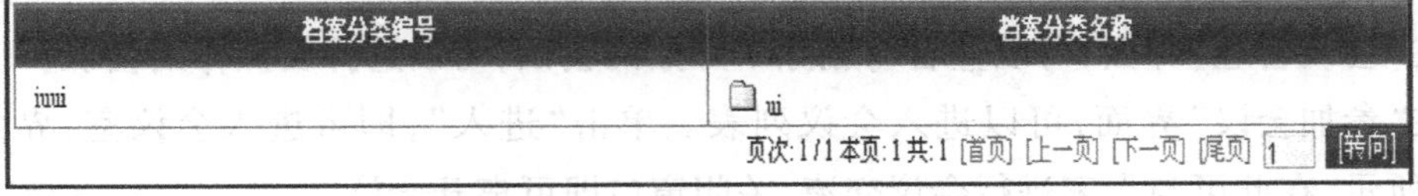

档案分类编号
档案分类名称
iuui
ui
页次:1/1 本页:1 共:1 [首页] [上一页] [下一页] [尾页]
[转向]

图 6-1-50　档案浏览

(6)行政事务

在“行政事务”模块,可以实现网络会议、在线投票、车辆管理等功能,如图 6-1-51 所示。

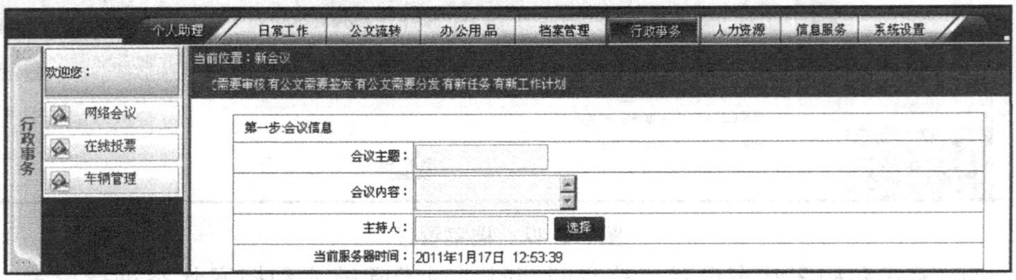

图 6-1-51　行政事务管理

①网络会议。网络会议包括安排新会议、会议管理、参加会议、会议记录。

在“新会议”界面,可以设定会议主题、会议内容、主持人、会议时间、选择与会者等信息,如图 6-1-52、图 6-1-53 所示。

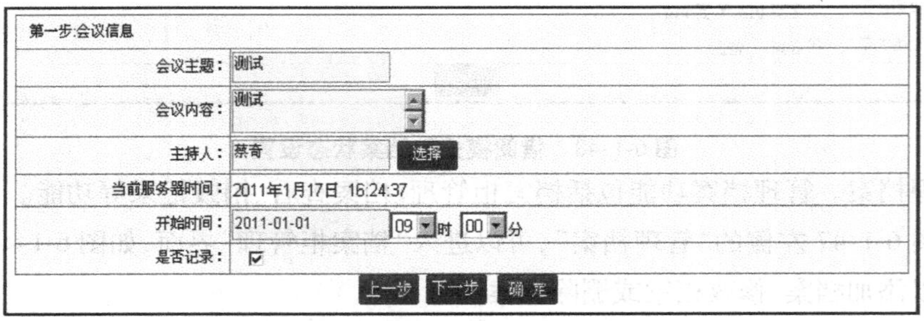

图 6-1-52　新会议信息添加

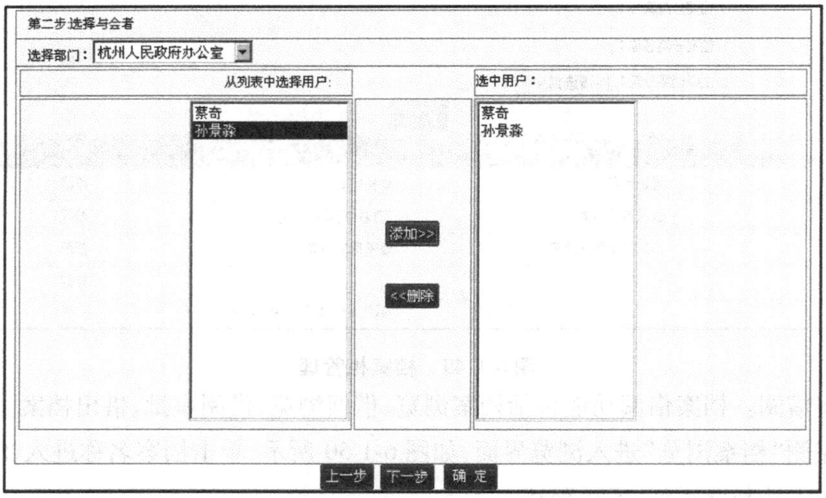

图 6-1-53　与会者选择

在“会议管理”界面,可以查看与删除未开始的会议,可以选择要操作的会议。

在“参加会议”界面,可以进入会议列表。单击“进入”,即可进入会议室,界面如图 6-1-54所示,在此可与大家进行会议交流,关闭窗口即可离开会议。

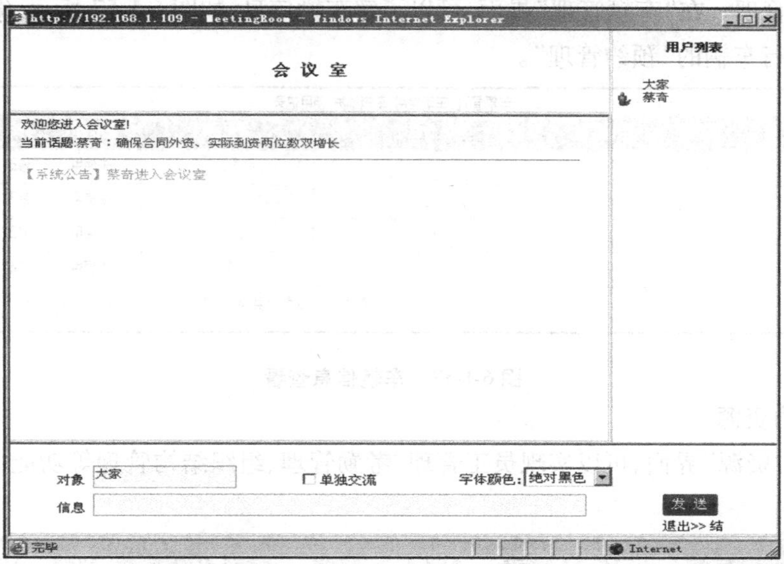

图6-1-54　进入会议

②在线投票。在线投票分为发起投票、投票管理。

发起投票:在如图6-1-54所示中输入投票信息,单击“下一步”,进入投票选项,如图6-1-55所示。添加投票选项,再单击“确定”,即可完成投票选项设定。

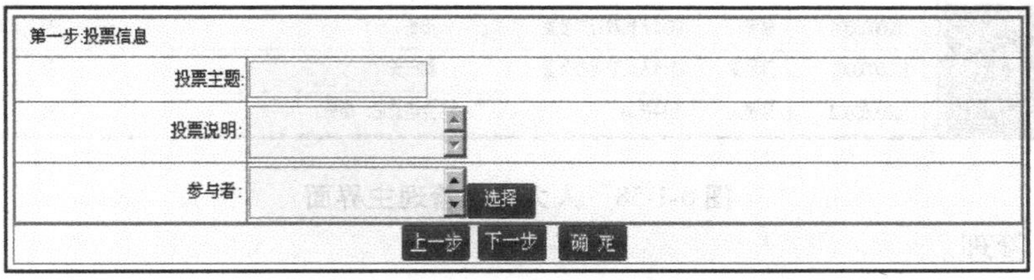

图6-1-55　添加投票信息

投票管理:通过“投票管理”进入管理列表,可以选择要查看的投票,或删除、停止投票。

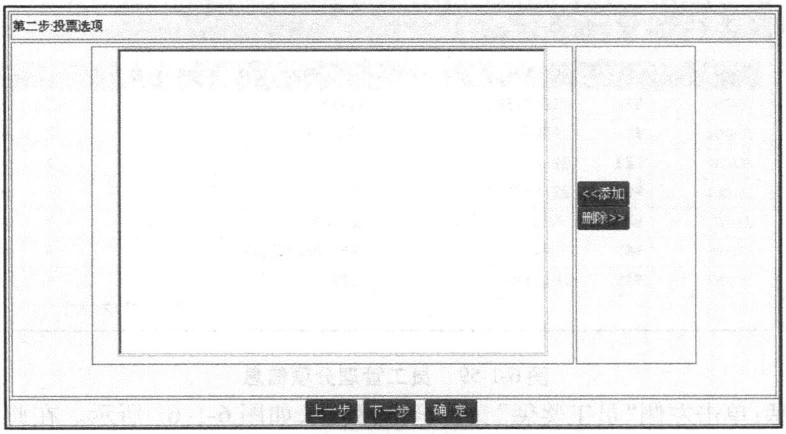

图6-1-56　投票选项设定

③车辆管理。在“车辆管理”界面，可以了解车辆信息，如图 6-1-57 所示，编辑“用车预约”信息，进行车辆的“预约管理”。

车辆名称	车牌号	车辆类型	驾驶员	购入价格	厂牌	使用部门	使用情况	修改	删除
法拉利	浙A110	跑车	陈元	2900000	CP45315	杭州人民政府办公室	未使用	修改	删除
奥迪	浙B0056	轿车	王宏明	160000		市科技局	未使用	修改	删除
宝马	浙A 83B63	轿车	张宏	500000		杭州人民政府办公室	未使用	修改	删除
北京现代	浙A 85B62	轿车	张临	330000		杭州人民政府办公室	未使用	修改	删除

图 6-1-57　车辆信息查看

(7)人力资源

在“人力资源”界面，可以实现员工管理、考勤管理、组织结构管理等功能，如图 6-1-58 所示。

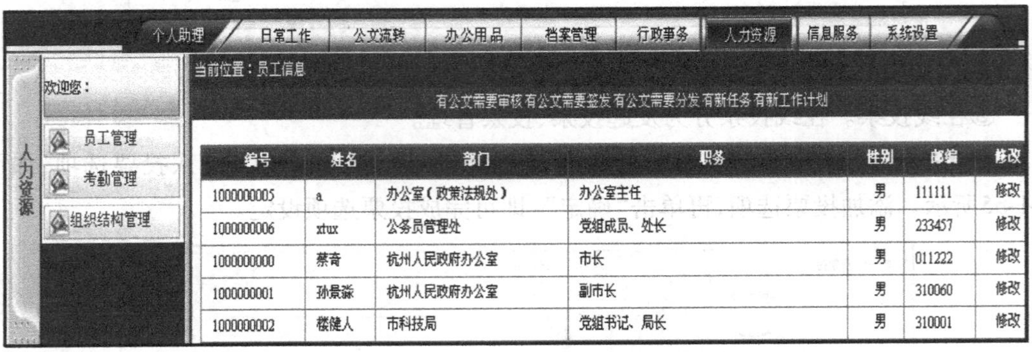

编号	姓名	部门	职务	性别	邮编	修改
1000000005	a	办公室（政策法规处）	办公室主任	男	111111	修改
1000000006	xtux	公务员管理处	党组成员、处长	男	233457	修改
1000000000	蔡奇	杭州人民政府办公室	市长	男	011222	修改
1000000001	孙景淼	杭州人民政府办公室	副市长	男	310060	修改
1000000002	楼健人	市科技局	党组书记、局长	男	310001	修改

图 6-1-58　人力资源管理主界面

①员工管理。

员工信息：单击左侧“员工信息”，进入员工信息列表，可以查看某位员工的信息或对员工信息进行修改，如图 6-1-59、图 6-1-60 所示。

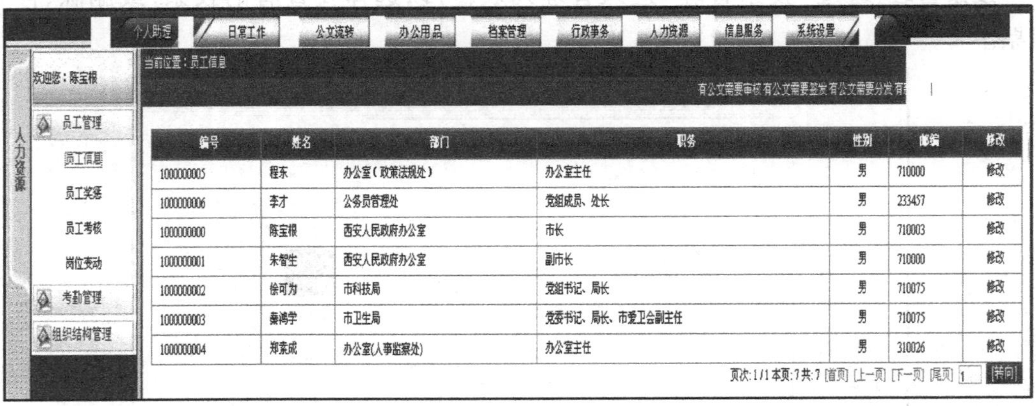

编号	姓名	部门	职务	性别	邮编	修改
1000000005	程东	办公室（政策法规处）	办公室主任	男	710000	修改
1000000006	李才	公务员管理处	党组成员、处长	男	233457	修改
1000000000	陈宝根	西安人民政府办公室	市长	男	710003	修改
1000000001	朱智生	西安人民政府办公室	副市长	男	710000	修改
1000000002	徐可为	市科技局	党组书记、局长	男	710075	修改
1000000003	秦鸿学	市卫生局	党委书记、局长、市爱卫会副主任	男	710075	修改
1000000004	郑素成	办公室(人事监察处)	办公室主任	男	310026	修改

图 6-1-59　员工管理分项信息

员工奖惩：单击左侧“员工奖惩”，进入奖惩列表，如图 6-1-61 所示。在此界面可以实现搜索、查看、添加或删除员工奖惩信息等功能。

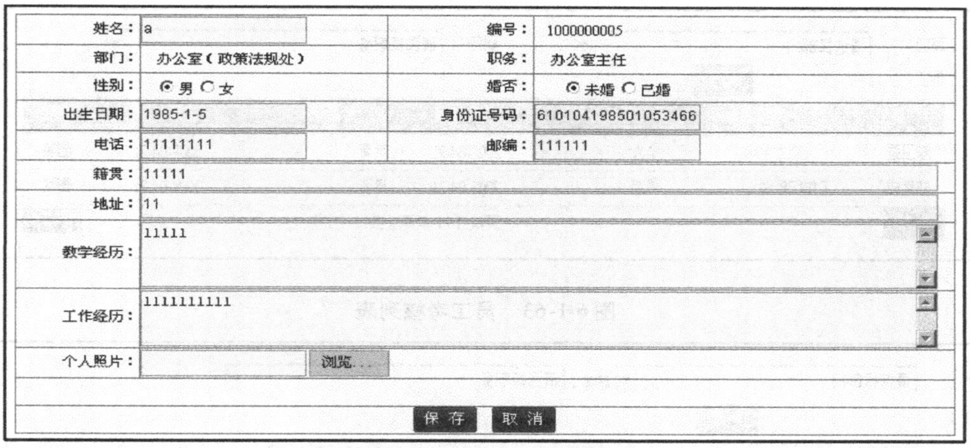

图 6-1-60　员工信息编辑

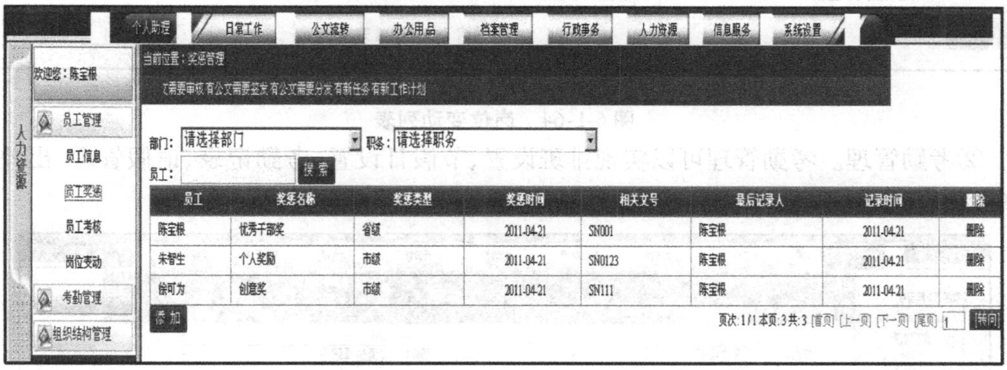

图 6-1-61　员工奖惩查看

奖惩信息添加：单击左下角“添加”按钮，打开奖惩信息添加界面，如图 6-1-62 所示，在此输入奖惩信息，单击“保存”，即可完成奖惩信息的输入。

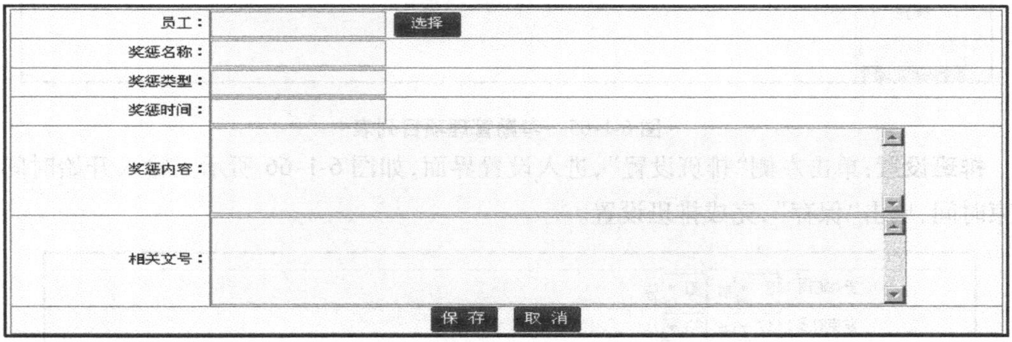

图 6-1-62　奖惩信息添加

删除员工奖惩：选择要删除的员工奖惩条目，单击后面的“删除”进行删除。

员工考核：单击左侧“员工考核”进入考核列表，如图 6-1-63 所示，在此界面可搜索、查看、添加或删除员工考核信息。

岗位变动：单击左侧“岗位变动”进入岗位变动列表，如图 6-1-64 所示，在此界面可搜索、查看、添加或删除员工岗位变动信息。

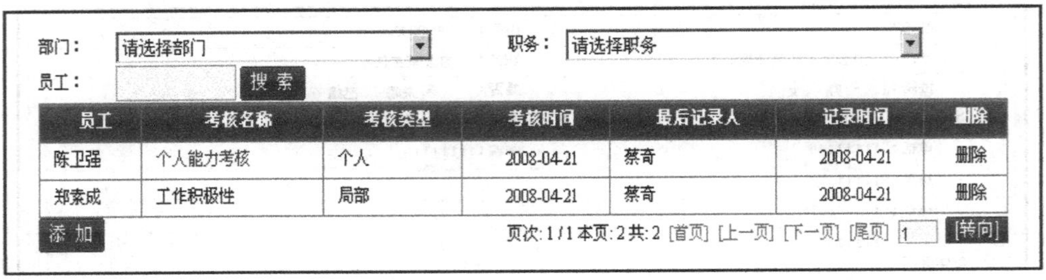

图 6-1-63 员工考核列表

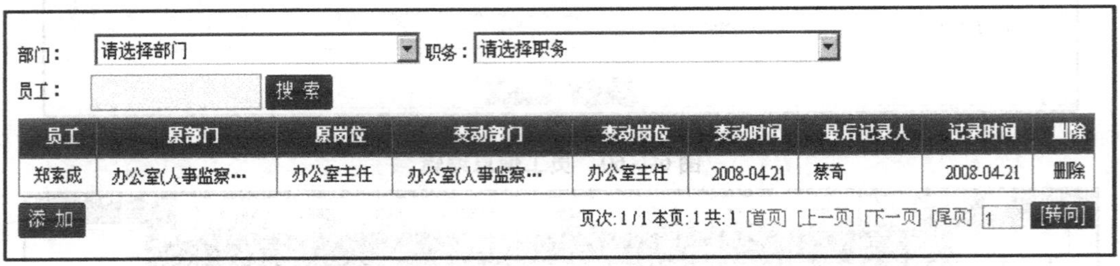

图 6-1-64 岗位变动列表

②考勤管理。考勤管理可以实现排班设置、节假日设置、考勤记录、请假管理、出差管理等功能，如图 6-1-65 所示。

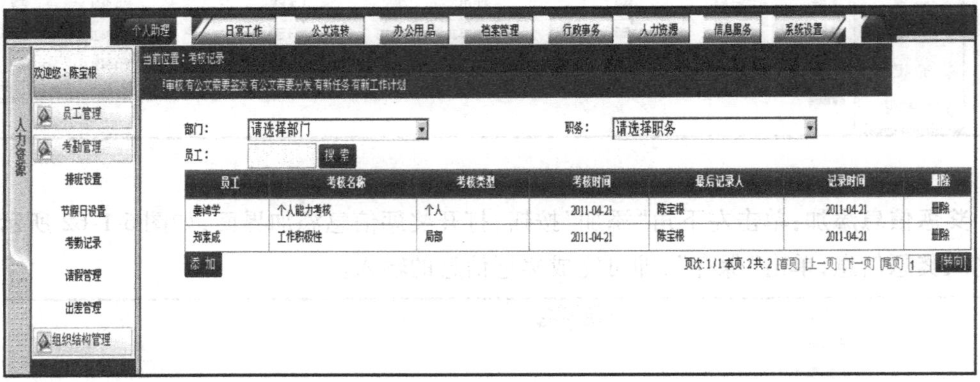

图 6-1-65 考勤管理项目列表

排班设置：单击左侧"排班设置"，进入设置界面，如图 6-1-66 所示。输入开始时间和结束时间，单击"保存"，完成排班设置。

图 6-1-66 排班设置

节假日设置：单击左侧"节假日设置"，进入设置界面，如图 6-1-67 所示。在此界面可添加、修改或删除某一节假日的设置。

考勤记录：单击左侧"考勤记录"，进入考勤查看界面，如图 6-1-68 所示。在此界面可看到某段时间内某位员工的出勤情况。

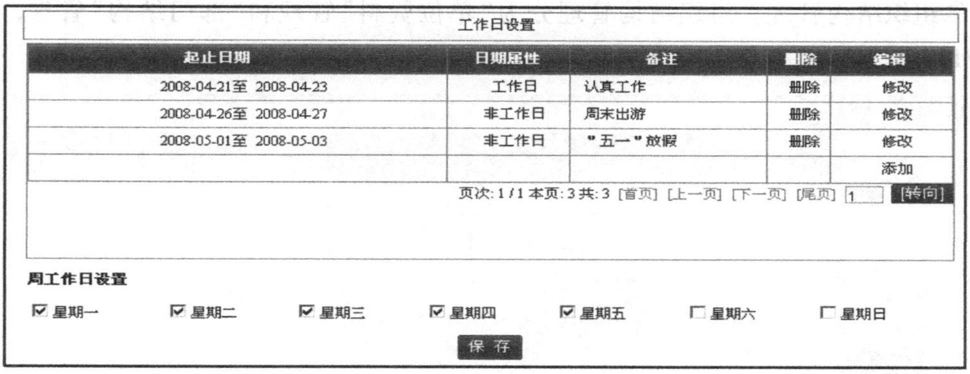
工作日设置
起止日期 日期属性 备注 删除 编辑
2008-04-21至 2008-04-23 工作日 认真工作 删除 修改
2008-04-26至 2008-04-27 非工作日 周末出游 删除 修改
2008-05-01至 2008-05-03 非工作日 "五一"放假 删除 修改
添加
页次:1/1 本页:3 共:3 [首页] [上一页] [下一页] [尾页] 1 [转向]
周工作日设置
星期一 星期二 星期三 星期四 星期五 星期六 星期日
保 存

图 6-1-67 节假日设置

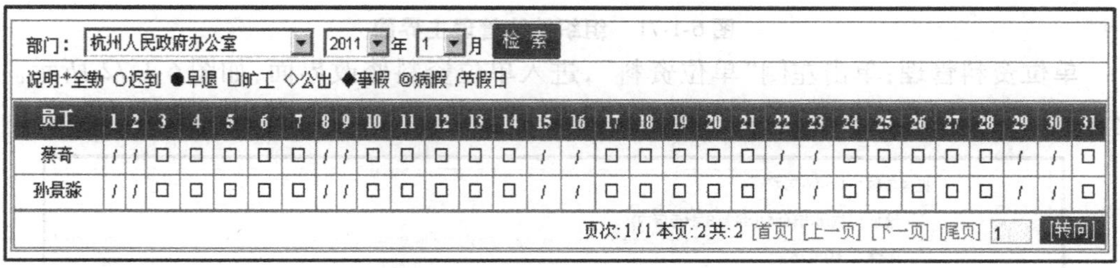
部门: 杭州人民政府办公室 2011 年 1 月 检 索
说明:*全勤 ○迟到 ●早退 □旷工 ◇公出 ◆事假 ◎病假 /节假日
员工 1 2 3 4 5 6 7 8 9 10 11 12 13 14 15 16 17 18 19 20 21 22 23 24 25 26 27 28 29 30 31
蔡奇
孙景淼
页次:1/1 本页:2 共:2 [首页] [上一页] [下一页] [尾页] 1 [转向]

图 6-1-68 考勤查看

请假管理:单击左侧"请假管理",进入管理界面,如图 6-1-69 所示。在此界面可搜索、添加或删除员工的请假信息。

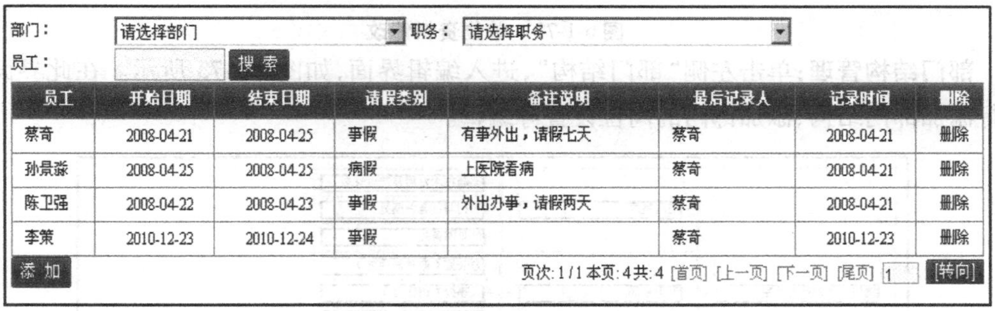
部门: 请选择部门 职务: 请选择职务
员工: 搜 索
员工 开始日期 结束日期 请假类别 备注说明 最后记录人 记录时间 删除
蔡奇 2008-04-21 2008-04-25 事假 有事外出,请假七天 蔡奇 2008-04-21 删除
孙景淼 2008-04-25 2008-04-25 病假 上医院看病 蔡奇 2008-04-21 删除
陈卫强 2008-04-22 2008-04-23 事假 外出办事,请假两天 蔡奇 2008-04-21 删除
李策 2010-12-23 2010-12-24 事假 蔡奇 2010-12-23 删除
添 加
页次:1/1 本页:4 共:4 [首页] [上一页] [下一页] [尾页] 1 [转向]

图 6-1-69 请假管理

出差管理:单击左侧"出差管理",进入管理界面,如图 6-1-70 所示。在此界面可以搜索、添加或删除员工的出差信息。

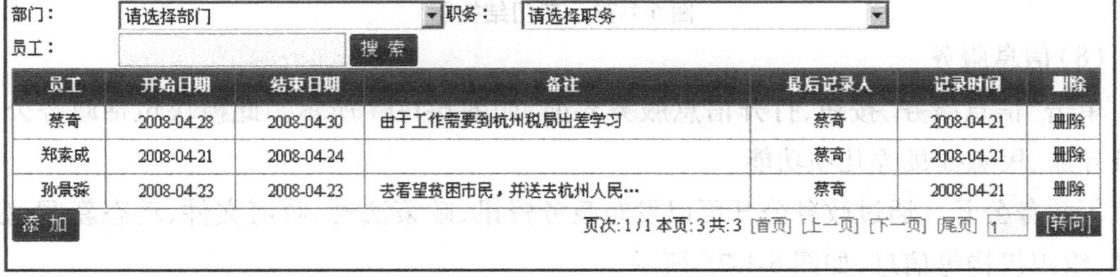
部门: 请选择部门 职务: 请选择职务
员工: 搜 索
员工 开始日期 结束日期 备注 最后记录人 记录时间 删除
蔡奇 2008-04-28 2008-04-30 由于工作需要到杭州税局出差学习 蔡奇 2008-04-21 删除
郑素成 2008-04-21 2008-04-24 蔡奇 2008-04-21 删除
孙景淼 2008-04-23 2008-04-23 去看望贫困市民,并送去杭州人民… 蔡奇 2008-04-21 删除
添 加
页次:1/1 本页:3 共:3 [首页] [上一页] [下一页] [尾页] 1 [转向]

图 6-1-70 出差管理

③组织结构管理。组织结构管理分为“单位资料”管理和“部门结构”管理，如图6-1-71所示。

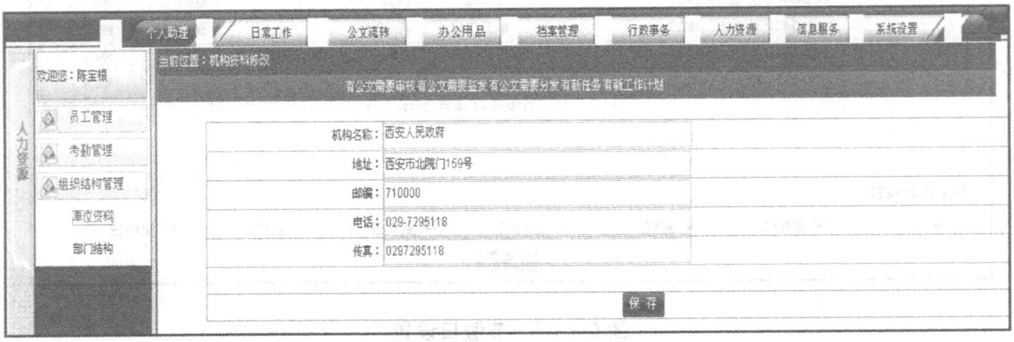

图 6-1-71　组织结构管理主界面

单位资料管理：单击左侧“单位资料”，进入单位资料修改界面，如图6-1-72所示。在此界面输入要修改的资料信息，再单击“保存”即可完成对单位资料的修改。

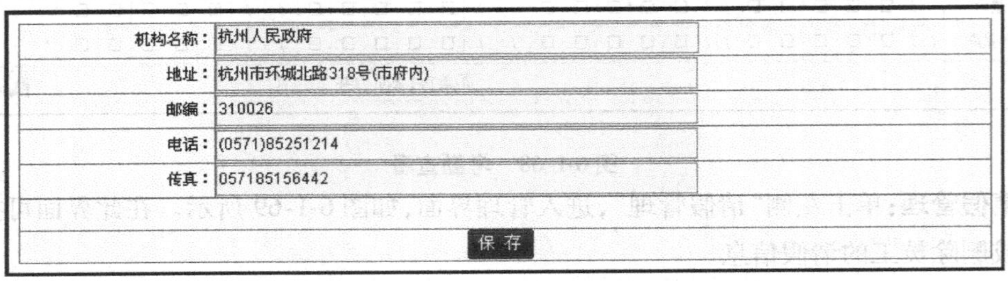

图 6-1-72　单位资料修改

部门结构管理：单击左侧“部门结构”，进入编辑界面，如图6-1-73所示。在此界面可进行添加部门结构、添加部门的岗位设置等编辑。

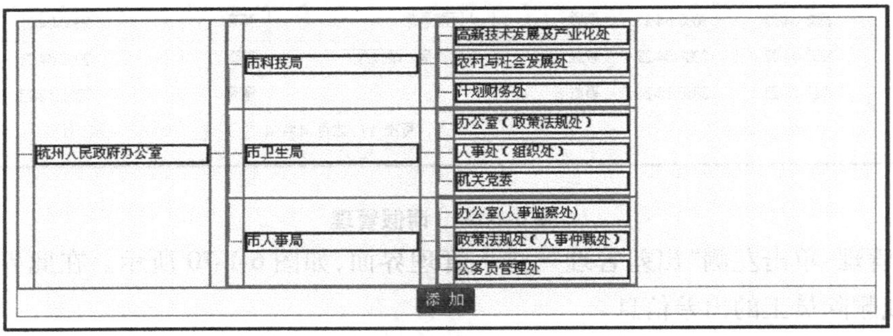

图 6-1-73　部门结构图

(8)信息服务

单击“信息服务”按钮，打开信息服务界面，如图6-1-74所示。此模块包括政务公开、服务导航、民意征集等几项功能。

①政务公开。通过政务公开可以发布政务资讯、政策法规、政府文件、动态新闻、公告通知、组织机构等信息，如图6-1-75所示。

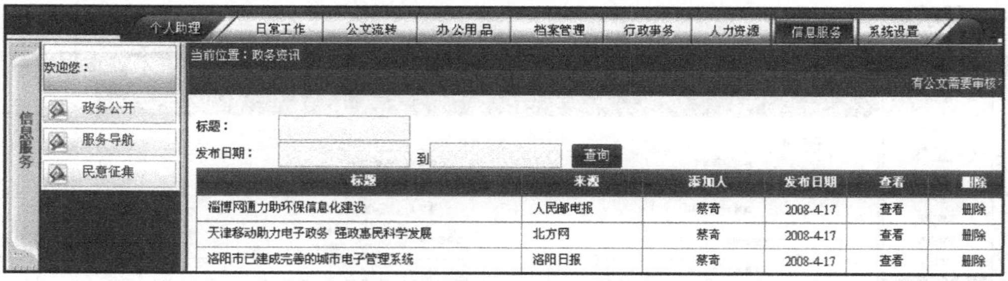

图 6-1-74　信息服务主界面

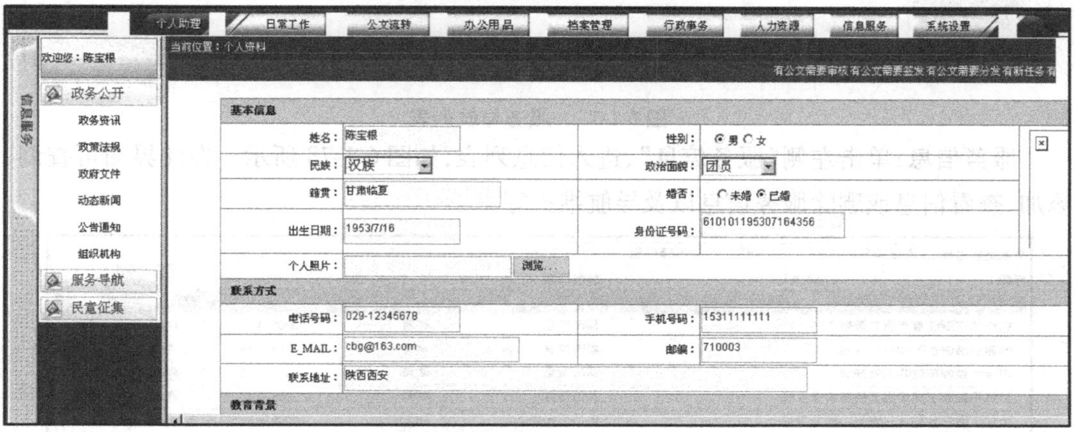

图 6-1-75　政务公开项目表

单击左侧“政务资讯”，进入政务资讯界面，如图 6-1-76 所示。在此界面可查询、添加、查看或删除政务资讯。

标题：
发布日期：
到
查询
标题　来源　添加人　发布日期　查看　删除
淄博网通力助环保信息化建设　人民邮电报　蔡奇　2008-4-17　查看　删除
天津移动助力电子政务 强政惠民科学发展　北方网　蔡奇　2008-4-17　查看　删除
洛阳市已建成完善的城市电子管理系统　洛阳日报　蔡奇　2008-4-17　查看　删除
国家林业局办公室关于举办第三次全国林业信息化 工作座谈会暨政务公开业务培训班的通知　国家林业局　蔡奇　2008-4-17　查看　删除
2008(济南)互联网高峰论坛在山东济南召开　新华网山东频道　蔡奇　2008-4-17　查看　删除
泉州市加快推进信息化建设　中国电子政务网　蔡奇　2008-4-17　查看　删除
绵阳市信息中心更名为“市信息办”　绵阳市人民政务网　蔡奇　2008-4-17　查看　删除
2008年制造业信息化培训会首场无锡起航　赛迪网　蔡奇　2008-4-17　查看　删除
信息化运营模式初探 中小企业走向自主　赛迪网　蔡奇　2008-4-17　查看　删除
江苏行政监察对行政不作为、慢作为加大追究力度　新华日报　蔡奇　2008-4-17　查看　删除
国内多城市制定“无线城市”计划尚无成功模式　第一财经日报　蔡奇　2008-4-17　查看　删除
12114号码发布 信息名址产业迎发展新思路　天极网　蔡奇　2008-4-17　查看　删除
添 加
页次：1/4本页：12共：47 [首页] [上一页] [下一页] [尾页] 1 [转向]

图 6-1-76　政务资讯列表

通过图 6-1-75 所示界面还可以实现对政策法规、政府文件、动态新闻、公告通知、组织机构进行查询、添加、查看或删除。

②服务导航。服务导航分为服务信息、信息查询、在线办理、在线咨询等功能，如图

6-1-77所示。

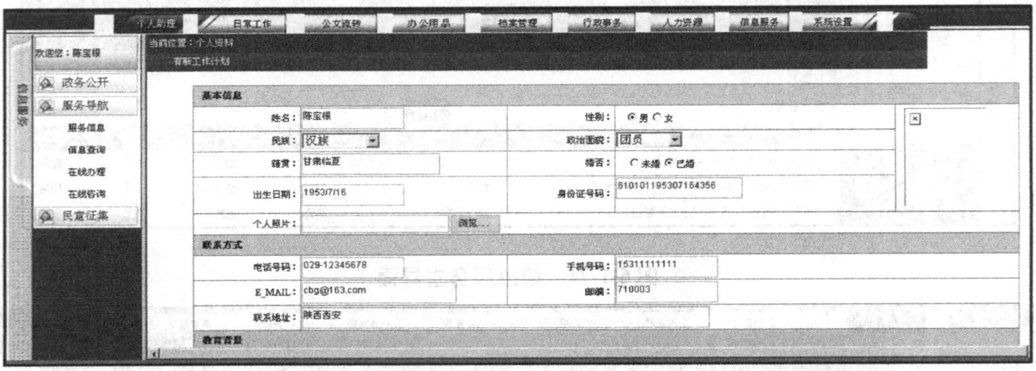

图 6-1-77　服务导航列表

服务信息：单击左侧"服务信息"，进入信息列表，如图 6-1-78 所示。在此界面可查询、添加、查看信息或删除服务信息以及导航维护等。

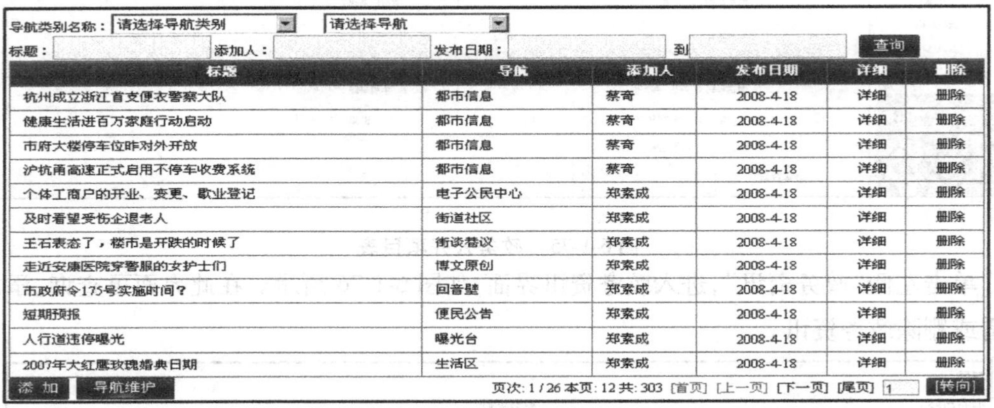

标题	导航	添加人	发布日期	详细	删除
杭州成立浙江首支便衣警察大队	都市信息	蔡奇	2008-4-18	详细	删除
健康生活进百万家庭行动启动	都市信息	蔡奇	2008-4-18	详细	删除
市府大楼停车位昨对外开放	都市信息	蔡奇	2008-4-18	详细	删除
沪杭甬高速正式启用不停车收费系统	都市信息	蔡奇	2008-4-18	详细	删除
个体工商户的开业、变更、歇业登记	电子公民中心	郑素成	2008-4-18	详细	删除
及时看望受伤企退老人	街道社区	郑素成	2008-4-18	详细	删除
王石表态了，楼市是开跌的时候了	街谈巷议	郑素成	2008-4-18	详细	删除
走近安康医院穿警服的女护士们	博文原创	郑素成	2008-4-18	详细	删除
市政府令175号实施时间？	回音壁	郑素成	2008-4-18	详细	删除
短期预报	便民公告	郑素成	2008-4-18	详细	删除
人行道违停曝光	曝光台	郑素成	2008-4-18	详细	删除
2007年大红鹰玫瑰婚典日期	生活区	郑素成	2008-4-18	详细	删除

图 6-1-78　服务信息列表

添加服务信息：单击"添加"按钮，进入添加界面，如图 6-1-79 所示。选择导航类别和导航名称，输入标题和内容，单击"保存"。

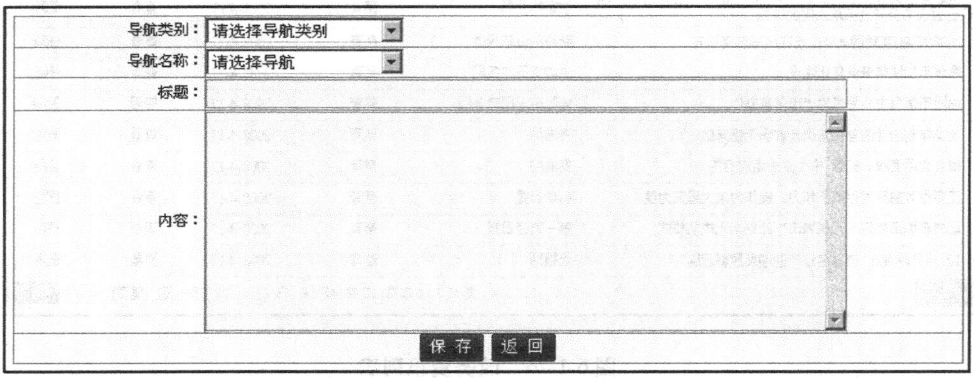

图 6-1-79　服务信息添加

导航维护：单击"导航维护"按钮，进入维护界面，如图 6-1-80 所示，在此界面可添加和修改导航的名称和类别。

导航类别：--请选择--

导航名称	导航类别	修改	删除
都市信息	市民	修改	删除
电子公民中心	市民	修改	删除
街道社区	市民	修改	删除
街谈巷议	市民	修改	删除
博文原创	市民	修改	删除
回音壁	市民	修改	删除
便民公告	市民	修改	删除
曝光台	市民	修改	删除
生活区	市民	修改	删除
便民电话	市民	修改	删除
业界动态	企业	修改	删除
企业日常运转	企业	修改	删除

添 加　返 回　页次：1/3 本页：12 共：29 [首页] [上一页] [下一页] [尾页] 1 [转向]

图 6-1-80　导航维护

删除标题：选择要删除的标题，单击其后的“删除”即可删除。

信息查询：单击左侧“信息查询”，进入查询界面，如图 6-1-81 所示。

项目名称	修改名称	删除	字段设计	详细记录
合同争议行政调解办法	修改	删除	选择	查看
个人纳税知识	修改	删除	选择	查看
与企业税收相关的借款费用分析	修改	删除	选择	查看
普通发票查询	修改	删除	选择	查看
有关税收法规	修改	删除	选择	查看
关于廉政制度	修改	删除	选择	查看
国税文化	修改	删除	选择	查看
法律援助申请	修改	删除	选择	查看
行政复议申请书	修改	删除	选择	查看
申请法律援助证明	修改	删除	选择	查看
特殊贡献、高级专家提高退休费标准	修改	删除	选择	查看
设立宗教活动场所行政审批	修改	删除	选择	查看

添 加　页次：1/2 本页：12 共：21 [首页] [上一页] [下一页] [尾页] 1 [转向]

图 6-1-81　信息查询

在线办理：单击“在线办理”，进入项目办理界面，如图 6-1-82 所示。在此界面可查看项目办理、项目审批等情况。

呈批标题：　呈批项目：请选择

呈批时间：　至　呈批人/单位：　查询

呈批标题	项目	呈批人/单位	提交日期	审批

审批项目

图 6-1-82　在线办理

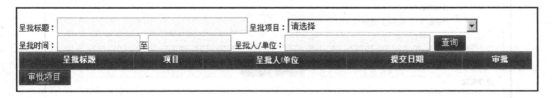

审批项目：单击“审批项目”，进入审批界面，如图 6-1-83 所示。

在线咨询：单击左侧“在线咨询”，进入咨询列表，如图 6-1-84 所示。

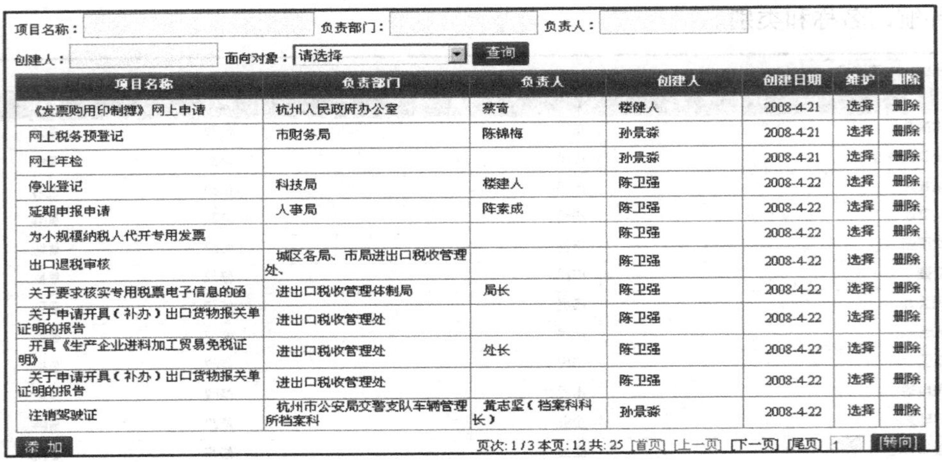
项目名称：
负责部门：
负责人：
创建人：
面向对象：
请选择
查询
项目名称
负责部门
负责人
创建人
创建日期
维护
删除
《发票购用印制簿》网上申请
杭州人民政府办公室
蔡奇
楼健人
2008-4-21
选择
删除
网上税务预登记
市财务局
陈锦梅
孙景淼
2008-4-21
网上年检
孙景淼
2008-4-21
停业登记
科技局
楼建人
陈卫强
2008-4-22
延期申报申请
人事局
阵素成
陈卫强
2008-4-22
为小规模纳税人代开专用发票
陈卫强
2008-4-22
出口退税审核
城区各局、市局进出口税收管理处、
陈卫强
2008-4-22
关于要求核实专用税票电子信息的函
进出口税收管理体制局
局长
陈卫强
2008-4-22
关于申请开具（补办）出口货物报关单证明的报告
进出口税收管理处
陈卫强
2008-4-22
开具《生产企业进料加工贸易免税证明》
进出口税收管理处
处长
陈卫强
2008-4-22
关于申请开具（补办）出口货物报关单证明的报告
进出口税收管理处
陈卫强
2008-4-22
注销驾驶证
杭州市公安局交警支队车辆管理所档案科
黄志坚（档案科科长）
孙景淼
2008-4-22
添 加
页次：1/3 本页：12 共：25 [首页] [上一页] [下一页] [尾页] 1 [转向]

图 6-1-83　审批项目

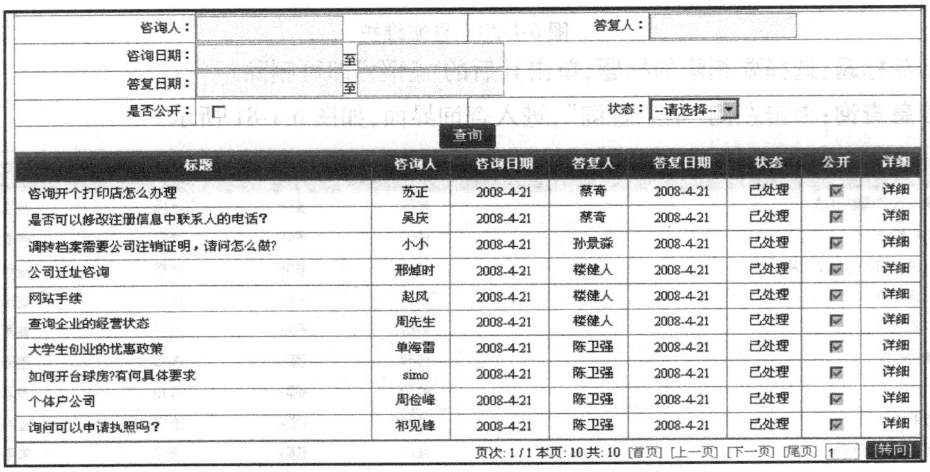
咨询人：
答复人：
咨询日期：
至
答复日期：
至
是否公开：
状态：
--请选择--
查询
标题
咨询人
咨询日期
答复人
答复日期
状态
公开
详细
咨询开个打印店怎么办理
苏正
2008-4-21
蔡奇
2008-4-21
已处理
详细
是否可以修改注册信息中联系人的电话？
吴庆
2008-4-21
蔡奇
2008-4-21
已处理
详细
调转档案需要公司注销证明，请问怎么做？
小小
2008-4-21
孙景淼
2008-4-21
已处理
详细
公司迁址咨询
邢熄时
2008-4-21
楼健人
2008-4-21
已处理
详细
网站手续
赵风
2008-4-21
楼健人
2008-4-21
已处理
详细
查询企业的经营状态
周先生
2008-4-21
楼健人
2008-4-21
已处理
详细
大学生创业的优惠政策
单海雷
2008-4-21
陈卫强
2008-4-21
已处理
详细
如何开台球房?有何具体要求
simo
2008-4-21
陈卫强
2008-4-21
已处理
详细
个体户公司
周俭峰
2008-4-21
陈卫强
2008-4-21
已处理
详细
询问可以申请执照吗？
祁见锋
2008-4-21
陈卫强
2008-4-21
已处理
详细
页次：1/1 本页：10 共：10 [首页] [上一页] [下一页] [尾页] 1 [转向]

图 6-1-84　在线咨询列表

查看与删除咨询：在图 6-1-84 中选择相应的咨询条目，单击其后的“详细”，进入操作界面，如图 6-1-85 所示。单击“删除”按钮，即可删除该咨询。

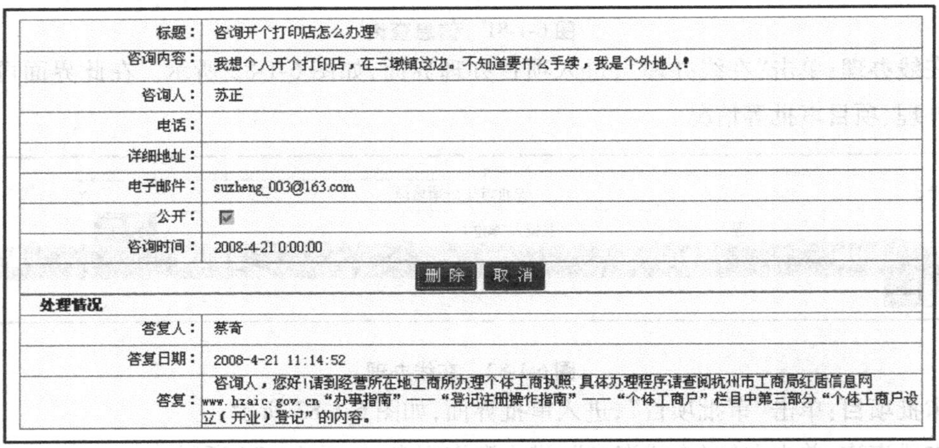
标题：
咨询开个打印店怎么办理
咨询内容：
我想个人开个打印店，在三墩镇这边。不知道要什么手续，我是个外地人！
咨询人：
苏正
电话：
详细地址：
电子邮件：
suzheng_003@163.com
公开：
咨询时间：
2008-4-21 0:00:00
删 除
取 消
处理情况
答复人：
蔡奇
答复日期：
2008-4-21 11:14:52
答复：
咨询人，您好！请到经营所在地工商所办理个体工商执照，具体办理程序请查阅杭州市工商局红盾信息网www.hzaic.gov.cn“办事指南”——“登记注册操作指南”——“个体工商户”栏目中第三部分“个体工商户设立（开业）登记”的内容。

图 6-1-85　删除咨询

③民意征集。民意征集分为投诉举报、热点调查,如图 6-1-86 所示。

图 6-1-86 民意征集列表

单击"投诉举报"进入投诉举报界面,编辑相关信息后,可从网上提交。

单击"热点调查"可了解相关热点信息或参与调查。

6.2 移动办公

知识目标:

➢ 了解移动办公的基础知识;

➢ 了解移动办公的功能设计。

能力目标:

➢ 掌握移动办公的基本功能及其操作。

6.2.1 移动办公

1)移动办公

"移动办公"又称为"3A 办公"。这里所说的"3A",是指办公人员可以在任何时间(Anytime)、任何地点(Anywhere)处理与业务相关的任何事情(Anything),实现单位信息随时随地通畅交互,让工作更加轻松有效,整体运作更加协调。如利用手机的移动信息化软件,建立手机与计算机互联互通的企业软件应用系统,摆脱时间和场所的限制,进行随身化的公司管理和沟通,有效提高管理效率,推动政府和企业效益的增长。

移动办公是当今高速发展的通信业与 IT 业交融的产物,它将通信业在沟通上的便捷、用户上的规模与 IT 业在软件应用上的成熟、在业务内容上的丰富完美结合到了一起,使之成为继个人计算机无纸化办公、互联网远程化办公之后的新一代办公模式。

这种新潮的办公模式,通过在手机上安装企业信息化软件,使得手机也具备了与个人计算机一样的办公功能,而且它还摆脱了必须在固定场所固定设备上进行办公的限制,对企业管理者和商务人士提供了极大便利,为企业和政府的信息化建设提供了全新的思路和方向。它不仅使办公变得随心、轻松,而且借助手机通信的便利性,可帮助使用者无论身处何种情况下,都能高效迅捷地开展工作,对于突发性事件的处理、应急性事件的部署有极为重要的意义。

值得一提的是,移动办公的发展已不再仅限于办公功能在移动端的实现过程以及办公方式的变革,更重要的是它体现的是以人为中心、以客户为中心的工作理念。

2)移动办公系统

移动办公系统是一套建立在手机等便携终端载体上实现的移动信息化系统,该系统将智能手机、无线网络、OA 系统三者有机地结合,开发出移动办公系统,实现地点和时间的无缝接入,提高办公效率。它可以连接客户原有的各种 IT 系统,包括 OA、邮件、ERP 以及其他各类个性业务系统,使手机可操作、浏览、管理公司的全部工作事务。其设计目标是帮助用户摆脱时间和空间的限制,随时随地处理工作,提高效率、增强协作。

目前,进入应用阶段的移动办公系统有多款,在功能上大体类似,在风格上又各有特色。本书以泛微移动办公系统为例对移动办公的功能进行介绍。

6.2.2 泛微协同全新办公平台

随着越来越多的业务处理不再局限于办公室里,办公人员对移动办公的需求日益增长,泛微协同全新办公平台(e-cology)全员移动办公解决方案可为工作人员提供随时、随地、随需的移动办公平台,可以随时随地查阅与处理个人待办事项、个人日程,查阅企业通讯录、新闻公告等。企业可基于自身 IT 系统的实际需要,选择性地从泛微 APP 应用商店所提供的丰富的移动应用组件中选取构建其私有的 APP 办公应用系统。

个人待办事项处理:e-cology 的功能设计可让绝大多数业务事项通过流程引擎功能推送至个人手机办公桌面,随时随地查阅、处理待办事宜,让外勤和会议更加顺畅。

企业通讯录随身带:e-cology 为用户提供基于组织架构的企业通讯录,随时随地满足在外人员与同事进行沟通、交流的需求;并支持保存在本地通讯录中。

便携日程:e-cology 的日程管理,为移动办公用户提供更丰富的日程视图,亦可实现与手机日程同步。

企业新闻推送:多数员工很少登录企业官网去查阅企业的最新动态,e-cology 则实现了企业新闻实时推送,让员工可以随时随地了解企业新闻。

泛微协同全新办公平台功能界面如图 6-2-1 所示。

下面对其主要功能进行简要介绍。

1)移动审批

如图 6-2-2 所示,通过移动审批功能可查询个人所有相关的待办、已办、办结、抄送的事项,可随时制订审批流程、发起流程、转发流程,以及查看流程流转日志和流程流转图等。移动审批让办公无处不在,可快速处理紧急事件,随时完成重要流程审批,而且流程的数据完全与 PC 同步。

2)移动考勤

如图 6-2-3 所示,移动考勤也即手机打卡,借助电子地图签到功能,为销售外勤人员的管理提供了轻松、便捷又不失人性化的考勤方式，内部办公人员可以在限定区域内实施手机考勤。

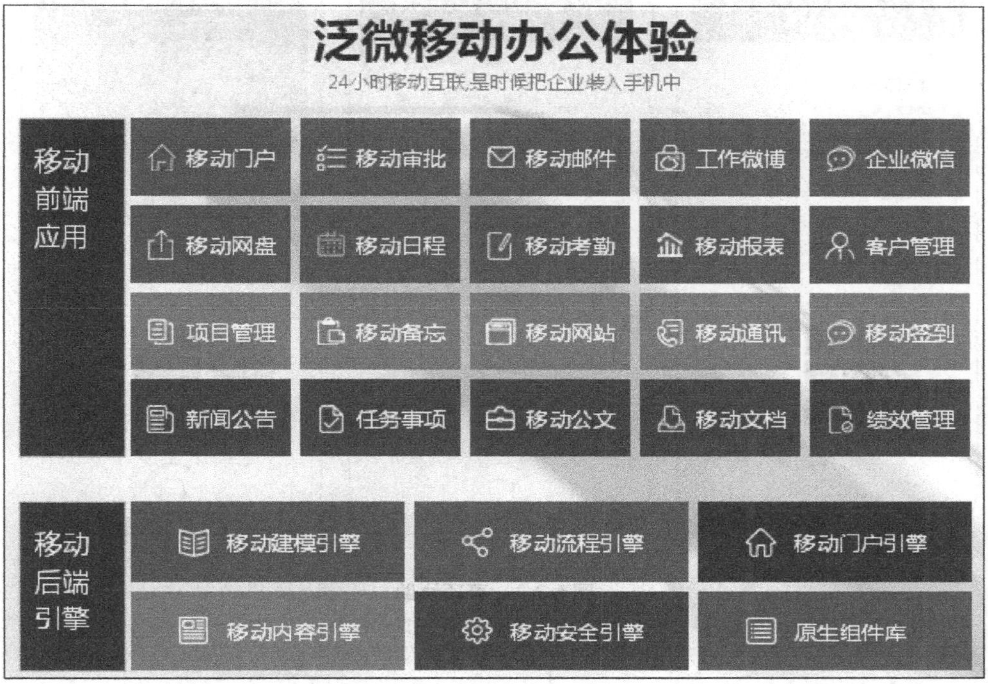

图 6-2-1　泛微协同全新办公平台

图 6-2-2　移动审批

3) 工作微博

如图 6-2-4 所示，借助工作微博可随时随地掌握所关注的人及下属的工作情况，并能有针对性地提出自己的评论意见；让整个组织更加扁平，让领导能够透视组织，让员工能够在大集体中展现自己的风采和价值。

图 6-2-3 事项协助

图 6-2-4 工作微博

4) 移动日程

如图 6-2-5 所示，借助移动日程功能可以实现移动端与 PC 端日程互动，可与其他手机端进行日程互动；通过权限控制可以给同事做日程标注；拜访计划、会议安排等可随时查询，并且会提前有短信提醒，确保计划安排不忘记、不遗漏。

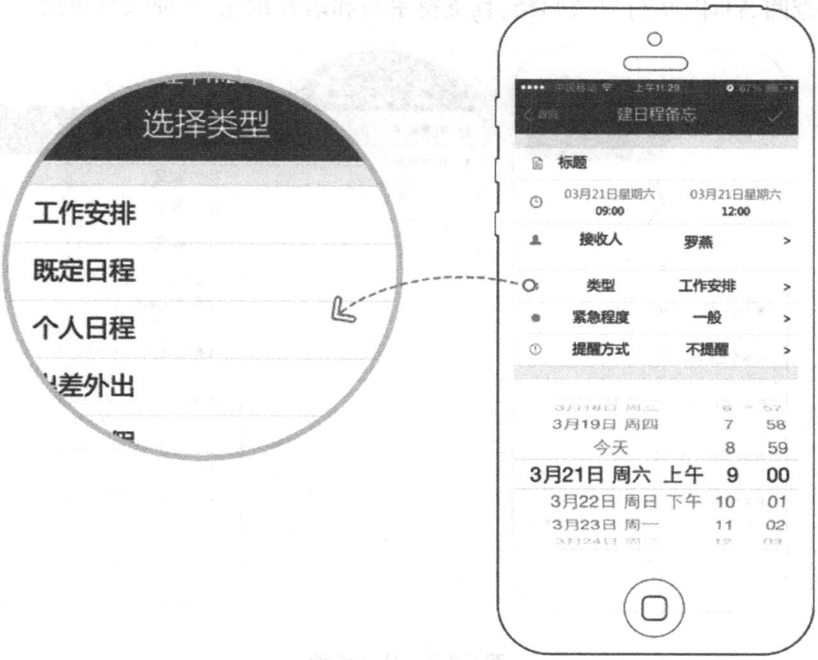

图 6-2-5　移动日程

5) 移动邮件

如图 6-2-6 所示，借助移动邮件功能，可实现内部与外部邮件的收发，并与流程、微信、协助、日程等相互联通。

图 6-2-6　移动邮件

6) 公文组件

如图 6-2-7 所示，系统提供的公文组件可按照国家规范的公文格式要求实现收文管理和发文管理，支持整个公文管理的全过程，包括拟稿、会签、审稿、签发、编号、盖章、套红、分发签收、查阅、打印、执行以及归档，且支持手写和语音批注，方便领导审阅。

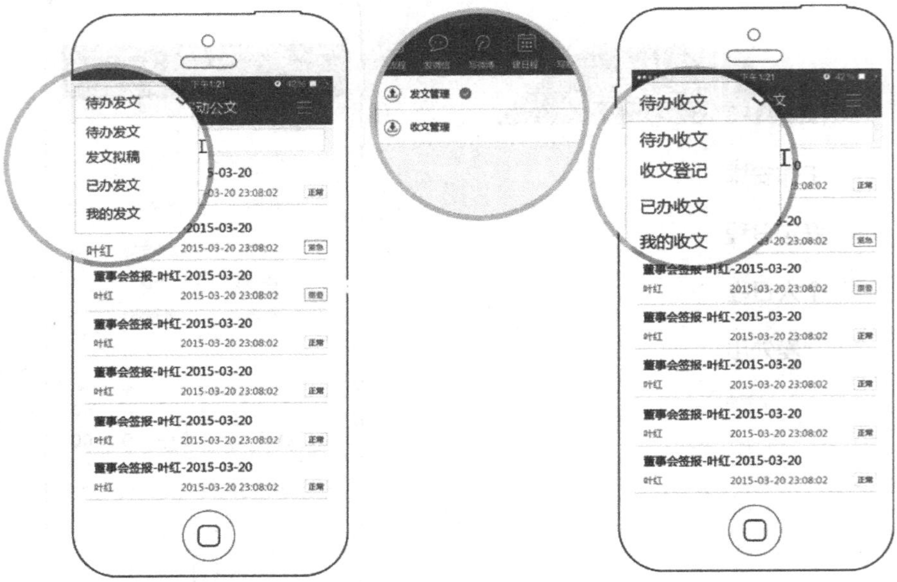

图 6-2-7　公文组件

7）移动备忘

如图 6-2-8 所示，移动办公系统支持通过语音、手写、文字的方式进行备忘事项录入，方便实用；而且备忘可同步到日程、任务、协助上，真正起到备忘提醒的作用。

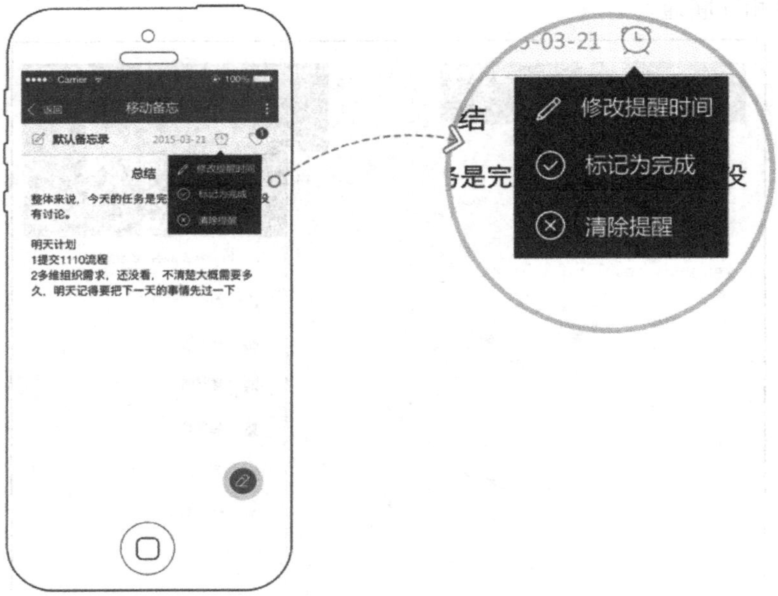

图 6-2-8　移动备忘

8）新闻公告

如图 6-2-9 所示，通过“移动新闻公告”，整个组织的所有成员可随时收看公司的新闻与公告，查阅公司的新闻动态、通知、公告，查阅所需信息，最大化地利用零碎时间了解公司的内部动态，并随时可以发布评论互动。

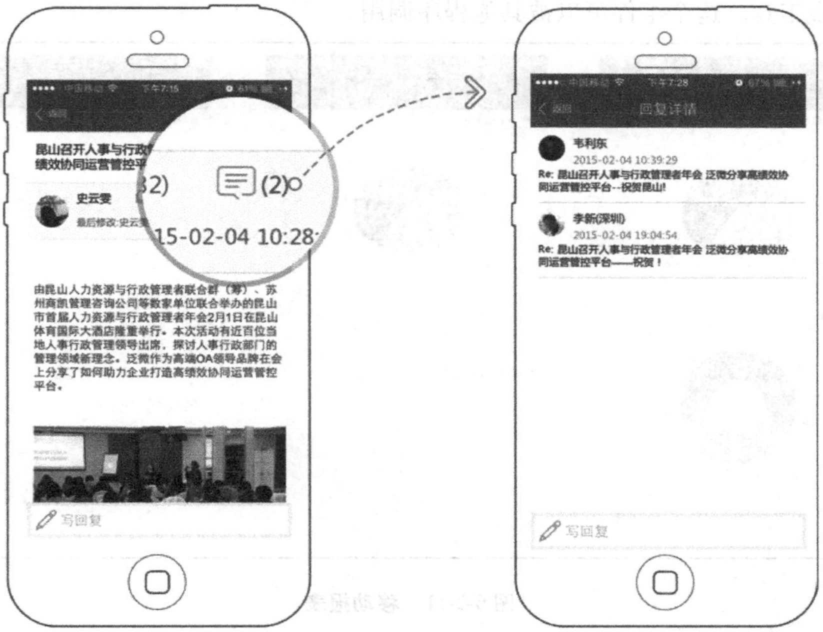

图 6-2-9　新闻公告

9) 客户管理

如图 6-2-10 所示，通过"移动客户管理"实现 PC 端客户资源的移动化管理，随时随地掌握客户信息，及时联系，可方便查询客户联系人、定位客户位置、记录客户联系记录、分享客户资料给同事，也可以让销售人员的行程管理更加规范。

图 6-2-10　客户管理

10) 移动报表

如图 6-2-11 所示，通过"移动报表"，可以整合系统内部信息资源，抽取数据并展现给管理层。展现方式可以多样化，包括各种图形化报表(饼状图、趋势图、柱状图、折线图等)和表格报表工具。这个组件可以被其他程序调用。

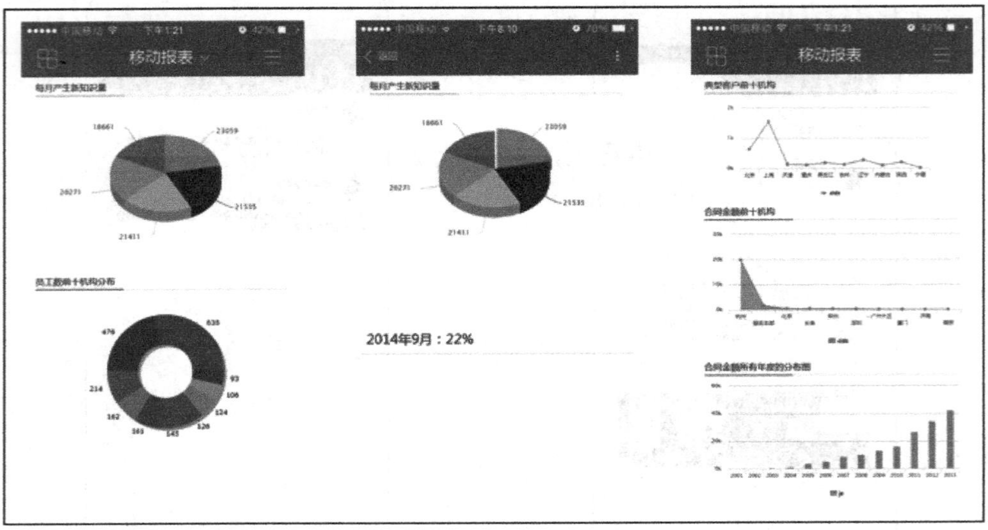

图 6-2-11　移动报表

11) 企业微信

如图 6-2-12 所示，在“企业微信”平台上，可帮助员工通过清晰的组织架构，配合同部门、下属及群组分类，快速找到相关人员，及时交流沟通，提高工作效率。

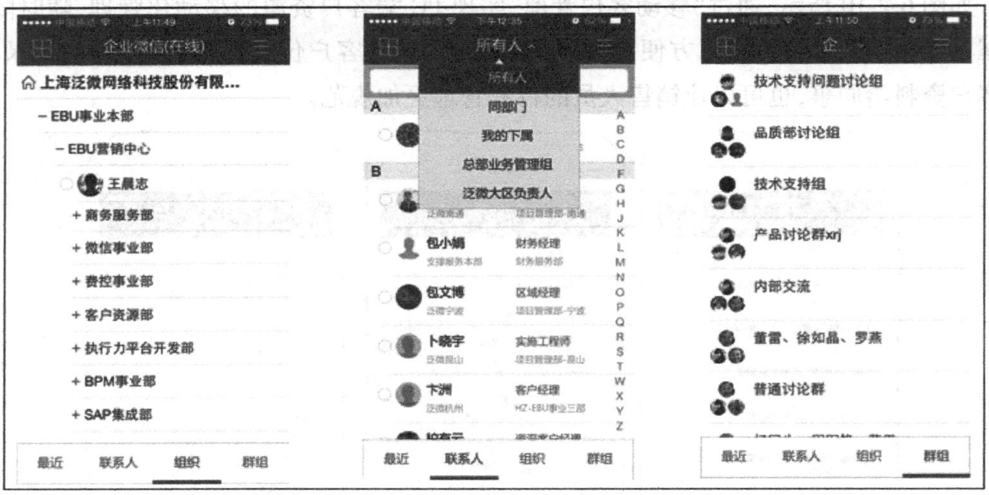

图 6-2-12　企业微信

12) 移动网盘

如图 6-2-13 所示，“移动网盘”支持本地照片或视频等文件上传，通过文件库可浏览自己上传的文件以及 PC 端知识库的文档；支持按照上传时间或文档名称排序，并支持按用户条件进行高级搜索。

图 6-2-13　移动网盘

实训九

通过泛微网络平台 http://www.weaver.com.cn/e8/mobile.html#模拟移动办公场景，体验移动办公的便捷高效。

办公设备篇

第7章 办公设备的使用与维护

学习目标：

➢ 办公设备的使用与维护在办公自动化系统中占有相当重要的地位。现代办公效率的提高，主要依赖于办公设备功能的不断完善和使用方法的逐步简便。本章主要讲述打印机、复印机、扫描仪、数码相机、刻录机、考勤机、一体机、碎纸机、笔记本电脑、实物展示台等办公设备的正确使用、日常维护及简单的故障维修。

7.1 计算机硬件维护基础

知识目标：

➢ 了解计算机硬件的基本知识，熟悉主要组成部件的作用。

能力目标：

➢ 掌握计算机的部件组成及其作用；
➢ 熟悉计算机日常维护技术。

7.1.1 微机系统概论

从系统组成的观点来看，计算机系统包括硬件系统和软件系统两大部分。

1）微型计算机的硬件系统

微型计算机的硬件由微处理器、系统总线、存储器、I/O接口和外部设备等构成。

（1）微处理器（CPU）

微处理器（CPU, Central Processing Unit）指计算机内部对数据进行处理并对处理过程进行控制的部件，它决定了计算机的性能。CPU包括运算器和控制器。运算器又称算术逻辑单元（ALU，Arithmetic Logical Unit），其主要功能是完成数据的算术和逻辑运算；控制器一般由指令寄存器、指令译码器和控制电路组成，它根据指令的要求，对微型计算机各部件发出相应的控制信息，使它们协调工作。微处理器不仅是计算机的核心部件，也是各种数字化智能设备的关键部件。

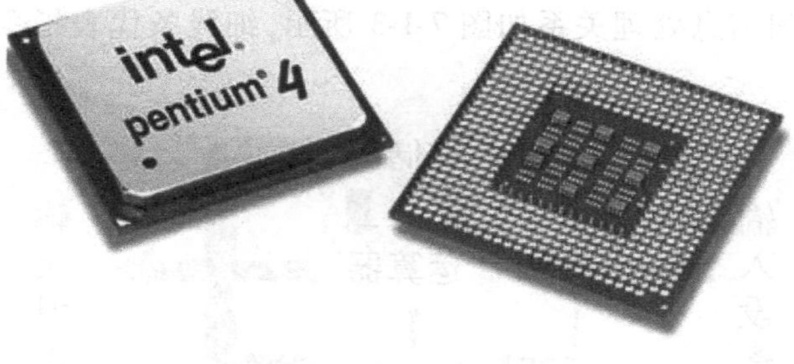

图 7-1-1　微处理器

(2)存储器

存储器用来存放当前正在使用或经常使用的程序和数据。存储器按读、写方式分为随机存储器 RAM(Random Access Memory)和只读存储器 ROM(Read Only Memory)。RAM 也称读写存储器。工作过程中,CPU 可根据需要随时对其内容进行读或写的操作,RAM 是易失性存储器,即其内容在断电后会全部丢失,因而只能存放暂时性的程序和数据。ROM 的内容只能读不能写,断电后其所存信息保留不变,为非易失性存储器,所以 ROM 常用来存放永久性的程序和数据,如初始导引程序、监控程序、操作系统中的基本输入、输出管理程序等。

图 7-1-2　随机存储器 RAM

(3)I/O 接口和输入输出设备

输入输出设备可为计算机提供具体的输入输出手段。常用的输入设备有键盘、鼠标和扫描仪等,常用的输出设备有显示器、打印机和绘图仪等。磁盘、光盘既是输入设备,又是输出设备。

由于各种外部设备的工作速度、驱动方法差别很大,无法与 CPU 直接匹配,所以不能将它们简单地连接到系统总线上,需要有一个接口电路来充当它们和 CPU 间的桥梁,通过接口电路来完成信号变换、数据缓冲、与 CPU 联络等工作,这种接口电路叫做输入输出接口(I/O 接口)。

(4)系统总线(BUS)

微型计算机的硬件之间是用系统总线连接的。系统总线是传送信息的公共导线,一般有三组总线,其传送的信息包括数据信息、地址信息和控制信息。因此,系统总线包含有三种不同功能的总线:数据总线 DB(Data Bus)用于在 CPU 和其他部件之间双向传送数据信息;地址总线 AB(Address Bus)专门用来从 CPU 向外部存储器或 I/O 端口传送地址;

控制总线 CB(Control Bus)用来在 CPU 和其他部件之间传送控制信号和时序信号。

计算机各部件间信息处理关系如图 7-1-3 所示,细线条代表指令流,粗线条代表数据流。

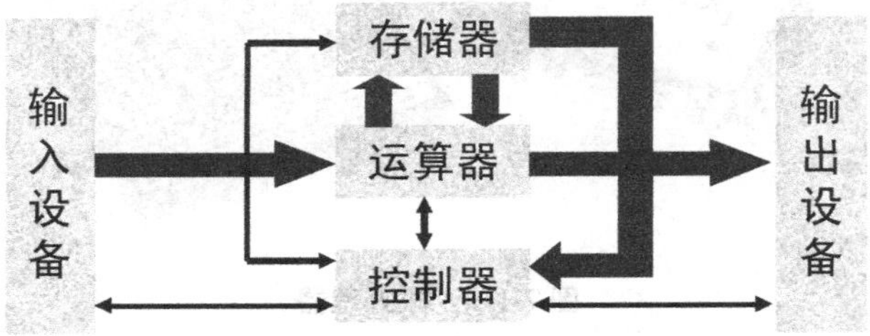

图 7-1-3 计算机各部件信息处理

2)计算机的软件系统

计算机的软件是为了运行、管理或维护计算机而编制的各种程序的总和,包括系统软件和应用软件。

系统软件通常包括操作系统、语言处理程序、诊断调试程序、设备驱动程序以及为提高机器效率而设计的各种程序,如 DOS、WINDOWS、UNIX 等。应用软件是指应用于特定领域的专用软件,它又分为两类:一类是为解决某一具体应用、按用户的特定需要而编制的应用程序;另一类是可以适合多种不同领域的通用性应用软件,如文字处理软件、绘图软件、财务管理软件等。

7.1.2 常用计算机的组成部件

在现在流行的多媒体计算机(MPC,Multimedia Personal Computer)之前,传统的计算机或个人机处理的信息往往仅限于文字和数字,只能算是计算机应用的初级阶段,同时,由于人机之间的交互只能通过键盘和显示器,故交流信息的途径缺乏多样性。为了改换人机交互的接口,使计算机能够集声、文、图、像处理于一体,人类发明了有多媒体处理能力的计算机,即在传统计算机的基础上增设了处理声、像等多种信息的设备。

一般来说,多媒体计算机的基本硬件结构可以归纳为七部分:即功能强大速度快的微处理器、可管理控制各种接口与设备的配置、具有一定容量(尽可能大)的存储空间、高分辨率显示接口与设备、可处理音频的接口与设备、可处理图像的接口设备、可存放大量数据的配置等,它们构成 MPC 的主机。除此以外,MPC 扩充的配置还包括如下几个部分:

1)光盘驱动器

光盘驱动器包括可重写光盘驱动器(CD-R)、WORM 光盘驱动器和 CD-ROM 驱动器。存有图形、动画、图像、声音、文本、数字音频、程序等资源的 CD-ROM 早已广泛使用,而可重写光盘、WORM 光盘价格较贵,目前还不是非常普及。

2)音频卡

数字音频处理技术是 MPC 的重要功能,音频卡具有 A/D 和 D/A 音频信号的转换功能,可以合成音乐、混合多种声源,还可以外接 MIDI 电子音乐设备。在音频卡上连接的音频输入输出设备包括话筒、音频播放设备、MIDI合成器、耳机、扬声器等。

3)图形加速卡

图文并茂的多媒体效果需要分辨率高而且同屏显示色彩丰富的显示卡的支持,同时还要求具有Windows的显示驱动程序,并且显示迅速。带有图形用户接口GUI加速器的局部总线显示适配器使得Windows的显示速度大大加快。

4)视频卡

视频卡用来连接摄像机、影碟机、电视机等设备,以便获取、处理和表现各种动画和数字化视频媒体,包括视频捕捉卡、视频处理卡、视频播放卡及TV编码器等。

5)扫描卡

扫描卡用来连接各种图形扫描仪,是常用的静态图片、文字、工程图等资料的输入设备。

6)交互控制接口

交互控制接口用来连接触摸屏、鼠标等人机交互设备,这些设备将大大方便用户对计算机的使用。

7)网络接口

网络接口是实现多媒体通信的重要扩充部件,可将数量庞大的多媒体信息传送出去或接收进来。通过网络接口相连接使用的设备包括视频电话机、传真机等。

随着多媒体技术的进步,还将出现种类更多、功能更强大的多媒体设备。

7.1.3　计算机的日常维护

计算机维护是提高工作效率、延长使用寿命的重要措施。计算机的维护主要体现在两个方面:一是硬件的维护,二是软件的维护。计算机软件的维护主要是对系统和数据经常备份,同时要注意清理磁盘上无用的文件,以有效地利用磁盘空间。

1)磁盘碎片整理、磁盘清理

系统使用久了,会产生磁盘碎片,过多的碎片不仅会导致系统性能降低,而且可能造成存储文件的丢失,严重时,甚至缩短硬盘寿命。为了使系统发挥更好的性能,需要经常整理磁盘碎片或对磁盘进行清理。

打开"开始"菜单,选择"程序"→"附件"→"系统工具"→"磁盘碎片整理程序"或"磁盘清理",如图7-1-4所示。

在弹出的对话框中选择要整理的驱动器,可选择某一个驱动器,也可以选择所有的磁盘,开始对硬盘中所选驱动器进行整理。

2)各部件的日常维护

(1)主板

主板不仅是用来承载计算机关键设备的基础平台,还起着硬件资源调度中心的作用,负责各种计算机配件之间的通信、控制和传输任务。因此主板维护非常重要,主板的日常维护应该做到散热、防尘和防潮,过热、灰尘过多或环境太潮湿,都会使主板与各部件之间接触不良，产生各种未知故障。

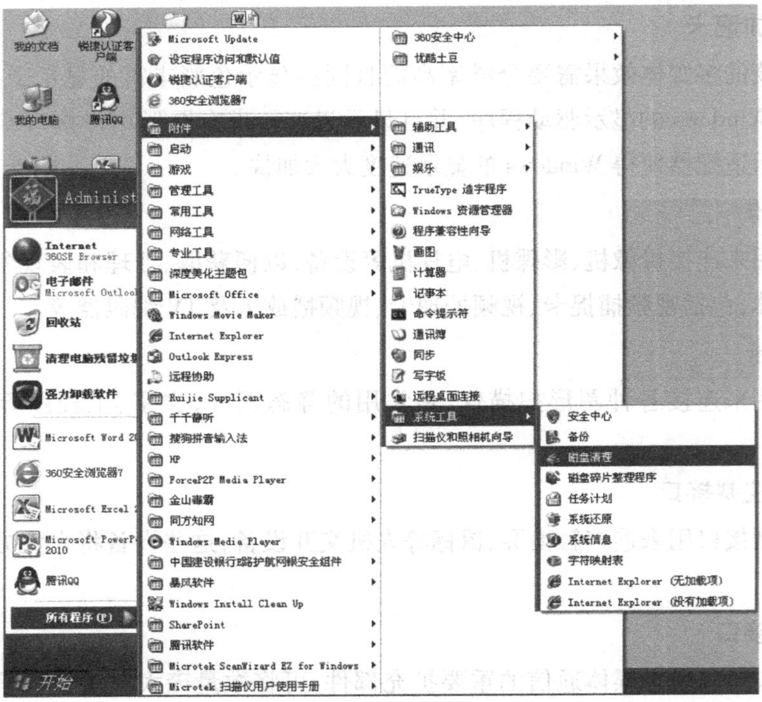

图 7-1-4 启用“磁盘碎片整理程序”或“磁盘清理”

(2) CPU

要延长 CPU 的使用寿命，首先要保证 CPU 在正常的频率下工作，通过超频来提高计算机的性能是不可取的。同时，CPU 的散热、减压非常重要，应选择轻重适宜的散热风扇，同时在安装散热器时要注意用力均匀，扣具的压力也要适中。

(3) 内存条

需要注意的是，在为内存条升级的时候，要选择和以前品牌、外频相同的内存条来搭配使用，这样可以避免系统运行不正常等故障。

(4) 显卡

显卡也是计算机的一个发热量大的部件。现在的显卡都单独带有一个散热风扇，平时要注意显卡风扇的运转是否正常，是否有明显的噪声或运转不灵活等现象，如发现有上述问题，要及时更换显卡的散热风扇，以延长显卡的使用寿命。

(5) 声卡

在插拔麦克风和音箱时，一定要在关闭电源的情况下进行，千万不要在带电环境下进行上述操作，以免损坏其他配件。

(6) 硬盘

硬盘是一种精密设备，在读、写时处于高速旋转状态，不可突然断电，否则会造成磁头或盘片的损坏；同时不要自行打开硬盘盖，如果因硬盘故障确实需要打开盘盖，一定要送到专业厂家进行处理。

7.2　计算机外设备及办公设备的使用与维护

知识目标：

- 学习和了解常用办公设备的基本知识，包括主要性能、使用技巧及日常维护等。

能力目标：

- 掌握常用办公设备的使用操作步骤；
- 掌握常用办公设备的日常维护和保养技巧。

7.2.1　移动存储设备

移动存储设备是通过 USB（Universal Serial Bus，通用串行总线）接口连接到计算机上并以逻辑磁盘方式进行数据存取的存储设备，如 U 盘、移动硬盘以及具有数据存储功能的 MP3 播放器、手机、录音笔等。

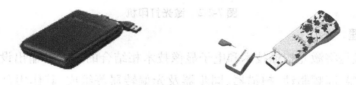

图 7-2-1　移动存储设备

1）工作原理

移动硬盘工作原理类似于硬盘，U 盘是用集成芯片来存储数据的，这一点和移动硬盘有着本质的区别（移动硬盘一般是用磁介质来存储）。和移动硬盘相比，U 盘体积和容量都较小，但使用和携带方便。随着技术的发展，U 盘的容量也将越来越大，但如果需要存储大量的数据，移动硬盘是不可替代的。

2）使用操作

移动存储器的使用操作非常简单，只需将移动存储器数据线接口的一头与计算机主机箱上的 USB 接口连接即可。如果连接成功，则在计算机右下方任务栏中出现可移动存储器的图标。退出时，只需关闭所使用的文件，单击屏幕右下角设备图标，再单击选择要退出的移动存储器，系统询问“是否要移除该设备”，单击“确定”，等待系统提示“可以安全地移除该设备”后即可移出存储器。

3）注意事项

U 盘、移动硬盘等移动存储器轻巧、便捷的存储介质已经成为数字时代不可缺少的一部分，但如果在日常使用中不注意正确操作，会导致存储介质损坏、数据丢失。

①移动存储器退出时，要按正常结束程序将其弹出后，再从计算机的接口上拔出。

②尽量不要选购过于廉价的产品,因为价格将决定移动硬盘的用料情况,而用料过于简省则无法保证移动硬盘的稳定运行。

③移动存储器最好不要插在计算机上长期工作。

④不要给移动存储器整理磁盘碎片,否则易使其受损伤。如果确实需要整理,可采用将整个分区里面的数据都复制出来再复制回去的方法。

7.2.2 打印机

打印机作为最主要的输出设备之一,从击打式到非击打式、从黑白到彩色、从单功能到多功能,随着技术和用户需求的发展,各种新型实用的打印机应运而生。这里主要介绍使用最为广泛的激光打印机。

图 7-2-2 激光打印机

1)工作原理

激光打印机是将激光扫描技术和电子显像技术相结合的非击打输出设备。它是由激光器、声光调制器、高频驱动、扫描器、同步器及光偏转器等组成,其作用是把接口电路送来的二进制点阵信息调制在激光束上,之后扫描到感光体上。感光体与照相机构组成电子照相转印系统,把射到感光鼓上的图文映像转印到打印纸上。其原理与复印机相同,要经过充电、曝光、显影、转印、消电、清洁、定影七道工序,其中有五道工序是围绕感光鼓进行的。工作过程是:把要打印的文本或图像输入计算机中,通过计算机软件对其进行预处理;然后由打印机驱动程序转换成打印机可以识别的打印命令(打印机语言)送到高频驱动电路,以控制激光发射器的开与关,形成点阵激光束,再经扫描转镜对电子显像系统中的感光鼓进行轴向扫描曝光,纵向扫描由感光鼓的自身旋转实现。

2)使用操作

打印机通过接口与打印机控制器相连,计算机中的 CPU 通过打印机控制器控制打印机的全部工作过程。打印机的使用操作方法如下:

(1)安装打印机

打印机的安装要完成硬件连接和软件安装两个环节。

硬件连接:打印机有信号电缆线和电源线两条连接线,连接两根线之前要确认打印机和计算机的电源关闭,接好信号电缆线,然后再接通打印机的电源线。

软件安装:给计算机安装打印驱动程序后才能正常使用打印机,单击"开始"→"设置"→"打印机和传真机",选择本地打印机,按提示选择打印机驱动程序进行安装。最好选用随机配带的光盘内的专用驱动程序。

(2)设置打印机的属性

用户安装打印机时系统会按默认状态进行设置,也可根据实际改变打印机的属性。单击"开始"→"设置"→"打印机和传真机",右击"打印机"图标,选择"属性"可设置"常规""共享"等属性。

(3)打印操作

打印文档,在"文件"菜单下选择"打印"→设置打印参数→"确定",打印完毕。

3)注意事项

①激光打印机最适宜的温度为 17 ~ 23 ℃,应避免阳光直射和化学物品的侵蚀,电压应保持一定的稳定性。

②减少外来灰尘,保持清洁,可定期使用专用的清洁工具如清洁纸或粉尘吸附器等清理机内纸屑和粉尘。

③预防卡纸。将打印纸装入纸盒之前,应用手握住纸的两端,正反弯曲几遍,散开纸张,减少夹带纸或卡纸现象。同时,纸盒不要太满,纸张导引槽也不要卡得太紧,否则也会引起卡纸。

④如遇卡纸,不能用力拖拽打印稿,应顺着出纸方向慢慢移出,如有阻力应打开打印机将纸取出。

⑤打印机处于工作状态时,不能强行切断打印机电源。

7.2.3 扫描仪

扫描仪通过捕获图像并将之转换成计算机可以显示、编辑、存储和输出的数字化信息,属于计算机辅助设备(CAD)中的输入系统,通过计算机软件和计算机、输出设备(激光打印机、激光绘图仪)接口组成网印前计算机处理系统,广泛应用于标牌面板、印制板、印刷行业等。扫描仪可分为三大类型:滚筒式扫描仪、平面扫描仪和笔式扫描仪。

图 7-2-3 扫描仪

1)工作原理

以平面扫描仪为例,其获取图像的方式是先将光线照射到扫描的材料上,光线反射回来后由 CCD(Charge Coupled Device,电荷耦合器件)光敏元件接收并实现光电转换。CCD 是一种半导体成像器件,因而具有灵敏度高、抗强光、畸变小、体积小、寿命长、抗震动及不受电磁干扰等优点。扫描不透明的材料如照片、打印文本以及标牌、面板、印制板实物时,由于材料上黑的区域反射较少的光线,亮的区域反射较多的光线,而 CCD 器件可以检测图像上不同光线反射回来的不同强度的光,通过 CCD 器件将反射光波转换成为数字信息,用 1 和 0 的组合表示,最后控制扫描仪操作的软件读入这些数据,并重组为计算机图像文件。扫描透明材料如制版菲林软片、照相底片时,扫描工作原理相同,不同的是此时不是利用光线的反射，而是让光线透过材料，再由 CCD 器件接收，扫描透明材料需要特别的光源补偿——透射适配器（TMA）装置来完成这一功能。

2）使用操作

扫描的过程相当简单，把要扫描的材料放在扫描仪的玻璃台面上，运行扫描仪驱动程序并按下"扫描"键，扫描仪就将图像扫描到图像编辑软件中，而且能以文件格式存储。

（1）选择最佳的扫描分辨率

设定扫描分辨率时，需要综合考虑扫描的图像类型和输出打印的方式。如果以高的分辨率扫描图像则需更长的时间、更多内存和磁盘空间，同时分辨率越高，扫描得到的图像就越大，因此在保持良好图像质量的前提下应尽量选择最低的分辨率，使文件不至于太大。

（2）缩放比例

缩放比例可在扫描过程中产生较大或较小的图像，当扫描得到的图像送到编辑图像程序中时，无须改变图像的大小。缩放比例与分辨率成反比，分辨率越低，图像缩放的比例越大，使用最大分辨率时，缩放比例只能小于 1。

（3）图像增强

在扫描过程中，有一系列工具用来调整图像的色彩和提高图像的质量。这些工具包括亮度对比度和曝光工具、暗调与高光工具、曲线工具、滤波器工具、差色工具、自动工具以及色彩校正工具。

（4）文件格式

通常扫描图像以图形文件方式储存，有数种可使用图像的文件格式，如 TIFF（标志图像文件格式）是目前最常用的图形文件格式之一，还有 EPS、PSD、GIF 和 PCX 等。每种文件格式都有它的适用范围和优缺点，为了得到最佳的扫描结果，应该熟悉每一种图像格式的优缺点，并了解它们与图像编辑软件和输出打印设备的兼容性。

（5）选择打印方式

扫描图像可以使用不同的设备打印输出，如激光、喷墨和点阵式黑白打印机，彩色喷墨打印机、彩色热升华打印机以及印刷机等。

3）注意事项

①在扫描时要选用质量好的原稿。因为原稿对于扫描结果十分重要，虽然扫描仪软件和图像编辑软件可以改善图像质量，但对于那些焦距不准、画面模糊、污损或者光敏很差的图像，扫描效果较差。

②保持扫描仪的清洁。扫描仪镜面如果有灰尘、斑点，要用干净的抹布蘸无水酒精擦拭干净，以免影响扫描效果。

③不要使用太高的分辨率，一般文稿选择 300 DPI 左右的分辨率即可，过高的分辨率反而会降低识别率。

④不要频繁开关扫描仪。应在打开计算机之前接通扫描仪电源，如果频繁开关扫描仪，其后果就是要频繁启动计算机。

7.2.4　复印机

复印机是日常办公中经常用到的设备,它可以提高材料形成的速度,节省大量的等待时间,给工作带来极大方便。但复印机的操作又是一项技术性较强的工作,不了解机器的基本原理和构造,就无法正确地使用它,有时还会因操作不当而损坏机器。

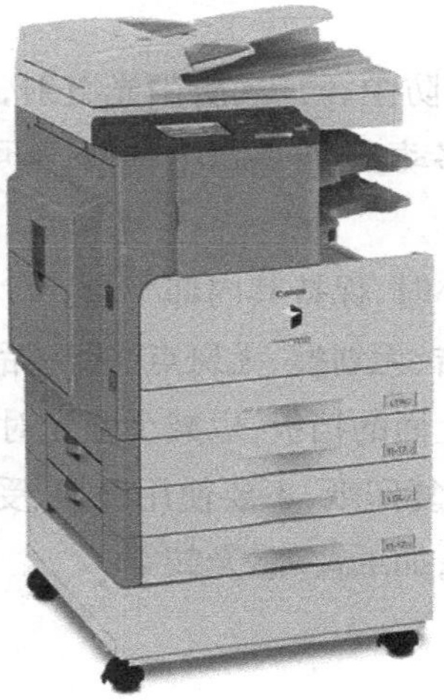

图 7-2-4　复印机

1)工作原理

目前常用的复印机工作原理有两种:一是美国施乐公司于 1949 年推出的模拟式复印机(目前市场上大多是模拟式复印机);一是日本佳能公司于 1991 年推出的数码式复印机。

模拟复印机的工作原理:通过曝光、扫描的方式将原稿的光学模拟图像通过光学系统直接投射到已被充电的感光鼓上,产生静电潜像,再经过显影、转印、定影等步骤,完成整个复印过程。

数码复印机的工作原理:首先通过电荷耦合器件将原稿的模拟图像信号进行光电转换成为数字信号,然后将经过数字处理的图像信号输入激光调制器,调制后的激光束对被充电的感光鼓进行扫描,在感光鼓上产生静电潜像,再经过显影、转印、定影等步骤完成整个复印过程。数码式复印机相当于把扫描仪和激光打印机融合在了一起。

2)使用操作

①预热:按下电源开关,开始预热,面板上指示灯显示并出现等待信号。

②检查原稿:复印前需检查原稿的纸张尺寸、质地、颜色,原稿上的字迹色调,原稿装订方式、张数及有无图片需要改变曝光量等。

③检查机器显示:机器预热完毕后,检查操作面板上的各项显示是否正常。

④放置原稿:根据稿台刻度板指示及当前使用纸盒的尺寸和横竖方向放好原稿。

⑤设定复印份数:按下数字键设定复印份数,若设定有误,可按“C”键后重设。

⑥设定复印倍率:根据原稿尺寸和需要的纸张大小,适当地放大或缩小比例。

⑦选择复印纸尺寸:按下纸盒选取键,如机内装有所需尺寸纸盒,即可在面板上显示出来;如无显示,则需更换纸盒。

⑧调节复印浓度:根据原稿的色调深浅适当调节复印浓度,原稿纸张颜色较深的,如报纸,应将复印浓度调浅些;字迹浅、线条细、不十分清晰的,如复印品原稿是铅笔原稿等,则应将浓度调深些;复印图片时一般需要将浓度调谈。

3)注意事项

①复印机的安放要防高温、防尘、防震、防阳光直射,同时要保持室内通风顺畅,平时尽量减少搬动。如果实在需要移动,一定要水平移动,不可倾斜或倒立。

②使用稳定的交流电。

③每天打开复印机预热半小时,保持其内部干燥。

④保持复印机玻璃稿台清洁、无划痕、无斑点、无污垢,否则会影响复印效果。

⑤复印过程中一定要盖好上面的挡板,以减少强光对操作者眼睛的刺激。

⑥为防"卡纸",应使用规则复印纸,不要使用破损、受潮、过薄或过厚的纸张。

⑦定期检查、保养易损部件,如纸盒、感光鼓等。

7.2.5　传真机

传真机是应用扫描和光电变换技术,把文件、图表、照片等静止图像转换成电信号传送到接收端,以记录形式进行复制的通信设备。1842 年,英国 A. 贝恩提出传真原理。1913 年,法国 E. 贝兰研制出第一台传真机。目前市场上的传真机可分为四类:热敏纸传真机(也称为卷筒纸传真机)、热转印式普通纸传真机、激光式普通纸传真机和喷墨式普通纸传真机。随着大规模集成电路、微处理机技术和信号压缩技术的应用,传真机正朝着自动化、数字化、高速、保密和体积小的方向发展。

1)工作原理

在传送时,传真机先扫描需要发送的文件并转化为一系列黑白点信息,进而转化为声频信号并通过传统电话线进行传送;接收方的传真机"听到"信号后,会将相应的点信息打印出来,这样,接收方就会收到一份原发送文件的复印件。

图 7-2-5　传真机

热敏纸传真机是通过热敏打印头将打印介质上的热敏材料熔化变色,生成所需的文字和图形。热转印从热敏技术发展而来,它通过加热转印色带,使涂敷于色带上的墨转印到纸上形成图像,最常见的传真机中应用了热敏打印方式。激光式普通纸传真机是利用炭粉附着在纸上而成像的一种传真机,它主要是利用机体内控制激光束的一个硒鼓,凭借控制激光束的开启和关闭,从而在硒鼓产生带电荷的图像区,此时传真机内部的炭粉会受到电荷的吸引而附着在纸上,形成文字或图像图形。喷墨式传真机的工作原理是由步进马达带动喷墨头左右移动,把从喷墨头中喷出的墨水依序喷在普通纸上完成工作。

2)使用操作

(1)使用前准备

仔细阅读使用说明书,正确安装好传真机。

(2)开机

传真机与电话机使用的是同一条电话线路,准备进行传真时,要将传真机后板上的“传真/电话”开关拨到“传真”位置。

(3)记录纸的安装

记录纸有两种,即传真纸(热敏纸)和普通纸(一般复印纸)。热敏纸纸面有一层化学涂料,常温下无色,受热后变为黑色,所以热敏纸有正反面区别,安装时须依据机器的示意图进行。如新机器出现复印全白时,故障原因可能是原稿放反或热敏纸放反。如果使用普通复印纸,纸张一定要符合规定大小。传真机出现卡纸故障,多数由于纸的质量引起。

(4)检查原稿

原稿要使用白色或浅色的纸张,内容最好是打印或用黑墨水书写。

(5)放置原稿

按传真机所指示的位置放原稿,字面朝上放在原稿台板上,原稿文件页数不能超过规定页数,如多页发送,须摆放整齐,靠紧装纸器。

(6)开始复印

观察液晶显示屏是否出现“READY”,若处于“READY”状态或指示灯亮,表明可以工作,按“COPY”键开始复印。

(7)发送传真

拨通对方电话,听到应答信号,按下启动键,等待发送结束。

3)注意事项

①机器应避免在有灰尘、高温、日照的环境中使用。

②使用的纸张必须符合传真要求,过薄或过厚、幅面过大或过小都不得使用。

③如果出现原稿阻塞现象,按“停止”键后小心取出原稿。如原稿已破损,必须将残片取出,否则机器不能正常工作。

④如听到对方的回铃声而听不到机器的应答信号时,不要急于按下启动键,待向对方问明情况后再做处理。

7.2.6　刻录机

刻录机所用CD-R盘的容量一般为700 MB,所记载资料的方式与一般CD光盘片一样,也是利用激光束的反射来读取资料,所以CD-R盘片只可以放在CD-ROM上读取,不同的是CD-R盘可以写一次。与CD-R刻录不同的是,CD-RW光盘可以反复擦写,所以能够反复使用。理论上来说,好的CD-RW光盘可以反复擦写约1 000次,对于小文件的备份十分适合,而CD-R光盘用来刻录一些经常需要并且不会改变的东西,如刻系统盘等。

1)工作原理

在刻录CD-R盘时,通过大功率激光照射CD-R盘片的染料层,在染料层上形成一个个平面和凹坑,光驱在读取这些平面和凹坑的时候就能够将其转换为 0 和 1。由于这种变化是一次性的,不能恢复到原来的状态,所以 CD-R 盘片只能写入一次,不能重复写入。

CD-RW 的刻录原理与 CD-R 大致相同,只不过盘片上镀的是一层由银、铟、硒或碲等制成的结晶层。这种结晶层能够呈现出结晶和非结晶两种状态,等同于 CD-R 的平面和凹坑,通过激光束的照射,可以在这两种状态之间相互转换,所以 CD-RW 盘片可以重复写入。

2)使用操作

(1)连接计算机

因刻录机的接口不同,它与计算机的连接分为内置和外置两类。较常用的有内置式 IDE 接口刻录机、外置式 EPP 接口刻录机,按随机说明书将其与计算机主机连接。

图 7-2-6 刻录机

(2)安装驱动程序

驱动程序在随刻录机附送的光盘中,先安装驱动程序,再安装刻录软件,启动"Setup"程序,根据"提示"进入,逐步安装即可。

(3)制作数据光盘

将刻录光盘放入刻录机中,启动刻录程序就可以进行刻录了,最常用的是刻制数据盘和复制光盘。

3)注意事项

①防尘。灰尘对任何光盘驱动器来说都是致命杀手,尽量不要将弹出的光盘滞留在外时间太久,以免灰尘进入机内。

②散热。刻录机工作时发热量很大,这些热量一定要及时从刻录机内部散发出去;另外,不要让它和其他发热量大的设备(如硬盘、CD-ROM)距离太近。

③刻录机的读盘性能往往很一般,不要用它经常看 VCD 影碟和读盗版光盘,这些功能最好另备一个读盘性能比较好的专用 CD-ROM 来完成。

④避免长时间持续刻录,减缓刻录机的老化速度。

⑤注意盘片质量。不要使用质量太差的刻录盘片,否则对刻录激光头伤害很大。

⑥光盘不用时不要遗留在驱动器中,刻录机工作时不要移动刻录机或机箱。

7.2.7 数码摄像机

1)工作原理

使用数码摄像机拍摄时,被摄物体的图像经过镜头聚焦至 CCD 芯片上,CCD 根据光的强弱积累相应比例的电荷,各个像素积累的电荷在视频时序的控制下,逐点外移,经滤波、放大处理后,形成视频信号输出。视频信号连接到监视器或电视机的视频输入端便可显示出与原始图像相同的图像。

2)使用操作

①检查设备及附件是否齐全。

②插上摄像机的电源,按电源开关,接通电源。

③打开录像带盒,装好录像带。

④将防尘镜头盖取下,打开视野屏。

⑤在视野屏中观察,防止拍摄过程中机身抖动,调整镜头对准拍摄物。

⑥按下摄录按钮,开始拍摄。

⑦拍摄结束回放检查拍摄效果。

⑧弹出录像带,关闭电源,合上监视屏,盖好镜头防尘盖。

图7-2-7 数码摄像机

3)注意事项

①防结露:当由温度低的地方移到温度高的地方时,磁鼓和倒带部件可能会结露。此时,应该立即停止工作,放到干燥的环境中,待结露完全消除后方可使用。

②防尘防潮:在拍摄过程中,暂时不用时,应盖好镜头盖。长时间不用时,将机器放入专用箱内,特别在潮湿和多尘的地方拍摄时,应尽量减少外界灰尘和湿气污染摄像机。

③防强光:尽量避免镜头直接对着强烈的阳光和其他强光,强光有可能烧毁摄像器件,目镜透镜能聚集太阳光线而熔化取景镜内部的器件。

④防磁:摄像机、录像带都应避免在有强大磁场的地方操作和保存,过于接近磁场强的地方会使摄取的图像变形或变色。

⑤防震:摄像机的电子系统和光学部分都是高度精密的,无论操作还是运输,都要避免强烈震动和碰撞。

⑥注意磁带的质量:质量差的磁带会磨损磁头。磁带发霉、磁粉落也会弄脏磁头和传导机构,影响正常工作。因此除了避免使用质量差、发霉等有问题的磁带外,还要注意保管好磁带。

⑦在摄像机工作时,应完全按照摄像机的操作规程进行操作,如安装或取出电池时应先关闭电源。在摄像机不工作时,一定要把磁带取出,关闭电源,取出电池,盖好镜头盖,放入专用箱内。

⑧注意摄像机电池的保护,要按正确方法充电、放置和使用,确保其使用寿命。

7.2.8 数码相机

1)工作原理

数码相机是由镜头、CCD、ADC(模数转换器)、MPU(Micro Processor Unit,微处理器)、内置存储器、LCD(液晶显示器)、PC卡(可移动存储器)和接口(计算机接口、电视机接口)等部分组成,通常它们都安装在数码相机的内部,一些专业的数码相机的液晶显示器与相机机身是分离的。当按下快门时,镜头将光线会聚到感光器件CCD上,CCD是半导体器件,它代替了普通相机中胶卷的位置,它的功能是把光信号转变为电信号。这样,就得到了对应于拍摄景物的电子图像,但是它还不能直接由计算机处理,还需要按照计算机的要求进行从模拟信号到数字信号的转换，ADC 器件用来执行这项工作。接下来 MPU 对数字信号进行压缩并转化为特定的图像格式，例如 JPEG 格式等。最后，图像文件被存储在内置存储器中。

图 7-2-8 数码相机

2）使用操作

①检查数码相机。拍摄前要检查镜头、滤光镜、三脚架、电池等，同时设置好各项参数。

②将防尘镜头盖取下，打开视野屏，调整镜头对准拍摄物，按下拍摄按钮开始拍摄。

③连接数码相机与计算机。将图片文件导入计算机，并根据需要处理照片。

3）注意事项

①要将数码相机放置在防潮防水的相机包内，远离高温、强磁场、强电场及阳光直射的环境，否则容易对相机内部造成损害。数码相机不用时，最好将调焦环旋到无穷远“∞”的位置，缩回镜头，释放快门，放置于防潮箱内，并定期检查，替换或烘干失效的干燥剂。

②电池保护：必须使用指定的电池，电池完全充电后不宜马上使用，这是因为电池完全充电后其闭路电压会超过额定电压值，马上使用可能烧坏数码相机内的电路元件。长期不用，最好取出电池，防止电池内的电解液外漏腐蚀机内电路。

③机身保护：如果不小心沾到污渍，应关掉电源，擦拭机身上的水渍等，再用橡皮吹球将各细缝吹干。平时不要随便用酒精等溶剂擦拭相机，否则会破坏相机上的保护层。

④镜头维护：如果镜头沾了灰尘等，可用镜头刷或是吹气球除去表面的灰尘，然后再用擦镜纸或者擦镜水拭去镜头上的污痕。

⑤液晶屏的保护：由于数码相机很多都是电子取景器，因此对显示屏的保护也非常重要。除了触屏式，尽量避免用手指按压屏幕，最好贴上防护贴进行防护。

7.2.9 投影仪

1）工作原理

投影机是一种精密电子产品，它包括核心投影成像部件、光学引擎、电气控制和接口三大主要部分。其中的核心投影成像部件是投影仪产品的核心，其地位类似计算机中的 CPU。投影仪发展到目前为止主要经过了三个阶段，分别通过三种典型的显示技术来加以实现，即 CRT（阴极射线管）投影技术、LCD（液晶）投影技术及近些年发展起来的 DLP（数字光处理）投影技术和 LCOS（硅液晶）投影机。

CRT 投影仪的工作原理与 CRT 显示器基本相同，其发光源和成像均为 CRT。CRT 投影仪的工作特征与 LCD、DLP 等投影仪存在着本质区别，它是通过本身的发光将输入信号源分解在 R（红）、G（绿）、B（蓝）三个 CRT 管的荧光屏上，荧光粉在高压作用下发光、放大、会聚，并在大屏幕上显示出彩色图像。

2）操作使用

①安放投影仪：投影仪按使用方式分为吊装式和便携式，前者由专业技术人员安装，

后者可由用户自行安放。

②连接投影仪与计算机：在投影仪附带的连接线中，VGA 信号线和信号控制线都是用来直接和计算机相连的。VGA 信号线连接计算机的视频输出接口和投影仪的 VGA 输入接口，信号控制线是连接投影仪的主控制端口与计算机的 COM 口。

图 7-2-9　投影仪

③接通电源，设置好输出方式：投影仪处在待机状态，橙色指示灯亮，按下投影仪开关，电源指示灯绿色闪烁，进入预热状态。闪烁停止，保持灯亮，选择输入源 RGB。

④对焦：旋转调焦螺旋，调整图像大小、清晰度到最适宜程度。

⑤设置分辨率：将投影仪的分辨率与计算机调为一致。

⑥关闭投影仪：直接切断投影仪电源会严重影响灯泡的使用寿命，待投影仪散热完毕后再切掉电源。

3）注意事项

①严防强烈的冲撞、挤压和震动。

②注意使用环境的防尘和通风散热。要定期清洗进风口处的滤尘网，对于吊顶安装的投影机，要保证房间上部空间的通风散热。

③投影仪停止使用后不能马上断开电源，要让机器散热完毕后自动停机。另外，减少开关机次数对灯泡延长寿命有益。

④严禁带电插拔电缆，信号源与投影机电源最好同时接地。

⑤尽量使用投影机原装电缆、电线及内部配件，用户不可自行维修和打开机体。

7.2.10　考勤机

考勤机是单位对员工出勤率及迟到早退详细记录的一种仪器，一般安装在员工集中的地点。

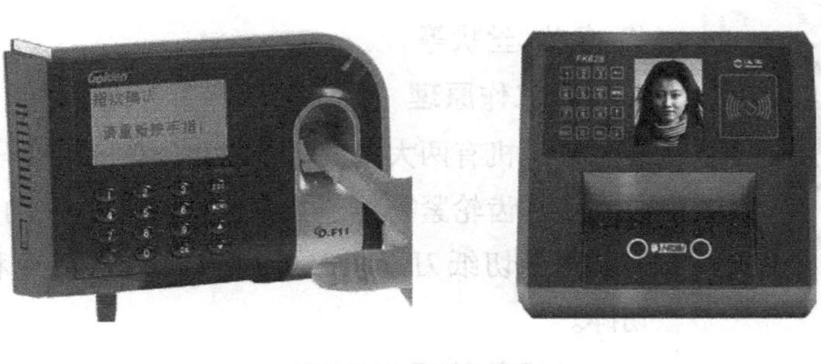

图 7-2-10　考勤机

1）工作原理

感应式 IC、ID 卡应用考勤管理系统是以非接触式感应 IC、ID 卡作为员工身份识别的媒介，通过现代 IC、ID 卡射频和存储技术，结合通讯和计算机技术构成一系列应用管理系统，可迅速、准确、方便地实现对员工考勤、门禁等管理。感应式 IC、ID 卡内部封装有特定频率感应线圈和芯片，且唯一对应一个数（卡号），感应IC、ID卡终端机是用来感应接收来自感应IC、ID卡上的数字信号并存储的设备，也是外部动作设备（如电锁、电铃）的控制器。IC、ID卡终端机可以通过计算机进行设置，实现不同的功能。当员工持感应IC、ID卡在感应IC、ID卡终端机感应区晃动后，感应IC、ID卡的卡号和刷卡时间就被立即记录并存储在终端机里，需要时可通过适当的通讯方式与计算机连接，将数据传送至计算机，然后通过各种不同的应用软件处理和统计，实现用户所需的考勤、门禁等应用报表管理。

2）操作使用

①感应式IC卡考勤机正常工作时，显示屏显示当前时间及“请刷卡”等字样。

②当员工上下班时，只须将个人考勤卡在考勤机的表面读卡区有效距离内掠过。此时，显示屏显示卡号和“刷卡成功”，并同时发出“嘀”的一声短音，绿灯闪亮，考勤机就将员工的卡号、卡类、刷卡时间等信息记录在考勤机内。

③如果员工持已过有效期、已挂失的黑名单卡等无效卡时，考勤机将自动发出警告声。

④系统采用联网方式工作，通过网络采集数据后，能够快捷地进行功能设定、查询、统计、报表、打印等功能，自动生成员工出勤报表、工资报表等。

3）注意事项

①防雨淋、防日晒。

②保持机面清洁，不要沾油污、水渍等。

③按操作要求正确使用，待显示屏提示考勤成功时再移开。

④遇考勤机故障，要及时联系管理员，切勿擅自对考勤机进行任何操作。

7.2.11　碎纸机

图7-2-11　碎纸机

碎纸机由一组旋转的刀刃、纸梳和驱动马达组成。纸张从相互咬合的刀刃中间送入，被分割成很多的细小纸片或纸沫，以达到保密的目的。碎纸刀可将纸张切割为粒状、段状、沫状、条状、丝状等。

1）工作原理

碎纸机有两大主要部件：切纸刀和电动马达，它们之间通过皮带和齿轮紧密地连接在一起。马达带动皮带、齿轮，把能量传送给切纸刀，而切纸刀通过转动，用锋利的金属角把纸切碎。

2）操作使用

①检查机器是否放平，接通电源，按下启动开关。

②将纸张插入碎纸机进纸口。

③根据需要选择将纸碎成纸条或纸沫，碎纸机工作，碎纸完毕。

④关闭电源。

⑤清理纸屑。

3) 注意事项

①拆装碎纸机时要断电，不用时及时关掉电源，更不要带电去抠入纸口的纸或是漏纸屑处的堵纸。

②一次碎纸量不要过多，一般要按碎纸量的 70% 碎纸。

③经常在切割装置上涂抹润滑油以减少磨损。

④避免在极限容量下长时间使用，连续使用时间不超过 15 min。

⑤切勿将毛发带入碎纸机进纸口，并清除纸张上面的固定物(如订书钉等)。

⑥及时清理纸箱。

⑦清洁碎纸机外壳时，勿将清洁溶液滴入机器内部，更不要使用漂白粉、酒精或稀释液洗刷元件。

7.2.12　一体机

一体机简而言之就是集传真、打印、复印、扫描等功能为一体的机器。

1) 工作原理

一体机的复印原理与传统油印机相似，均是通过油墨穿过蜡纸上的细微小孔(小孔组成了与原稿相同的图像)将图像印于纸上，但其蜡纸并非传统油印机上用的蜡纸或扫描蜡纸，而是热敏蜡纸，由一层非常薄的胶片和棉脂合成。因此，在这些胶片上制作有非常细小的孔，这使得它能印出非常精细的高质量印刷品。其他功能的工作原理与专用设备类似。

图 7-2-12　一体机

2) 操作使用

①检查电源、电压、线路的连接等。

②接通电源，开机启动。

③选择复印、传真、打印、扫描等相关功能，使用步骤与专用设备类似。

④用后切断电源。

3) 注意事项

①确保使用环境清洁。

②安放要平稳，电源电压要稳定。

③关机前，让打印头回到初始位置(在暂停打印状态下，打印头自动回到初始位置)。

④不能强行用力移动打印头，否则将造成打印机机械部分的损坏。

⑤工作时切勿移动机器。

7.2.13　笔记本电脑

笔记本电脑(NoteBook Computer，简称为 NoteBook、NB)，中文又称笔记型、手提或膝上电脑(Laptop Computer,可简称为 Laptop),是一种小型、可携带的个人电脑,通常重 1 ~ 3 kg。其发展趋势是体积越来越小,质量越来越轻,而功能却越发强大。

1)操作使用

图 7-2-13　笔记本电脑

笔记本电脑与台式机有着类似的结构组成(显示器、键盘/鼠标、CPU、内存和硬盘),但是笔记本电脑的优势还是非常明显的,其主要优点有体积小、质量轻、携带方便。一般说来,便携性是笔记本相对于台式机电脑最大的优势,一般的笔记本电脑的质量只有 2 kg 左右,无论是外出工作还是旅游,都可以随身携带,非常方便。超轻超薄是时下笔记本电脑的主要发展方向,但这并没有影响其性能的提高和功能的丰富。同时,其便携性和备用电源使移动办公成为可能。由于这些优势的存在,笔记本电脑越来越受用户推崇,市场容量迅速扩展。

从用途上看,笔记本电脑一般可以分为 4 类:商务型、时尚型、多媒体应用、特殊用途。

商务型笔记本电脑的特征一般为移动性强、电池续航时间长;时尚型笔记本电脑外观特别;多媒体应用型的笔记本电脑是结合强大的图形及多媒体处理能力又兼有一定移动性的综合体,市面上常见的多媒体笔记本电脑拥有独立的较为先进的显卡,较大的屏幕等;特殊用途的笔记本电脑是服务于专业人士,可以在酷暑、严寒、低气压、战争等恶劣环境下使用的机型,多较笨重。

2)注意事项

(1)液晶显示屏幕(LCD Panel)

①请勿用力压盖液晶显示屏幕,或在键盘及显示屏幕之间放置异物,避免显示屏因重压导致损坏。

②长时间不使用电脑时,可透过键盘上的功能键暂时将显示屏电源关闭,除节能外亦可延长屏幕寿命。

③请勿用手指或其他尖锐的物品(硬物)碰触屏幕以免刮伤。

④显示屏幕表面会因静电而吸附灰尘,建议购买液晶显示屏幕专用擦拭布来清洁屏幕, 要轻轻擦拭,请勿用手拍以免留下指纹。

⑤请勿使用化学清洁剂擦拭屏幕。

(2)电池(Battery)

①当无外接电源的情况下,倘若当时的工作状况暂时用不到 PCMCIA 插槽中的卡片时,建议先将卡片移除以延长电池使用时间。

②20 ~ 30 ℃的室温是电池最适宜的工作温度,温度过高或过低的操作环境都会降低电池的寿命。

③在可提供稳定电源的环境下使用笔记本电脑时,将电池移除可延长电池寿命的说法是不正确的。

④建议平均每三个月进行一次电池电力校正。

⑤电源适配器(AC Adapter)使用时参考国际电压说明。

(3)键盘(Keyboard)

①键盘上有灰尘累积时,键盘缝隙的清洁可用小毛刷,或高压喷气罐,或使用掌上型吸尘器来清除灰尘和碎屑。

②清洁表面,可在软布上蘸上少许清洁剂,在关机的情况下轻轻擦拭键盘表面。

(4)硬盘(Hard Disk)

①尽量在平稳的状况下使用,避免在容易晃动的地点操作计算机。

②开关机过程是硬盘最脆弱的时候。此时硬盘轴承转速尚未稳定,若产生震动,则容易造成坏轨,故建议关机后等待十秒左右后再移动笔记本电脑。

③平均每月执行一次磁盘重组及扫描,以提高磁盘存取效率。

(5)触控板(Touchpad)

①使用触控板时请务必保持双手清洁,以免发生光标乱跑的现象。

②不小心弄脏表面时,可将干布蘸湿一角轻轻擦拭触控板表面即可,请勿使用粗糙布等物品擦拭表面。

③触摸板是感应式精密电子组件,请勿使用尖锐物品在触控面板上书写,亦不可重压使用,以免造成损坏。

(6)散热(Thermal Dissipation)

①电脑关闭后不要马上切断电源,应等散热风扇停止后再切断电源。

②不要将笔记本电脑放置在柔软的物品上,如床、沙发等,这样有可能会堵住散热孔而影响散热效果进而降低运作效能,甚至死机。

7.2.14　实物展示台

实物展示台又称展示台,把它连接在投影机和电视机上时,就可以将资料、讲义、实物、幻灯片等清晰地展示出来,是多媒体教室不可或缺的教学设备之一。一台普通的视频展示台包括三个部分:摄像头、光源和台面,在展示台背面还有一系列接口,而一些面向高端市场的展示台还包括红外线遥控器、计算机图像捕捉适配器、液晶监视器等附件。

1)工作原理

摄像头将展示台上放置的物体转换为视频信号,输入到放映设备;光源用来照亮物体,以保证图像清晰明亮;台板用来放置物品;接口用来输出各种视频信号和控制信号。高档的数字展示台通过计算机图像捕捉适配器与计算机连接,通过相关程序软件,可将视频展示台输出的视频信号输入计算机进行各种处理。视频展示台上的小液晶监视器便于用户直接观察被投物体的图像。

2)类型及操作

双侧灯台式视频展台:这是最常见的视频展台类型。双侧灯用于调节视频展台所需的光强度,调节背景补偿光灵活方便,便于被显示物品的最佳演示。

单侧灯台式视频展台:这也是较常见的视频展台类型。单侧灯用于调节视频展台所需的光强度，便于被显示物品的最佳演示，不同展台单侧灯的位置各不相同，但不影响效果。液晶监视器作为视频展台的选配件，方便演示者监视展台上物品的位置。

底板分离式视频展台：这类视频展台是为了节省存放空间而设计。由于底板分离，视频展台的便携性增强，小范围内的移动十分方便。

便携式视频展台：这类视频展台针对于需要便携的特殊用户设计。一般由于需求量较少，生产成本高，所以价格相对较高。

图 7-2-14 实物展示台

3）注意事项

①使用完视频展台后，应及时关闭本机电源。若长时间开启电源会缩短机器使用寿命，并可能引起火灾。

②拔出电源线时，应先用电源开关关闭本机电源，然后将电源线插头慢慢拔出。

③请勿损坏电源线，否则会导致起火或触电。

④不要把展示台放在阳光直接射到或靠近热源的地方，禁止淋雨、受潮等，否则可能损毁机器。

⑤展示平台上不能放置重物，否则会引起变形，影响演示效果。

⑥不要使设备受剧烈碰击或振动，使用不当会导致机器受损。

⑦非专业人员请勿擅自拆卸机器。设备出现故障后，应请专业人员进行处理。

实训十

1. 计算机系统主要包括哪两大部分？
2. 简述计算机主要应用领域。
3. 简述硬盘的日常维护和使用注意事项。
4. 简述网络打印机的几种连接方式。
5. 如何建立并使用一台网络打印机？
6. 某针式打印机联机自检均正常，但打印的字符不完整，出现缺画现象。试判断可能的故障原因。
7. 如何实现简便的批量扫描？
8. 简述扫描仪分辨率设置的几种常用方法。

9. 复印机的操作步骤有哪些？
10. 使用复印机时应注意的事项有哪些？
11. 怎样进行投影仪的日常维护？
12. 传真机常见的故障及处理办法有哪些？
13. 使用刻录机时应注意什么？
14. 怎样进行数码相机的日常维护？
15. 数码摄像机使用时的注意事项有哪些？
16. 考勤机使用时的注意事项有哪些？
17. 碎纸机的碎纸方式有哪些？
18. 一体机的主要种类及其特点有哪些？
19. 使用笔记本电脑时应注意哪些事项？
20. 实物展示台的主要类型及使用注意事项有哪些？

参考文献

[1] 陈万金,孟庆荣. 办公自动化实用教程[M]. 北京:清华大学出版社,2008.
[2] 常志文. 现代办公设备应用[M]. 北京:科学出版社,2008.
[3] 刘士杰. 办公自动化设备的使用与维护[M]. 北京:人民邮电出版社,2009.
[4] 金国砥,等. 现代办公设备的使用与维护[M]. 北京:人民邮电出版社,2011.
[5] 王建华. 常用现代办公设备的使用与维护[M]. 北京:电子工业出版社,2012.